W0260446

Studienskripten zur Soziologie

20 E.K.Scheuch/Th.Kutsch, Grundbegriffe der Soziologie
    Grundlegung und Elementare Phänomene
    2. Auflage. 376 Seiten. DM 17,80

22 H. Benninghaus, Deskriptive Statistik
    (Statistik für Soziologen, Bd. 1)
    4. Auflage. 280 Seiten. DM 17,80

23 H. Sahner, Schließende Statistik
    (Statistik für Soziologen, Bd. 2)
    2. Auflage. 188 Seiten. DM 14,80

24 G. Arminger, Faktorenanalyse
    (Statistik für Soziologen, Bd. 3)
    198 Seiten. DM 14,80

25 H. Renn, Nichtparametrische Statistik
    (Statistik für Soziologen, Bd. 4)
    138 Seiten. DM 11,80

26 K. Allerbeck, Datenverarbeitung in der
    empirischen Sozialforschung
    Eine Einführung für Nichtprogrammierer
    187 Seiten. DM 10,80

27 W. Bungard/H.E. Lück, Forschungsartefakte
    und nicht-reaktive Meßverfahren
    181 Seiten. DM 12,80

28 H. Esser/K. Klenovits/H. Zehnpfennig,
    Wissenschaftstheorie 1 Grundlagen
    und Analytische Wissenschaftstheorie
    285 Seiten. DM 17,80

29 H. Esser/K. Klenovits/H. Zehnpfennig
    Wissenschaftstheorie 2 Funktionsanalyse
    und hermeneutisch-dialektische Ansätze
    261 Seiten. DM 17,80

30 H. v. Alemann, Der Forschungsprozeß
    Eine Einführung in die Praxis der
    empirischen Sozialforschung
    2. Auflage. 351 Seiten. DM 18,80

31 E. Erbslöh, Interview
    (Techniken der Datensammlung, Bd. 1)
    119 Seiten. DM 11,80

32 K.-W. Grümer, Beobachtung
    (Techniken der Datensammlung, Bd. 2)
    290 Seiten. DM 17,80

35 M. Küchler, Multivariate Analyseverfahren
    262 Seiten. DM 17,80

Fortsetzung auf der 3. Umschlagseite

Die Entscheidung, den Gegenstand dieses einführenden Textes als "Ethnosoziologie" zu bezeichnen, beruht darauf, daß hier in erster Linie ausdrücklich nur von intra- und intergesellschaftlichen und -ethnischen Strukturen und Prozessen die Rede sein soll.

Gleichzeitig ist damit auch eindeutig zum Ausdruck gebracht, daß die behandelten Inhalte hinsichtlich ihrer soziologischen Relevanz betrachtet werden sollen, also gesellschaftliche Abläufe im Vordergrund stehen. Diese sind in der Untersuchung im wesentlichen auf zwei unterschiedliche Formen gesellschaftlicher Konstellationen beschränkt. Zum einen sozialorganisatorisch auf Gesellschaften, die charakterisiert sind durch ihren vorstaatlichen, verwandtschaftsorientierten Charakter und durch die vorkapitalistische Struktur ihrer ökonomischen Transaktionen; zum anderen soziokulturell auf ethnische Gruppen ("Ethnos", "Ethnien"), die eingegliedert sind in staatliche Verbände, die über die sozialen, kulturellen, politischen und ökonomischen Konstitutionsbedingungen dieser ethnischen Gruppen hinausreichen.

Wilhelm E. Mühlmann

Zum 80. Geburtstag

zugeeignet

Studienskripten zur Soziologie

Herausgeber: Prof. Dr. Erwin K. Scheuch
            Prof. Dr. Heinz Sahner

Teubner Studienskripten zur Soziologie sind als in sich
abgeschlossene Bausteine für das Grund- und Hauptstudium
konzipiert. Sie umfassen sowohl Bände zu den Methoden der
empirischen Sozialforschung, Darstellung der Grundlagen
der Soziologie, als auch Arbeiten zu sogenannten Binde-
strich-Soziologien, in denen verschiedene theoretische
Ansätze, die Entwicklung eines Themas und wichtige empirische Studien und Ergebnisse dargestellt und diskutiert
werden. Diese Studienskripten sind in erster Linie für
Anfangssemester gedacht, sollen aber auch dem Examens-
kandidaten und dem Praktiker eine rasch zugängliche In-
formationsquelle sein.

Ethnosoziologie

Von Prof. Dr. phil. Dieter Goetze
Universität Regensburg

und Prof. Dr. phil. Claus Mühlfeld
Universität Bamberg

Springer Fachmedien Wiesbaden GmbH 1984

Prof. Dr. phil. Dieter Goetze

1942 in Barcelona, Spanien, geboren. Studium der Soziologie, Ethnologie und der politischen Wissenschaft an der Universität Heidelberg. Promotion 1969. Assistent am Lehrstuhl für Soziologie der Universität Augsburg. Habilitation 1975. Seit 1975 Professor für Soziologie, bes. Ethnosoziologie und Entwicklungssoziologie an der Universität Regensburg.

Publikationen zur Entwicklungssoziologie, Ethnosoziologie, politischen Soziologie, Kultursoziologie und soziologischen Theorie.

Prof. Dr. phil. Claus Mühlfeld

1940 in Weinheim/Bergstraße geboren. Studium der Soziologie, Philosophie, Psychologie und Ethnologie an den Universitäten Heidelberg und Mannheim. Promotion 1969 in Heidelberg. Danach Dozent für Soziologie an der PH Rheinland, Abt. Neuss, ab WS 1970/71 Universität Augsburg. Habilitation 1974. Seit WS 1974/75 Prof. für Soziologie am WiSo-Fachbereich der Universität Münster, 1978 Universität Bamberg.

Publikationen zur Familiensoziologie, Religionssoziologie, Sozialisationsforschung, Soziolinguistik und soziologischen Theorie.

CIP-Kurztitelaufnahme der Deutschen Bibliothek

Goetze, Dieter:
Ethnosoziologie / von Dieter Goetze u. Claus Mühlfeld. - Stuttgart : Teubner, 1984.
  (Teubner-Studienskripten ; 123 : Soziologie)
  ISBN 978-3-519-00123-2   ISBN 978-3-322-94923-3 (eBook)
  DOI 10.1007/978-3-322-94923-3
NE: Mühlfeld, Claus:; GT

© Springer Fachmedien Wiesbaden 1984
Ursprünglich erschienen bei B.G. Teubner Stuttgart 1984

Gesamtherstellung: Beltz Offsetdruck, Hemsbach/Bergstr.
Umschlaggestaltung: W. Koch, Sindelfingen

Vorwort

Die Thematik dieses Buches ist im Schnittpunkt zweier Sozialwissenschaften, der Ethnologie und der Soziologie, angesiedelt. Gegenstand der Ethnosoziologie sind im Verständnis der Verfasser intra- und intergesellschaftliche und -ethnische Strukturen und Prozesse, die insbesondere über die Verfahren des interkulturellen Vergleichs erschlossen werden können. Insofern wird - freilich mit einigen Vorbehalten - an eine Tradition angeschlossen, die in Deutschland von Richard THURNWALD vertreten und mit wichtigen Veränderungen von Wilhelm E. MÜHLMANN fortgeführt worden ist. Es handelt sich damit keineswegs um eine weitere "Bindestrich-Soziologie", sondern um einen eigenständigen, legitimen und im deutschen Sprachraum leider viel zu gering beachteten Bereich sozialwissenschaftlichen Diskurses, von dem die Entwicklung der Soziologie in vielfältiger Weise nachhaltig beeinflußt worden ist.

Dieses Buch wäre niemals entstanden ohne eine gemeinsame Etappe in der Biographie der beiden Verfasser durch das Studium am ehemaligen Institut für Soziologie und Ethnologie der Universität Heidelberg. Diesem Institut, seinem geistigen Klima in Lehre und Forschung und denen, die das möglich machten, gilt unsere dankbare Erinnerung.

Besonderen Dank schulden wir Frau Plüisch, die unter erheblichem Zeitdruck das Manuskript fertigstellte, und nicht zuletzt auch unseren Studenten, mit denen zahlreiche Einzelthemen dieses Buches in Lehrveranstaltungen diskutiert werden konnten und die manche wertvolle Anregung dadurch gegeben haben.

Bamberg und Regensburg, im Juli 1984   Dieter Goetze
                                               Claus Mühlfeld

Inhaltsverzeichnis

1. Zur Bestimmung des Stellenwertes einer Ethnosoziologie

Es mag überraschen, wenn ein Text zur Einführung in die Ethnosoziologie explizit mit dem Versuch beginnt, den Stellenwert des Gegenstandes zu bestimmen, in den eingeführt werden soll. Fachkollegen, sowohl Soziologen, wie auch Ethnologen, werden diesem Vorgehen aber vermutlich Verständnis entgegenbringen und es als eine notwendige Auseinandersetzung betrachten, vor allem angesichts der Begriffswahl "Ethnosoziologie". An diesem Punkt dient diese Abgrenzung des Inhalts auch der Entlastung des schlechten Gewissens der Verfasser. Dieses schlechte Gewissen ist nur allzu begründet, denn allein schon die gewählte Begrifflichkeit schafft Ambivalenzen, mindestens die zwischen Soziologie und Ethnologie, und weckt Erinnerungen, die z.T. schon verdrängt schienen, nämlich an die Arbeiten von R. THURNWALD (1931 - 1935), in denen explizit von "ethno-soziologischen" Grundlagen menschlicher Gesellschaft die Rede ist.

Die Entscheidung, den Gegenstand dieses einführenden Textes als "Ethnosoziologie" zu bezeichnen beruht darauf, daß hier in erster Linie ausdrücklich nur von intra- und intergesellschaftlichen und -ethnischen Strukturen und Prozessen die Rede sein soll.
Insofern ist die Anknüpfung an die Gegenstandsbezeichnung von R. THURNWALD kein Zufall und nicht nur als oberflächliche Analogie gemeint.
Gleichzeitig ist damit auch eindeutig zum Ausdruck gebracht, daß die behandelten Inhalte hinsichtlich ihrer soziologischen Relevanz betrachtet werden sollen, also gesellschaftliche Abläufe im Vordergrund stehen. Diese sind in der Untersuchung im wesentlichen auf zwei unterschiedliche Formen gesellschaftlicher Konstellationen beschränkt. Zum einen sozialorganisatorisch auf Gesellschaften, die charakterisiert sind durch ihren vorstaatlichen, verwandtschaftsorientierten Charakter und durch die vorkapitalistische Struktur ihrer

ökonomischen Transaktionen; zum anderen soziokulturell auf
ethnische Gruppen ("Ethnos", "Ethnien"), die eingegliedert
sind in staatliche Verbände, die über die sozialen, kulturellen, politischen und ökonomischen Konstitutionsbedingungen dieser ethnischen Gruppen hinausreichen. [1]

Eine solche selbstauferlegte Beschränkung soll die im folgenden gemachten Darlegungen zum einen in eine erkennbare
Distanz zum Gegenstandsbereich und zur inhaltlichen Festlegung solcher Wissenschaften bringen, die sich vorwiegend
durch die Diskussion von theoretischen Aspekten und empirischen Befunden über Kultur bzw. über Kulturen kennzeichnen
(Ethnologie, Kulturanthropologie) und zum anderen auch die
eigenständigen theoretischen Ansätze und empirischen Mate-
rialien verdeutlichen, die mit Bezug auf die oben genannten
Gesellschaften formuliert und zusammengestellt und die - ein
entscheidender Aspekt - von soziologischer Relevanz sind.
Bei der Erörterung dieser theoretischen Ansätze läßt es sich
nicht immer vermeiden, daß auch die selbstgesetzten Grenzen
gelegentlich überschritten werden. Kultur impliziert dabei
jedoch keineswegs ein Klassifikationsprinzip und die damit
verbundenen Deutungsschemata von Über- und Unterordnung,
noch soll im Anschluß an T. PARSONS und den seinen theoretischen Überlegungen folgenden Interpreten mit Kultur ein ge-
sellschaftstranszendierendes Phänomen gemeint sein, das dank
metaphysischer Bezüge systemtheoretischen Argumentations-
strängen Plausibilität verleiht.
Wo immer möglich, sind aber die Rekurse auf explizit und
ausschließlich kulturtheoretische Argumentationen vermieden
worden, in denen die gesellschaftlichen Bezüge nur noch rudimentär erkennbar sind.

Es ist bewußt nicht die Absicht der Autoren, in irgendeiner
Weise in die Auseinandersetzungen und die Bemühungen um Be-
griffsbestimmungen oder inhaltliche Abgrenzungen von Ethnologie vs. Soziologie oder Kulturanthropologie oder gar Völ-

kerkunde einzugreifen. [2] Eine Zuordnung bleibt so lange Nomenklatur, wie sich die genannten Disziplinen verpflichtet
fühlen, ihren Objektbereich methodologisch abzugrenzen und
Grenzziehung mit dem Nachweis der Abschottungsfähigkeit gegenüber konkurrierenden Einflüssen verwechseln. Die Nervosi-
tät bei Grenzziehungen ihres Faches ist der Ethnosoziologie
fremd, sie lebt vielmehr von der Interdisziplinarität, setzt
also einen bewußten Verzicht gegenüber Einhaltung von Fach-
grenzen voraus. Sie will Zusammenhänge sichtbar machen und
in Zusammenhängen stehen.

Wir sind daher der Meinung, daß es sehr viel sinnvoller ist,
über die Art der Herangehensweise und die angeführten
Theorieperspektiven hinsichtlich bestimmter Sachverhalte
deutlich zu machen, wie wir unseren Gegenstand einschätzen.
Die Suche nach Identitäten der Behandlungsweise erschien uns
darum von vorneherein nicht sehr zweckmäßig. Freilich sind
durchaus Affinitäten erkennbar zu mehr oder minder abstrakten Vorwegbestimmungen der Gegenstände, die über die
begriffliche Nähe zu den Vorstellungen von R. THURNWALD hin-
ausgehen. Solche Affinitäten bestehen zu MÜHLMANNs Themati-
sierungen über den Inhalt der Ethnologie, nämlich die "interethnischen Beziehungen und Zusammenhänge" (MÜHLMANN 1964,
S. 58), auch mit den entsprechenden - soziologischen - Konsequenzen. Dazu gehört vor allem, daß "nicht alle Einflüsse,
die zwei oder drei benachbarte Ethnien aufeinander ausüben,
(...) sich in Terms von 'Kultur' hinreichend beschreiben
(lassen)" (ebda., S. 59), was u. E. auch für intraethnische
Prozesse Geltung beanspruchen kann. In der von W. RUDOLPH
geübten Kritik an MÜHLMANNs Bestimmung der Ethnologie sehen
wir dementsprechend auch die Differenz zu dieser Wissenschaft von der hier behandelten Ethnosoziologie. RUDOLPH
stellt nämlich den seiner Auffassung nach definierenden Aspekt von Ethnologie so dar, daß sich diese vor allem eben
mit "Kultur" befaßt: "Der Untersuchungsgegenstand der Ethnologie ist damit Mensch(engruppen) und Kultur(en) in ihren
Zusammenhängen, so wie es im "ethnos"-Begriff speziell für

die Fälle der Deckung einer Menschengruppe mit einer Kultur schon enthalten ist" (RUDOLPH 1973, S. 41). Demgegenüber geht es uns vor allem eben um die Fragestellungen, die mit Kulturanalysen alleine nicht zu fassen sind und für die MÜHLMANN die "interethnischen Beziehungen" ins Feld führt: "Die soziologische (..) Betrachtung der interethnischen Beziehungen setzt genau da ein, wo die bisherige Kultur-Terminologie versagt" (MÜHLMANN 1964, S. 59). Dieser Sachverhalt führt unseres Erachtens, konsequent zu Ende gedacht, notwendigerweise zu einer Ethnosoziologie, nicht zu einer Ethnologie, wie sie W. RUDOLPH versteht.

Eine weitere Affinität besteht ebenso zur britischen Tradition der "social anthropology", deren Gegenstand in einem Lehrbuch aus dieser Orientierung so beschrieben wird: "Social anthropologists study people's customs, social institutions and values, and the ways in which these are interrelated. They carry out their investigations mainly in the context of living communities (..., and their central though not their only interest is in systems of social relations" (BEATTIE 1966, S. 16). Eine Einbeziehung kultureller Aspekte ist dadurch nicht ausgeschlossen und sie ist auch sehr notwendig, wenn man nicht viele wichtige ethnosoziologisch relevante Erträge der amerikanischen "cultural anthropology" zu Unrecht außer Acht lassen will. Theoretische Konzepte jedoch, die die soziale Handlungsbasis kultureller Phänomene von vorneherein programmatisch ausklammern, können hier tatsächlich nur am Rande berücksichtigt werden. Diese Einbeziehung soziologisch relevanter kultureller Phänomene ist auch der Grund, weshalb in diesem Text in keinem Fall der in anderen, vor allem älteren, Publikationen häufige Begriff "Naturvölker" verwendet wird. Der Gegenstand ist vielmehr gerade über soziologische Kriterien bestimmt - vorstaatliche Organisationsformen, Prädominanz verwandtschaftsorientierter Zuordnungskriterien und präkapitalistische ökonomische Transaktionen - und nicht über die Unterstellung einer besonderen

Beziehung zur "Natur", bzw. den relativen Mangel an technologischen Naturtransformationspotentialen, deren Qualität
als Abgrenzungskriterium uns äußerst fragwürdig erscheint.
Die Polarisierung von Kultur und Natur ist geeignet, natura-
listische Fehlschlüsse zu kaschieren oder aus Vorstellungen
über "Natur" bzw. "Natürlichkeit" Positionen abzuleiten, die
für kulturpessimistische Argumentationen den Hintergrund
abgeben bzw. die Verformung "natürlicher" Elementarformen
sozialen Verhaltens durch Kultur und Zivilisation überprägnant hervorheben sollen. Die ideologisierende Absicht solcher
Argumentationsstränge erscheint uns als allzu vordergründig
und durchsichtig.
Daraus folgt selbstverständlich auch, daß beschreibende,
"ethnographische" Darstellungen hier keinen Raum haben können, bzw. auch die notwendigen Hinweise dieser Art sich auf
das zum jeweiligen Verständnis Allernötigste beschränken
müssen. Wenn eine Ethnosoziologie sich durch die Zentrierung
auf soziologische Relevanzbezüge von der Ethnologie unterscheidet, so muß sie sich erst recht durch den Verzicht auf
Deskription von der Ethnographie absetzen. Womit wir keineswegs den Stellenwert ethnographischer Daten negativ umschreiben möchten, unser Einwand richtet sich gegen jene
Form der Kasuistik, die mit den "passenden Größen" argumentativ arbeitet, um Konstrukte empirisch "untermauern" zu
können.

Es kann kaum erwartet werden, daß alle Fachkollegen diese
Auffassung und die daraus folgenden Entschlüsse billigen.
Insbesondere Ethnologen i.e.S. werden an vielerlei Aspekten
Kritik üben - von ihrer Warte aus berechtigt, weil die Ethnologie kein Interesse daran haben kann, von der Soziologie
vereinnahmt oder ihr dienstbar gemacht zu werden. Das war
aber auch nicht das Ziel der Autoren, und unsere Hoffnung
gründet sich darauf, daß Ethnologen wenigstens den größeren
Teil der ausgewählten theoretischen Perspektiven als auch
für die moderne Ethnologie relevante anerkennen können. Ei-

niges freilich werden sie zwangsläufig vermissen, was in der aktuellen ethnologischen Diskussion zentralen Stellenwert einnimmt. Dazu gehört ohne Zweifel die marxistische Perspektive, die unter verschiedenen Etiketten, als "critical anthropology" oder als "anthropologie marxiste", in den letzten zwanzig Jahren erheblichen Publikationsraum eingenommen hat. Die Entscheidung, diese theoretischen Perspektiven nicht mit einzubeziehen, gründete in der Vorgabe, ethnosoziologisch relevante Sachverhalte und Ansätze zusammenzustellen. Auf diese bezogen, stellen sich die genannten an der Marx'schen Theorie und der Vorstellung der Abfolge von Produktionsweisen orientierten Arbeiten wesentlich als eine Kritik der Ethnosoziologie dar und zwar nicht nur ihrer Ergebnisse, sondern vor allem auch ihrer erkenntnistheoretischen Voraussetzungen und den Bedingungen ihrer theoretischen Perspektiven. [3] Von daher hätte die Einbeziehung dieser Ansätze nicht nur eine völlige Sprengung des publikatorischen Rahmens mit sich gebracht, die vermieden werden mußte, sondern sie hätte auch eine gänzlich anders gelagerte, ausschließlich auf diese Fragen bezogene Diskussion der theoretischen Rahmenbedingungen erfordert, die eine völlig andere Veröffentlichung notwendig gemacht hätte. In unseren Darstellungen haben wir versucht, die Thematik der Ethnosoziologie auch in ihren Beziehungen und Auswirkungen zu anderen Fachdisziplinen zu erhellen. Wenn es zuweilen nur bei Andeutungen oder Querverweisen bleiben mußte, so sind wir uns bewußt, daß im Rahmen des Überblicks nur eine Vielzahl von Anregungen zu leisten war, um Interdisziplinarität zu fördern und nicht um eine rein additive Integration voranzutreiben, bei der das Beharren auf fachegoistischen Grenzziehungen zu Legitimationsmustern zählt. Zusammenhänge sichtbar zu machen, war unsere erklärte Absicht, die in die Hoffnung einmündet, mehr als eine Bindestrich-Soziologie vorgestellt zu haben.

1) MÜHLMANN (1964, S. 57) nimmt dazu folgendermaßen definie-
   rend Stellung: "Wir selbst sprechen vom "Ethnos" oder der
   "Ethnie" (...) und verstehen darunter die größte fest-
   stellbare souveräne Einheit, die von den Menschen selbst
   gewußt und gewollt wird". Inhaltlich spielt also die
   "kollektive Intentionalität" eine zentrale Rolle.
   Allerdings sehen wir uns nicht in der Lage, den Schritt
   MÜHLMANNs nachzuvollziehen und diese ethnischen Gruppen
   als "vor-volkliche Gesellschaften" zu bezeichnen, weil
   uns die Abgrenzung "Ethnie"-"Volk", die MÜHLMANN
   getroffen hat, mit RUDOLPH (1973, S. 35) als zu unpräzise
   und wenig begründet erscheint.

2) Vgl. für eine Zusammenstellung und Diskussion der verschiedenen Begriffe und Inhaltsvorstellungen v.a. STAGL,
   1974, S. 11 - 64.

3) Vgl. dazu übersichtsweise: BAILEY und LLOBERA 1980, BLOCH
   1975, COPANS 1974, GODELIER 1970, und 1977, HINDESS und
   HIRST 1975 und 1977, KAHN und LLOBERA 1981, O'LAUGHLIN
   1975, REY 1975, SOFRI 1972.

2. Theorien und Schulen

Die theoretische Bestimmung des Gegenstandes der Ethnosoziologie, also der sozialen und kulturellen Gegebenheiten und Phänomene in vorkapitalistischen und vorstaatlichen Gesellschaften, ist niemals frei von Kontroversen gewesen. Noch viel intensiver als in der Soziologie selbst sind in der Ethnosoziologie der Niederschlag und die Konsequenzen der verschiedenen theoretischen Debatten in der Ethnologie, der Soziologie, der (amerikanischen) "cultural anthropology" und der (britischen) "social anthropology", sowie des (französischen) Strukturalismus spürbar, die - um nur einige Beispiele zu nennen - insofern ihre Spuren hinterlassen haben, als sie einerseits allesamt Beiträge zur theoretischen Erklärung relevanter Erscheinungen leisten wollten und geleistet haben, andererseits aber auch - oft durchaus gewollt - Gräben aufgerissen haben, die die theoretischen Verständigungsmöglichkeiten äußerst erschwerten.

In allen Einzelheiten können diese Theorien und Schulen nicht aufgezeigt und in ihren Entwicklungen nachgezeichnet werden, vielmehr empfiehlt es sich aus didaktischen Gründen und um der notwendigen Klarheit willen, Schwerpunkte zu setzen, die die wichtigsten Theoriestränge deutlich hervortreten lassen. Aus diesem Grund wird im folgenden auch nicht primär die Rede sein von "Theorien" im strengen Sinne, sondern von theoretischen Orientierungen, innerhalb derselben dann einzelne Theorien formuliert worden sind und sich in der Diskussion entsprechende "Schulen" ausgebildet haben als Traditionen des theoretischen Diskurses. [1]

Als solche theoretische Orientierungen sollen im folgenden der Evolutionismus, der historische Partikularismus, der Funktionalismus, die Kulturökologie und der kulturelle Materialismus unterschieden werden. Gleichzeitig soll jedoch auch, soweit möglich, etwas der wissenschaftshistorische Zusammenhang verdeutlicht werden, was einerseits ein Eingehen auf Entwicklungen innerhalb der theoretischen Orientierungen und andererseits eine gewisse Aufspaltung nach früheren und späteren Ansätzen erforderlich macht.

Als Ausgangspunkt kann der Evolutionismus des 19. Jahrhunderts angesehen werden, der auch bei der Herausbildung der Soziologie eine wichtige Rolle gespielt hat. Für die Ethnosoziologie ist sein Stellenwert in zweifacher Hinsicht gegeben: zum einen als theoretische Position, die die Formulierung alternativer Standpunkte herausforderte, zum anderen als Begründungszusammenhang eines wichtigen methodologischen Prinzips der Ethnosoziologie - des interkulturellen Vergleichs, bzw. der "komparativen Methode". Der Evolutionismus, der in der zweiten Hälfte des 19. Jahrhunderts formuliert wurde und hier hinfort als "klassischer Evolutionismus" bezeichnet wird, fand seine Hauptvertreter in E.B. TYLOR (1871), L.H. MORGAN (1877), H. MAINE (1861), H. SPENCER (1877 - 1896) und anderen. Einer der wichtigsten Aspekte des klassischen Evolutionismus ist in dem Versuch zu sehen, eine Naturgeschichte der Kultur und der Gesellschaft zu formulieren, in der deren allgemeine Gesetzmäßigkeiten adäquat berücksichtigt würden und eine Entfaltung fortschreitender menschlicher Rationalität sichtbar würde. Insofern, als hier auch Fortschritts- und Zivilisationstheorien des 18. Jahrhunderts fortwirken, steht dieser klassische Evolutionismus durchaus in einer älteren Tradition der Entfaltung der rationalen Wissenschaft vom Menschen, der allgemeinen Anthropologie. Die eigentliche Rechtfertigung der Sammelbezeichnung als klassischer Evolutionismus findet diese Theorietradition durch ihre gemeinsame Bezugnahme auf das Grundmodell der Evolution menschlicher Gesellschaft, bzw. Gesellschaften und ihrer Kultur durch eine Reihe verschiedener Stadien der Entwicklung von den einfachsten und "primitivsten" Anfängen zu den damaligen zivilisatorischen Hochleistungen. Bei den verschiedenen Vertretern des klassischen

Evolutionismus nimmt dieses Grundmodell der Evolution verschiedene Formen an.

H. SPENCER z. B. sieht den Beginn von Gesellschaft als ein undifferenziertes und einfaches System, in dem durch Evolution die verschiedenen einzelnen Gesellschaften differenzierte Strukturen ausbilden, um spezialisiertere Funktionen auszuüben. Der Grad an struktureller und funktionaler Differenzierung einer Gesellschaft gibt damit auch Auskunft über ihren mehr oder weniger fortgeschrittenen Ort in der evolutionären Taxonomie. [2] L. H. MORGAN wiederum entwarf eine Abfolge von ihrerseits unterteilten Stufen ("niedere", "mittlere", "höhere"), die er als "Wildheit" ("savagery"), "Barbarei" ("barbarism") und schließlich "Zivilisation" bezeichnete. Die entscheidenden Mechanismen des Übergangs von einer Stufe zur nächsten und die maßgeblichen Indikatoren sah MORGAN in der jeweils spezifischen Technologie, sowie in den bestimmten soziokulturellen Regelungen, die diesen Technologien entsprechen sollten. Gemeinsam haben MORGAN und SPENCER also die besondere Interessenslage am Verlauf gesellschaftlicher Evolution und den Aspekten der Komplexität, die als damit verknüpft gesehen werden. Ein dritter Vertreter dieses klassischen Evolutionismus hingegen, E.B. TYLOR, stellte sehr viel stärker die kognitive Dimension und deren selbständige Entwicklung in den Vordergrund, wobei sich TYLOR vor allem die Evolution der Religion über die drei von ihm so bezeichneten Stufen des "Animismus", des "Polytheismus" und des "Monotheismus" zum Thema wählte. Darüber hinaus steht aber - eben über das religiöse Phänomen - der kulturelle Bereich im Vordergrund, und gerade bei TYLOR findet sich eine der ältesten Definitionen von "Kultur", die sehr weitreichende wissenschaftshistorische Folgen gehabt hat. [3]

Diesen klassischen Evolutionisten sind eine Reihe von kritischen Vorwürfen gemacht worden, die schließlich auch die Ursache für die Abwendung vom Evolutionismus nach der Jahrhundertwende waren. Die wichtigsten: sie würden einem unilinearen Evolutionismus huldigen, der die unterschiedlichen Entwicklungswege verschiedener Gesellschaften vernachlässige und notwendig zu durchlaufende Stufen konstruiere, wo solche keineswegs feststellbar seien; sie würden in dem Bemühen, Gesellschaften, die auf vorgeblich gleichen Stufen der Evolution angesiedelt seien, zu vergleichen, methodologische Fehler machen und Unvergleichbares gleichsetzen; sie würden beliebige Beispiele wählen, um vorher nicht explizit genannte Faktoren der Evolution zu erläutern; sie wären in ihrem naiven Fortschrittsglauben geprägt von einem ethnozentrischen Vorurteil, indem sie alle Gesellschaften an den Standards des Viktorianischen England mäßen, usw. Diesen Vorwürfen kann hier nicht im einzelnen nachgegangen werden, obwohl festzustellen ist, daß einerseits die Evolutionisten des 19. Jahrhunderts sicherlich nicht das geeignete empirische Material vorliegen hatten, um tatsächlich begründete Vergleiche verschiedener soziokultureller Arrangements vornehmen zu können und sich deshalb oft auf sehr unzuverlässige Daten stützten, [4] andererseits aber die empirische Arbeit für sie eigentlich zweitrangig war gegenüber dem Bemühen um Theoriekonstruktion. Mit Sicherheit aber ist der Vorwurf der Unilinearität des Entwicklungspostulats der klassischen Evolutionisten nicht haltbar, dafür ist die Argumentation - jedenfalls bei den zentralen Vertretern - viel zu differenziert und vorsichtig, um diese Kritik tatsächlich zu begründen. Vielmehr ist durchaus eine Multilinearität der evolutionistischen Konzeption festzustellen, die inzwischen auch weithin anerkannt wird. [5]

Vor dem Hintergrund der Kritik und Ablehnung der evolutionistischen Entwürfe, die allein schon deshalb wichtig und folgenreich war, weil sie eine Phase der intensiven Feldorientierung einleitete, besteht allerdings die Gefahr, daß die für die Ethnosoziologie grundlegenden Beiträge dieser Theorietradition übersehen werden, die auch und gerade in ande-

ren Theorietraditionen, die sich aus diesen Kritiken heraus-
bildeten, weiterwirkten. So ist z.B. H. SPENCER nicht nur
einer der hervorragendsten Vertreter der organizistischen
Analogie bei der Konzeptualisierung von Gesellschaft, bzw.
Gesellschaften, sondern - eben auf dieser Basis und infolge
seiner selektionsorientierten Fragestellungen zum Phänomen -
auch der erste Sozialwissenschaftler, der kontinuierlich und
mit theoretischer Zwecksetzung die Begriffe "Funktion",
"Struktur", "System" bezogen auf die als Organismus verstan-
dene Gesellschaft angewendet hat. Gleichzeitig warf SPENCER
mit dem Begriff des "Überorganischen" ("Superorganic") eine
Vorstellung in die Debatte, die bei ihm die Ideen meint, die
über das Individuum hinausreichen. Durch dieses "Überorganische" wird koordiniertes menschliches Handeln erst möglich.
Damit findet sich bei SPENCER eine - freilich anders benann-
te - Idee der Kultur und eine starke Analogie zu E. DURK-
HEIMs Vorstellung von der "conscience collective", die ebenfalls in dieser Hinsicht einen Versuch darstellt, Kultur als
autonomen Bereich einzuführen, ohne ihn so zu benennen.

L. H. MORGANs evolutionistischer Ansatz mit seinem starken
Bezug auf die subsistenzsichernde Technologie und ihren Zusammenhang mit der sozialen Organisation hat starken Einfluß
auf die spätere Entwicklung einschlägiger materialistischer
Theorien ausgeübt, nicht nur auf ENGELS und MARX, sondern -
für die Ethnosoziologie bedeutsamer - vor allem auf den von
M. HARRIS sogenannten "kulturellen Materialismus", auf den
später an geeigneter Stelle noch einzugehen sein wird. Fer-
ner ist noch auf MORGANs analytische Unterscheidung zwischen
Familie und Haushalt hinzuweisen, die er bei den nordamerikanischen Indianern untersuchte, und seine Entdeckung der
klassifikatorischen Verwandtschaftsterminologie, die für die
späteren verwandtschaftsethnologischen Arbeiten in der Ethnosoziologie bedeutsam geworden ist. Viele seiner Beiträge
litten allerdings an einem sehr sorglosen Umgang mit der
komparativen Methode, und F. BOAS' Kritik des Evolutionismus

richtet sich ganz besonders gegen diese Folgen. E.B. TYLOR schließlich ist durch seinen - im Gegensatz zu SPENCER und MORGAN fast ausschließlich kognitiv gerichteten - Evolutionismus in zweierlei Hinsicht von bleibender Bedeutung für spätere Entwicklungen ethnosoziologischer Theorie geworden: zum einen über seine Auffassung von der "psychischen Einheit der Menschheit", zum anderen über seinen methodologischen Ansatz, der mit Hilfe statistischer Mittel interkulturelle Untersuchungen anstrebte und in diesem Bereich einen bahnbrechenden Beitrag bedeutete. [6] Während die methodologischen Folgen von TYLORs Beitrag hier nicht gesondert hervorgehoben werden müssen, ist andererseits die Lehre von der "psychischen Einheit der Menschheit" fundamental. Als Postulat der "psychobiological 'unity' of mankind" (also als Annahme einer grundsätzlich gemeinsamen Grundausstattung des Menschen jenseits aller kulturellen und sozialen Verschiedenheit) ist sie die Grundlage geworden, auf der als Konstante erst die Frage nach der soziokulturellen Verschiedenheit der einzelnen Gruppen sinnvoll gestellt werden konnte, ohne auf rassische, genetische u.ä. Ursachen dieser Unterschiede ausweichen zu müssen. [7]

Letztlich ist auch darauf hinzuweisen, daß der klassische Evolutionismus tatsächlich auch die Voraussetzung für seine Weiterentwicklung und die Kritik an ihm insofern schuf, als er die Möglichkeit ausschaltete, menschliche, soziale und kulturelle Entwicklung und Variabilität durch den Rückgriff auf theologische Argumente zu "erklären" und definitiv die wissenschaftliche Vorgehensweise erzwang.

Die Gegenbewegungen gegen den klassischen Evolutionismus entfalteten sich von zwei Seiten her: von der Seite der amerikanischen Ethnologie und Ethnosoziologie durch den historischen Partikularismus und seine wissenschaftstheoretischen Implikationen sowie die daraus gespeisten Theorieansätze, und von der Seite der europäischen Ethnosoziologie, zunächst ebenfalls durch eine historisch gerichtete Tendenz, den Diffusionismus (dem allerdings keine nachhaltige Bedeutung für die Ethnosoziologie beizumessen ist [8] und dann durch den Funktionalismus. Diese Einschätzung der verschiedenen theoretischen Orientierungen als Gegenbewegungen zum klassischen Evolutionismus darf allerdings nicht darüber hinwegtäuschen, daß sehr wohl verschiedene Merkmale dieser Orientierungen mit einer evolutionistischen Position vereinbar sind, [9] und die Verblendung von funktionalistischer Analyseweise und evolutionärer Grundperspektive ist gerade im Zusammenhang mit einem später noch zu behandelnden Neoevolutionismus und der Kulturökologie deutlich erkennbar.

Es ist bereits auf die relativ geringe i.e.S. ethnosoziologische Folgewirkung des Diffusionismus in seinen dogmatischen Ausprägungen hingewiesen worden. Freilich ist die Tatsache, daß diffusionistisches Gedankengut selbst sich zunehmender Beliebtheit erfreute (und zwar in den Vereinigten Staaten ebenso wie in Europa [10]) durchaus von Bedeutung für die Herausbildung der hier verkürzt als "historischer Partikularismus" bezeichneten theoretischen Orientierung. Diese Bedeutung beruht vor allem auf der Anerkennung der Tatsache der Diffusion von sozialen und kulturellen Merkmalen oder Arrangements über ethnische Grenzen hinweg und in der Art, wie diese Tatsache in der ethnosoziologischen Theoriebildung berücksichtigt wird [11]. Während die Anerkennung der Diffusion von sozialen und kulturellen Elementen als Sachverhalt durchaus von weniger orthodoxen Evolutionisten durchaus in ihr theoretisches Konzept eingepaßt werden konnte [12], war doch die sich daraus ergebende Debatte von weitreichender Wirkung. Deutlich wird das methodologisch in der Auseinandersetzung um das sog. "Problem GALTON's". F. GALTON warf im Zusammenhang mit dem bereits erwähnten Text von TYLOR (1889) die Frage auf, ob das Verfahren des interkulturellen Vergleichs soziokultureller Merkmale nicht dadurch in seinen Ergebnissen verzerrt würde, daß die verglichenen ethnischen Einheiten tatsächlich keineswegs die angenommenen, voneinander unabhängigen historischen Entwicklungen durchlaufen hätten und damit die historische Unabhängigkeit als Voraussetzung des Vergleichs vernachlässigt worden wäre. Die Auseinandersetzung, die sich um dieses "GALTON's problem" entfaltet hat [13], ist in ihren Einzelheiten weniger relevant als in der Wahrnehmung, auf die sie sich stützt, nämlich der Perzeption der besonderen Bedeutung einzelner historischer Verlaufsprozesse.

Als solche ist diese Auseinandersetzung symptomatisch für die gegen Ende des 19. Jahrhunderts stattfindende Verschie-

bung der Interessen theoretischer Orientierungen, über und
neben ihrer Relevanz im Konflikt zwischen Evolutionismus und
Diffusionismus. Dieses veränderte Interesse verkörpert in
herausragender Weise der deutsch-amerikanische Ethnologe F.
BOAS (1858 - 1942), der für nahezu ein halbes Jahrhundert
die amerikanische "cultural anthropology" prägte. Dieser
Einfluß kann nicht hoch genug eingeschätzt werden, vor allem
deswegen, weil BOAS durch seine lange Wirkungszeit eine große Anzahl von führenden amerikanischen Ethnologen und
Anthropologen ausgebildet hat, die seine Anregungen teils
unmittelbar aufgriffen, teils umgesetzt in eigenen Arbeits-
gebieten weiterführten. Dieser Einfluß hatte auch zur Folge,
daß von einer regelrechten "BOAS-Schule" in den USA gesprochen worden ist, wahrscheinlich aber ein überzogenes Bild,
das die erheblichen Differenzierungen vernachlässigt und
doch Zeugnis ablegt von der beeindruckenden Ausstrahlung
BOAS' und dem von HARRIS in einer glücklichen Wendung sog.
"BOASian milieu". [15)]

Ein großer Teil der Arbeiten und Überlegungen BOAS' wie auch
derjenigen, die sich in seinem Einflußbereich bewegten, ist
gekennzeichnet durch die Auseinandersetzung um die Herausbildung einer Theorie der Kultur, bzw. der Kulturen. Insofern liegen sie etwas quer zu dieser mit der Herausbildung
der ethnosoziologischen Theorien befaßten Studie, die sich
darauf beschränken kann, einige besonders wichtige und ethnosoziologisch relevante Gesichtspunkte aufzugreifen. Zu diesen gehören vor allem das historische und kulturpartikula-
ristische Interesse BOAS' mit den entsprechenden relativistischen Folgen, sein markanter Antievolutionismus, der sich
auch methodologisch niederschlug, und die konsequente Forderung nach Erhebung von empirischen Daten durch sorgfältige
Feldforschung.

Mit dem letzteren Aspekt kann dieser knappe Abriß begonnen
werden, denn hier deutet sich bereits die Abkehr von den ab-

strakten Generalisierungen des klassischen Evolutionismus
an. BOAS hat nicht nur seine persönliche wissenschaftliche
Karriere (als Geograph) mit einem Feldaufenthalt in der Ark-
tis begonnen, sondern auch über die Identifikation mit einer
bestimmten Region (der amerikanischen Nordwestküste) und deren ethnographischer Erforschung seinen ersten Platz in der
Genealogie der amerikanischen "cultural anthropology" begründet. Vor diesem Hintergrund forderte er von allen seinen
Schülern die Qualifikation über die Feldforschung, nicht nur
als Nachweis des Status der Disziplin, sondern auch als
wichtiges Konstitutionselement der jeweils eigenen wissenschaftlichen Biographie [16]. Diese Forderung nach ethnographischer Bestandsaufnahme war auch von dem Bemühen veranlaßt, Sachverhalte festzustellen und deskriptiv zu sichern,
von denen er überzeugt war, daß sie unwiderruflich zum Verschwinden verurteilt seien. Feldforschung hatte also auch
einen stark datenfixierenden Charakter als Voraussetzung
jeglicher möglichen Theoriebildung um seiner selbst willen
und von der Perspektive der betreffenden Ethnie her (oder
dem, was man dafür hielt), [17] woraus sich teilweise auch
die Meinung BOAS' erklärt, daß der Feldforscher vollständig
mit den Denk- und Handlungsmustern der untersuchten Gesellschaft vertraut sein müßte, sich geradezu nahtlos in dieses
kulturelle Milieu einfügen können müsse.

Der andere Aspekt, der diese Auffassung verstehen hilft, ist
die fundamental historische, ja sogar historisierende Grundkonzeption von BOAS' Arbeit, die sich freilich nur in der
Gesamteinschätzung verdeutlicht, da BOAS kein kohärentes und
explizit theoretisches Werk hinterlassen hat. Die historische Grundkonzeption bezieht sich vor allem auf die Entwicklung und Formierung der Eigenart einer "Kultur", welche BOAS
als stets besondere, eigenartige und unvergleichbare betrachten will. Inhaltlich ist das die Absage an einen umfassenden und allgemeinen Begriff der "Kultur" als solcher, wie
er die Evolutionisten interessiert hatte und auch von ihnen

erstmalig generell verbreitet worden war. Diese vereinzelnde Betrachtungsweise von Kulturen steht am Beginn des von BOAS vorgetragenen Angriffs auf die theoretischen Annahmen und Zielsetzungen des klassischen Evolutionismus, die von diesem praktizierte komparative Methode und damit schließlich auch auf die weiteren Grundlagen einer modernen Ethnosoziologie.[18]

Der Beginn dieses Angriffes läßt sich festmachen: er findet sich in dem Aufsatz über "The limitations of the comparative method of anthropology" (BOAS 1896), in dem die massivsten kritischen Einwände gegen die evolutionistischen Versuche einer hierarchisierenden Reihung von kulturellen Formen anhand einheitlicher Kriterien vorgebracht werden. Die entscheidenden kritischen Argumente sind: - es ist nicht möglich, alle kulturellen Typen durch die Behauptung zu erklären, sie seien ähnlich, weil der menschliche Geist überall ähnlich sei; - die Entdeckung ähnlicher Merkmale in unterschiedlichen Gesellschaften ist nicht so wichtig, wie es die "komparative Schule" (d.h. die Evolutionisten) behauptet; - ähnliche Merkmale können sich in verschiedenen Kulturen aus ganz unterschiedlichen Gründen entwickelt haben; - die Auffassung, daß kulturelle Unterschiede sehr gering seien, ist unbegründet, vielmehr sind es gerade die kulturellen Unterschiede, die von größerer ethnographischer Bedeutung sind. Damit ist für BOAS eine klare Abfuhr an den klassischen Evolutionismus gerechtfertigt: "..we must (...) consider all the ingenious attempts at constructions of a grand system of the evolution of society as of very doubtful value, unless at the same time proof is given that the same phenomena could not develop by any other method. Until this is done, the presumption is always in favor of a variety of courses which historical growth may have taken".[19] Dieser Abfuhr folgt ein methodischer Vorschlag, der den historischen Partikularismus BOAS' begründet, und der darauf hinausläuft, zunächst einmal Sitten, Gebräuche und allgemeine kulturelle

Praktiken in ihren Einzelheiten als Bestandteile des jeweiligen kulturellen Ganzen zu untersuchen und dann die Verteilung und Verbreitung einer solchen Sitte oder eines kulturellen Merkmales über die benachbarten Kulturen hinweg zu untersuchen. [20] Durch ein solches Verfahren wäre der Forscher in der Lage, die Milieufaktoren aufzudecken, die eine Kultur/Gesellschaft beeinflussen; die psychologischen Aspekte aufzuklären, die die Kultur formen; und schließlich wäre er auch imstande, die Geschichte der lokalen Entwicklung eines kulturellen Merkmals zu rekonstruieren. Hier sind im Kern alle Implikationen der historisch-partikularistischen Sichtweise vereinigt, und es wird auch der Grund erkennbar, weshalb BOAS und die in seiner Tradition arbeitenden Forscher so eine starke psychologisch-mentalistische Grundorientierung aufweisen: in den mentalen, emotionalen und psychischen Merkmalen einer Kultur (ethnosoziologisch präziser: ihrer Trägerpopulation) wird das wesentlich Charakteristische gesehen, das diese von anderen partikularisierend absetzt, sie eben als besondere kennzeichnet.

Im Entwurf BOAS' bedeutet dieses Interesse zunächst noch keine Absage an die induktive Aufdeckung von transkulturellen Gesetzmäßigkeiten, die durchaus als späteres Resultat solcher einzelkultureller, historisch rekonstruierender Forschungen gesehen werden; in der Praxis BOAS' freilich wird dieses mögliche Resultat zurückgedrängt und später auch theoretisch endgültig dem Rekonstruktionsinteresse geopfert. Methodologisch ist die Attacke gegen den Evolutionismus damit auch ein Bruch mit den erkenntnistheoretischen Prinzipien der Ethnosoziologie: die Absage an deduktiv-theoretisch gewonnene allgemeine Gesetze und der Verzicht darauf, diese auf unterschiedliche Sachverhalte komparativ erkenntnisgerichtet anzuwenden. Begrifflich drückt sich das auch - wie bereits bemerkt - darin aus, daß bei BOAS und manchem seiner Schüler der Gesamtkomplex "Kultur", wie ihn die klassischen Evolutionisten gedacht hatten, aufgelöst

wird zugunsten der "Kulturen", der Pluralität von prinzipiell gleichwertigen, partikularen Kulturen einzelner Gesellschaften. Diese - und das macht ein wichtiges Verbin-
dungsstück zur von BOAS geforderten Feldforschung aus - sind
nur aufgrund ihrer eigenen kulturellen Maßstäbe und Kriterien zu erfassen, über eben ihre mental-emotionale Dimension, auf die sich der Feldforscher nahezu bedingungslos
einzulassen hat. [21]

Man kann daher die Konfrontation zwischen BOAS' historischem
Partikularismus und dem schwindenden "klassischen" Evolutionismus durchaus als eine Konfrontation zwischen der di-
stanzierten, abstrakt-nomothetischen und rationalen Intel-
lektualität der Evolutionisten und der identifikationsorien-
tierten, ideographischen historisierenden und antirationalen
Emotionalität BOAS' beschreiben - die letztere obsiegte und
prägte für fast ein halbes Jahrhundert die amerikanische
"cultural anthropology": "BOAS' rejection of the European
standard of rationality in anthropological analysis was ac-
companied by an innovation that was a central element in the
turn-of-the-century revolution in social thought. In place
of reason as the basis of human institutions, BOAS substitu-
ted emotion" (HATCH 1973, S. 53).

Diese Emotionalität ist die Grundlage der subjektiven Annäherung an fremdkulturelle Phänomene, die Grundlage der subjektiven Rekonstruktion durch die Perzeption der jeweiligen
Besonderheiten. Dieser kulturelle Subjektivismus verband
sich mit dem theoretisch-methodologischen Postulat des historischen Partikularismus zur Haltung eines umfassenden
kulturellen Relativismus. Über alle besonderen Ausprägungen
und divergierenden Interessen der von BOAS im weiteren Sinne
beeinflußten amerikanischen Anthropologen hinweg ist das
wohl der entscheidende gemeinsame Nenner geworden: die Auffassung von der relativen Wertigkeit aller kulturellen Lö-
sungen und der daraus folgenden behaupteten Unmöglichkeit,

universale Standards der Beurteilung anzugeben, die diese
Relativität außer Kraft setzen könnten, wenn adäquate Kenntnis der jeweiligen kulturellen Kriterien das Ziel sein und
damit (positiv gewendet) der allzuhäufig typische Eurozen-
trismus der Evolutionisten vermieden werden soll. [22]

Auch A. L. KROEBER, einer der anderen großen amerikanischen
Anthropologen, der nur wenig nach BOAS eine beherrschende
Position erlangte, hat sich trotz seiner Auseinandersetzung
mit den Bedingungen einer allgemeinen Kulturtheorie durchgehend für eine kulturrelativistische Position entschieden.
KROEBER, der mit anderen zusammen wesentlich zum Ausbau der
"culture areas"-Konzeption beitrug, in der diffusionistisches Gedankengut eine entscheidende Rolle spielte [23], hat
diese Überlegungen angestellt unter der Etikette der Frage
nach dem Nutzen eines Begriffs des "Überorganischen" - kommt
aber wesentlich zu relativistischen Antworten, wenn er den
besonderen Charakter kultureller "Konfigurationen" betont[24].
Für die bekannteste Schülerin BOAS', R. BENEDICT, war die
skizzierte Grundhaltung gleichfalls von entscheidender Bedeutung. Bei ihr nimmt die Nachwirkung des Diffusionismus
über das BOASianische Erbe die Form des Postulats an, die
besondere Integration jeweils spezifischer Kulturen sei das
Resultat zufälliger Kombinationen, die dann eine eigentüm-
liche "Konfiguration" darstellen mit einer charakteristischen, unteilbaren und nur aus sich selbst heraus verständ-
lichen Rationalität. Jede Institution kann daher nur aus ihrem besonderen kulturellen Kontext heraus verstanden werden,
- die bekannten "patterns of culture" von R. BENEDICT. [25]

Am deutlichsten wird diese Sichtweise in den Konsequenzen
erkennbar, die sie bei der Deutung des Phänomens "Potlatch"
bei den Indianerbevölkerungen der amerikanischen Nordwestküste gehabt hat. Dieser Potlatch - eine Form von Austausch-
verhältnissen unterschiedlicher Inhalte zwischen Deszendenzgruppen mit z.T. infolge historischer Sonderbedingungen ago-

nalen Kennzeichen und stark prestigeorientierter Darstellung von Gebrauchs- und Zeremonialgütern - war schon von F. BOAS für die amerikanische "cultural anthropology" als besonderer kultureller Komplex dieser Ethnien herausgearbeitet worden. BOAS hatte sich vor allem um die Aufzeichnung und Interpretation der mit der Institution Potlatch verbundenen Mythen und rituellen Gesänge bemüht; BENEDICT vollzieht dann die typische Wendung zur Deutung dieser Institution im Sinne einer Regelung aufgrund eigener Rationalität und besonderer kennzeichnender emotionaler Aufladung. Sie ist danach als Konfiguration nur verstehbar bei Nachvollzug dieser eigentümlichen Geisteshaltung, die ihrerseits wiederum funktional der Integration dieser Kulturen beigeordnet ist. [26] Der strukturanalytischen oder auch kulturökologischen Untersuchung dieser Phänomene ist dadurch freilich auf längere Zeit hinaus der Weg versperrt worden, eine unverkennbare, ethnosoziologisch nachteilige Folge der Durchsetzung des kulturellen Relativismus. [27]

Die Repräsentanten des kulturellen Relativismus hatten ihre Skepsis gegenüber klassifikatorischen Verfahren mit dem Hinweis auf Dogmatisierungstendenzen begründet - würde man die Subsumtion der einzelnen Wissenschaftler und ihrer Werke voreilig unter "BOAS-Schule" zuordnen, die Gefahr einer dogmatischen Zuschreibung wäre zumindest genauso groß. Von BOAS ausgehend haben die einzelnen Forscherpersönlichkeiten teils eine eigenständige Entwicklung durchlaufen oder Grundzüge des Ansatzes modifiziert, so daß selbst das Plädoyer für Toleranz bei der Erforschung und Interpretation von Kultur im Sinne von Gleichberechtigung und Gleichwertigkeit nicht immer durchgehalten wird. Die Kritik an dieser Position reicht von Theorielosigkeit (L. WHITE) bis hin zum reinen Eklektizismus. Dies mag in vielen Fällen auch zutreffend und vom heutigen Standpunkt durchaus berechtigt sein. Man sollte jedoch nicht vergessen, daß der kulturelle Relativismus seine "Geburtsstunde" in der Abneigung gegen globale Betrachtungsweisen des Evolutionismus hatte, der durch ein theoretisches fiat zur Stimmigkeit der Argumente fand. Das konsequente Eintreten für eine empirisch-fundierte gegen eine wertend-vergleichende Wissenschaftlichkeit hat nicht nur die Kulturanthropologie vor einer weitgehend eurozentrischen Sichtweise und Bewertung von Kultur bewahrt. Politisch-pragmatisch führte der kulturelle Relativismus 1947 zu einem im American Anthropologist veröffentlichten "Statement on Human Rights", das der Vollversammlung der Vereinten Nationen zugeleitet wurde [28].

Die gemeinsame Verpflichtung zur empirisch fundierten Forschung hat eine Reihe von grundlegenden Untersuchungen besonders über Indianerpopulationen hervorgebracht, bei denen das Ausmaß der Modifikation deutlich wurde. Besonders LOWIE öffnete seine Betrachtungsweise diffusionstheoretischen Überlegungen, R. BENEDICT und M. MEAD nahmen Ansätze des Funktionalismus auf und integrierten sie in das methodische Konzept, die Annäherung an die Psychologie bzw. Psychoanalyse ging   von SAPIR und KROEBER aus. Die Berücksichtigung der historischen Dimension bei der Erforschung von Kultur wirkte dem in seinen Grundzügen ahistorischen Funktionalismus entgegen und erlaubte so eine Integration, die ihren Niederschlag in der "basic personality" von A. KARDINER fand, ein Ansatz, der kulturrelativistisch ist, wenngleich R. LINTON und C. DU BOIS als Ethnologen bei der Entfaltung des Forschungsdesigns mitwirkten. Die Leistungen der kulturrelativistischen "Schule" haben in der Sprachforschung weitergewirkt: von BOAS und SAPIR ausgehend entwickelte WHORF das Theorem des sprachlichen Relativitätsprinzips. Der als SAPIR-WHORF-Hypothese gekennzeichnete Ansatz läßt sich in zwei Hauptpunkten zusammenfassen:

1. Die Sprache als gesellschaftliches Produkt, gestaltet als linguistisches System, in dem wir seit unserer Kindheit erzogen werden und denken, unsere Form der Auffassung und Wahrnehmung der uns umgebenden Welt.

2. Auf dem Hintergrund der unterschiedlichen Sprachsysteme, mit denen eine Benutzung verschiedener Grammatiken korrespondiert, kommt es aufgrund dieser Grammatiken zu verschiedenen Beobachtungen und dadurch zu verschiedenen Bewertungen äußerlich ähnlicher Beobachtung. Die Beobachter sind daher einander nicht äquivalent, sondern gelangen zu verschiedenen Ansichten von Welt [29].

Diese Thesen des sprachlichen Relativitätsprinzips haben nicht nur die Ethnolinguistik und allgemeine Sprachwissenschaft über Jahrzehnte inhaltlich bestimmt, sondern in der Ethnomethodologie ihren Niederschlag gefunden bei der Auslotung des sozialen Stellenwertes von Alltagswissen [30]. In der Soziolinguistik ist bei der Dichotomisierung in restringierte und elaborierte Sprachcodes mit ihren Auswirkungen auf die Wahrnehmung gesellschaftlicher Wirklichkeit und der kognitiven Verarbeitung von Informationen der Einfluß milieutheoretischer Überlegungen des kulturellen Relativismus sowie des Beziehungsverhältnisses von Sprache und Denken im

Verständnis der SAPIR-WHORF-Hypothese deutlich erkennbar [31]. Sprache als Folie von Sozialisationsprozessen hat zwischen 1960 bis 1980 eindeutig die Diskussion bestimmt und besonders in den Erziehungswissenschaften zur Neuformulierung didaktischer Konzepte geführt ("Kompensatorische Erziehung").

Im Rahmen der ethnosoziologischen Theoriediskussion haben die Überlegungen, die von der SAPIR-WHORF-Hypothese ausgehend angestellt worden sind, zur theoretisch relevanten Unterscheidung zwischen den sogenannten "emischen" und "etischen" Ansätzen geführt - verkürzt auch als "emics" und "etics"bezeichnet.[32] Die Unterscheidung bezieht sich inhaltlich auf die Differenz zwischen den kulturspezifischen, "inneren" Eigenkategorien einer gegebenen Kultur und Gesellschaft ("emics"), die dann z.B. bei einer Deskription Anwendung finden können, und den von "außen" herangetragenen, komparativ-theoretischen und analytischen Fremdkategorien des externen Beobachters dieser selben Kultur und Gesellschaft ("etics").

Es ist schon darauf hingewiesen worden, daß die argumentative Position des Kulturrelativismus und des historischen Partikularismus eine immanente Prädisposition zu einer "emischen" Vorgehensweise enthält - auch und gerade im Gegensatz zu den implizit "etischen" Kategorien der komparativen Vorgehensweise, wie sie auch und gerade von den klassischen Evolutionisten praktiziert worden ist. Der Gegensatz zwischen emischer und etischer Perspektive steckt freilich als besondere Ambivalenz in jedem Versuch, eine fremde Gesellschaft und deren Kultur zu untersuchen. Das wird beispielhaft auch darin deutlich, daß gerade die als vorbildlich empfundenen Ethnographien (wie z.B. B. MALINOWSKIs "Argonauten des westlichen Pazifik") zwischen der Wiedergabe der einheimischen Alltagswelt, so wie sie sich begrifflich und kategoriell im Denken der betreffenden Bevölkerung niederschlägt, und der analytischen Darlegung der Struktur, dieals Ganzes keinem Einheimischen präsent ist, sondern sich nur dem externen Beobachter theoretisch erschließt, oszillieren. Die Diskussion, die sich in den letzten zwanzig Jahren über diese Differenzen entwickelt hat, [33] kann im Einzelnen hier nicht dargelegt werden. Es muß genügen, darauf hinzuweisen, daß die damit angesprochene Problematik keineswegs gelöst ist, wohl auch nicht lösbar ist, sondern die Päferenz letztlich davon abhängt, welche Zwecksetzungen im Einzelfall mit einer ethnosoziologischen Arbeit verfolgt werden. In irgendeiner Weise werden im allgemeinen jedoch vergleichende Aspekte in jede solche Arbeit einfließen (und sei es auch nur über die verwendete "Wissenschaftssprache"), und von daher stellt sich die Notwendigkeit, theoriegeleitete, analytische und damit etische Kriterien regelmäßig in die Vorgehensweise einzubeziehen. Das heißt aber nicht, daß weder Existenz noch Berechtigung emischer Aspekte zu negieren seien oder aber unberücksichtigt gelassen werden können. Reine emische Vorgehensweisen, wie sie z.B. in der amerikanischen "new ethnography" angestrebt worden sind, stehen demgegenüber vor der - nur auf der Basis etischer Kriterien lösbaren - Frage, in welcher Weise evtl. vorhandene innere Differenzierungen im einheimischen Alltagshorizont berücksichtigt werden sollen, die notwendigerweise allein schon durch die unterschiedlichen individuellen Sichtweisen gegeben sind. Dementsprechend sind auch keine gesamtgesellschaftlichen Deskriptionen allein auf emischer Grundlage bekannt, sondern nur Teilbestandsaufnahmen zu bestimmten Bereichen und Sonderfragen. [34]

Die Konzentration auf soziolinguistische Erkenntnisse hat vorübergehend einen vom kulturellen Relativismus ausgehenden Forschungsansatz in den Hintergrund treten lassen, der, von SAPIR begründet, besonders in A. KARDINER [35] einen weiterführenden Denker fand, der Psychoanalyse (bei gleichzeitiger Kritik an FREUDs Instinktlehre) mit Ergebnissen des Kulturrelativismus ("cultural patterns") verband. Der Aufbau der grundlegenden Persönlichkeitszüge ("basic personality") ist nur durch Erforschung jener Praktiken möglich, in denen sich die jeweilige Kultur mit ihren vielfältigen Elementen widerspiegeln, d.h. die Realität der Kultur lokalisiert sich in den psychischen Grundzügen ihrer Mitglieder, wodurch Kultur sich stabilisiert und zur internen Funktionsfähigkeit der Individuen und der Gesellschaft beiträgt. Die Überlegungen KARDINERs führten zur Begründung einer Forschungsrichtung, die als "Kultur-Persönlichkeitsstruktur-Theorie" großen Einfluß in den gesamten Sozialwissenschaften gewann (G. GORER, C. KLUCKHOHN, R. LINTON, W. LA BARRE, E. ERIKSON, u.a.). Die Arbeitshypothesen lassen sich in zwei Schwerpunkten zusammenfassen:

1. Deskription und psychologische Charakterisierung von kulturellen Konfigurationen und die Herausarbeitung der damit verbundenen Persönlichkeitstypen.
2. Die Erklärung jener Persönlichkeitstypen als Ergebnisse kultureller "patterns" sowie der zwischenmenschlichen Interaktionen - besonders in den Phasen der frühen Kindheit.

Als Determinanten der Persönlichkeit gelten drei unterscheidbare Aspekte der Umwelt: die physische, soziale und kulturelle, wobei die biologische Determination als gegeben vorausgesetzt und soziale wie kulturelle schwergewichtig betont werden. Biologische Argumentationen gelten als Hintergrundphänomene bzw. werden als universale Determinanten mit dem Hinweis thematisiert, daß der Prozeß der Einfügung in die ganze Menschheit relativ konstant sei und daher zur Erklärung von Persönlichkeitstypologien wenig hergebe. "Alle menschlichen Persönlichkeiten werden durch diese gemeinsame Bedingung des Anspruchs auf Angleichung an die kulturelle Erwartung geformt. Aber der spezifische Charakter der kulturellen Erwartungen variiert bedeutend zwischen den verschiedenen Gesellschaften und sogar zwischen den verschiedenen Gruppen innerhalb der gleichen Gesellschaft" [36]. Soziale

Faktoren gelten als Merkmalseinheiten der Sozialstruktur und sind adaptive Prozesse zur Sicherung des sozialen Lebens. Umfang, Dichte und Standort einer Bevölkerung werden als soziale Determinanten gekennzeichnet, ihre soziale Verzahnung mit der Kultur hat ihre Folgen für die Persönlichkeitsabbildung.

Die Aneignung der Kultur erfolgt über Lernprozesse, wobei inhaltlich nicht nur fixiert wird, was gelernt wird, sondern zugleich auch die Bedingungen strukturiert werden, unter denen das Lernen stattfindet. Kultur als "weitergebende Erfahrung vorhergehender Generationen (technologisch und moralisch)" definiert zunächst die Rolle des Menschen in der Gesellschaft, bevor Persönlichkeit sich mit eigenständigen Erfahrungen herausbilden kann. Die auf R. LINTON zurückgreifende Formulierung erinnert an die Konsequenzen der Persönlichkeitsbildung als Ergebnis gesellschaftlicher Differenzierungsprozesse, d.h. das wichtigste "Kriterium im Kontext der Persönlichkeit ist stets: was sind die sozialen Kategorien, zu denen sich das Individuum und die, die es sozialisieren, zugehörig fühlen (oder wünschen)" [37]. Im Anschluß an M. MEAD gilt das biologische Geschlecht als Hintergrundphänomen, auf dem Sozialisation sich abbildet, während Rollen, soziale Schichten (Kasten), Wohnsitz- und Zugangsregelungen zu materiellen Gütern Momente der Sozialstruktur sind, aber die daraus resultierenden Verhaltensmuster sind kulturell bedingt, sie bestimmen die Angemessenheit des Verhaltens im Hinblick auf Alter, Geschlecht und Status. Die komplizierte Wechselbeziehung zwischen Abstammung und Umwelt und das sich dabei herausbildende Problem der Verhaltensbestimmung durch Herkunft oder Umwelt wird als bedeutungslos interpretiert, da z.B. die Kultur technologische Verfahren entwickeln kann, die zur Veränderung der physischen Umwelt führen, das Vorhandensein von Artefakten (Häusern, Werkzeuge, Fahrzeuge usw.) vergrößert die Ressourcen der Beziehungen und Enttäuschungen. HALLOWELL und SAPIR verdeutlichen den Grundzug dieser Argumentation: Kultur wirkt wie ein Linsensatz, bündelnd und verzerrend zugleich, und bestimmt damit zugleich die Sichtweise des akkulturierten Menschen von seiner Welt. Dadurch kommt es zur unterschiedlichen Bewertung der gleichen Objekte der Erscheinungswelt in den Populationen mit verschiedenen kulturellen Traditionen. "Infolge dessen bilden die in einer traditionellen Ideologie <u>bedeutungsvoll definierten</u> Objekte der äußeren Welt jene Wirklichkeit, auf die Individuen, welche einem spezifischen System von Vorstellungen angepaßt sind, tatsächlich antworten" [31]. Die konstituierenden Determinanten der Persönlichkeit sind über die Analyse jener "patterns" eruierbar, über die die physische Welt als bedeutungsvoll definiert wird, d.h. Kultur wird wird über Individuen vermittelt, die Bedeutungsinhalte haben jedoch überindividuellen Charakter, durch sie wird die Existenz und Kontinuität der Kultur gesichert. Universale kulturelle Determinanten der Persönlichkeit müssen negiert werden, da sich viele Werte, die man als ubiquitäre Konstanten der Menschheit definierte, sich lediglich als Funktionen einer spezifischen Kultur erwiesen.

Der weiterführende Gedanke in der Kultur-Persönlichkeitsstrukturforschung mündet in das Argument, daß durch Analyse nicht primär das konkrete Individuum zur Erfahrungsgröße wird, sondern zuerst der Charakter des kulturdefinierenden Wertes in den Vordergrund tritt. "Kultur ist die kollektive Seite der Persönlichkeit; Persönlichkeit ist der subjektive Aspekt der Kultur" (E. FARIS) skizziert die Dimension des Ansatzes, der auf eine Konkretisierung der gemeinschaftlichen Komponenten der Persönlichkeit hinausläuft. Die "basic personality structure" von A. KARDINER begünstigt auch in der Weiterführung des Ansatzes durch KLUCKHOHN/MOWRER u.a. eine Typologisierung und führt zu übertriebenen Vereinfachungen, um den Anforderungen des Homogenitätspostulates gerecht zu werden, da nicht auf Verhalten, sondern auf psychische Entitäten rekurriert wird. Kritisch muß angemerkt werden: Sozialisation begünstigt in diesem Ansatz eine

Sichtweise der einseitigen Prägung und bleibt dem Konzept der Entwicklungsmaximum-Hypothese verhaftet. Auch die später einsetzende Korrektur hin zum Variationsspielraum für Persönlichkeitsmerkmale kann nicht den grundlegenden Mangel des Ansatzes verdecken, der einer Reduzierung von Persönlichkeitsstruktur in einem System von Relationen innerhalb der kulturellen Matrix gleichkommt. Die Entwicklung und Fixierung von Persönlichkeitsstruktur gerinnt sehr schnell zu einem Denken analog der Häufigkeitsverteilung von "patterns", andererseits schließt sich das Argument nahtlos an das Prinzip der begrenzten Möglichkeiten in der Kultur an, insoweit wird die methodologische Kontinuität des kulturellen Relativismus bewahrt. Ein statisches Moment fließt in die Konzeptualisierung mit ein, sobald über die basale Persönlichkeit ein Analyseinstrument für Kultur entworfen und instrumentalisiert wird. "Der Gedanke, daß Persönlichkeits-Grundstrukturen sich in den ersten paar Lebensjahren oder in der vorjugendlichen Kindheit entwickeln, beruht auf der Annahme, daß sich die Persönlichkeitsstruktur durch spätere Erfahrungen und kulturelle Einflüsse nicht oder nur wenig verändert" [39].

In der Kultur-Persönlichkeitsstruktur-Forschung wird neben dem Versuch, psychologische Theorien für die Analyse zu verwenden, die Fragestellung nach der Funktion von Kultur thematisiert. R. BENEDICT hatte in "Patterns of culture" bereits funktionalistische Kategorien berücksichtigt, diese jedoch in das eigene Konzept stimmig integriert. Besonders in der amerikanischen Kulturanthropologie hatte sich zwar der methodologische Ansatz der "BOAS-Schule" stilbildend durchgesetzt, jedoch waren besonders bei Fragen der Verwandtschaftsanalyse Zweifel an der umfassenden Brauchbarkeit der Theorie aufgetaucht. Als RADCLIFFE-BROWN 1932 eine Professur für Anthropologie in Chicago übernahm, bot er mit seinen sozialanthropologischen Modellen ein Analyseverfahren an, das es gestattete, Sozialorganisationen und Verwandtschaftssysteme in ihren Auswirkungen präziser zu fassen.

KROEBER [40] und LOWIE [41] hatten in Auseinandersetzung mit
L. MORGAN eine mehr an linguistischen Kriterien entwickelte
Verwandtschaftsterminologie vorgelegt, die das evolutionistische Konzept der Verwandtschaftsentwicklung anhand der
Daten amerikanischer Indianerstämme mit matrilinearer Deszendenz falsifizierte. Besonders LOWIE, der wie RADCLIFFE-
BROWN positiv den von RIVERS konzipierten Überlegungen
gegenüberstand, hatte die Bedeutung der Verwandtschaftsterminologie für die Sozialorganisation erkannt. Insofern wurden bereits durch den kulturellen Relativismus Voraussetzungen für ein Verwandtschaftsverständnis geschaffen, das sich
auf soziale Institutionen bezog.

Nahezu gleichzeitig erschienen 1922 B. MALINOWSKIs "Argonauts of the Western Pacific" und A. R. RADCLIFFE-BROWN's
"Andaman Islanders", zwei Publikationen, die für den Beginn
der _funktionalistischen_ Kulturanalyse stehen. Wie der kulturelle Relativismus hatte der (Struktur-) Funktionalismus
seinen Ausgang in einer Auseinandersetzung und Reaktion auf
den Evolutionismus genommen. H. SPENCER wies in seinem Orga-
nismus-Paradigma bereits auf Funktionen von Institutionen
(z.B. Familie, Kirche etc.) hin, als Begründer des Funk-
tionsbegriffes zur Analyse von Gesellschaft gilt E. DURK-
HEIM, den MALINOWSKI als "Vater des Strukturfunktionalismus"
würdigt.

Die Methodologie der funktionalistischen Kulturanalyse ist
ohne Bezug zu E. DURKHEIMs grundlegender Arbeit "Über die
Teilung der sozialen Arbeit" (1893) keiner Transparenz zuzu-
führen, denn diese Studie bildet an der Fragestellung gesellschaftlicher Entwicklung den Zugang zum Verständnis der
Schlüsselbegriffe "Funktion", "Struktur", "Gleichgewicht"
und "Bedürfnis". DURKHEIM benützt die Isomorphie von Theorien, um Funktion für die Gesellschaftsanalyse fruchtbar zu
machen, sie "drückt die Beziehung der Abhängigkeit aus, die
zwischen diesen Kräften (der lebenswichtigen Bewegungen) und
einigen Bedürfnissen des Organismus stehen" [42]. Im Anschluß
an Gedanken von Auguste COMTE (1869) und Albert SCHÄFFLE
(1875) lehnt DURKHEIM die Einengung der Arbeitsteilung auf
ökonomische Bedingungen ab und erhebt sie zum Instrument
jeglicher gesellschaftlichen Entwicklung. Arbeitsteilung hat
die Funktion, "den sozialen Körper zu integrieren und seine
Einheit zu sichern" [43], über sie kommt es zur Manifestation
der sozialen Solidarität, damit ist zugleich ihre moralische
Qualifikation impliziert, "denn die Bedürfnisse nach Ordnung, Harmonie und sozialer Solidarität gelten gemeinhin als
moralisch" [44]. Der Grad der Arbeitsteilung und der gesellschaftlichen Entwicklung stehen in unmittelbarer Beziehung
zueinander und generieren die je spezifische Qualität der
Solidarität. Das "soziale Protoplasma" bildet dabei die

durch ihre absolute Homogenität bestimmte "Horde", die mit dem Prozeß der Differenzierung zum "Klan" wird. "Wir nennen Klan eine Horde, die aufgehört hat, unabhängig zu sein, um das Element einer erweiterten Gruppe zu werden, und nennen <u>segmentäre Gesellschaften auf der Klangrundlage</u> jene Völker, die aus der Zusammensetzung von Klans gebildet sind. Wir nennen diese Gesellschaften segmentäre, um aufzuzeigen, daß sie auf der Wiederholung von untereinander ähnlichen Bestandteilen gebildet sind" [45]. Ihre unilaterale Gliederung wird durch Ähnlichkeit bestimmt (als biologisches Modell benützt DURKHEIM den Bauplan des Regenwurms) und generiert einen Typus an Solidarität, in dem das Kollektivbewußtsein das ganze Bewußtsein abdeckt und Individualität gegen Null tendiert, d.h. das individuelle Bewußtsein ist abhängig vom Kollektivtyp und an diesen gebunden. In Gesellschaften, bei denen diese <u>mechanische</u> Solidarität "entwickelt ist, gehört sich das Individuum nicht selbst ... Es ist im besten Sinn des Wortes eine Sache, über die die Gesellschaft verfügt" [46] Geht in segmentären Gesellschaften mechanischer Solidarität die individuelle in der kollektiven Persönlichkeit auf, da Ähnlichkeit ein allumfassendes Bestimmungskriterium ist, so kommt es mit zunehmender sozialer Arbeitsteilung zu einem Gesellschaftstyp mit <u>organischer</u> Solidarität. Das Kollektivbewußtsein muß Teile des Individualbewußtseins freisetzen, da mit dem Entstehen spezieller Funktionen starre Regelungsmechanismen analog dem Prinzip der Ähnlichkeit nicht mehr ausreichen. "Einerseits hängt jeder umso enger von der Gesellschaft ab, je geteilter die Arbeit ist, und andererseits ist die Tätigkeit eines jeden umso persönlicher, je spezieller sie ist" [47]. (DURKHEIM sieht in der zunehmenden beruflichen Differenzierung und Qualifizierung den Kulminationspunkt dieses Gesellschaftstyps). Das Organismusmodell wird konsequent beibehalten, der Bauplan ist gekennzeichnet durch Bei- und Unterordnungen im Hinblick auf das Zentralorgan, aber im Gegensatz zu segmentären Gesellschaften bildet sich eine gegen- und wechselseitige Abhängigkeit heraus. Die durch spezielle Affinitäten vereinten Segmente bilden sich zu Organen um, d.h. die Art der Funktionenteilung hat ihre Genese im Verschwinden der Segmente, die Abstammungskriterien der Geburtswelt werden durch die der Berufswelt ersetzt. "So eignen sich die Klans, deren Gesamtheit den Stamm der Leviten bildet, beim hebräischen Volk die Priesterfunktionen an", mit dem Überschreiten eines bestimmten Entwicklungsgrades muß die alte Struktur verschwinden, "die Segmente sind nicht mehr Familienaggregate, sondern territoriale Kreise" [48]. Die individuelle Persönlichkeit kann sich erst mit der fortgeschrittenen Arbeitsteilung entwickeln, sie ist eine Notwendigkeit im Hinblick auf die Gesellschaft, da diese sich nicht ohne größere Spezialisierung der Funktionen im Gleichgewicht halten kann. "Die Arbeitsteilung stellt nicht Individuen einander gegenüber, sondern soziale Funktionen. Nun ist aber die Gesellschaft nur am Spiel der letzteren interessiert" [49]. Die Moral der organisierten Gesellschaft reduziert das Kollektivbewußtsein auf den Kult des Individuums und wird dadurch rationaler.

Claude LÉVI-STRAUSS, der sich selbst als einen "nicht immer treuen Schüler" von E. DURKHEIM bezeichnet, hat den Strukturbegriff in seinen theoretischen Arbeiten modifiziert, er erhält bei ihm nur Relevanz im Kontext "konstruierter Modelle". Dabei differenziert er in soziale Struktur und soziale Beziehungen, "die sozialen Beziehungen sind das Rohmaterial, das zum Bau der Modelle verwendet wird, die dann die soziale Struktur erkennen lassen" (1969, S. 301). Die Überlegungen sind über weite Strecken argumentativ getragen von den Auseinandersetzungen mit RADCLIFFE-BROWN, EVANS-PRITCHARD, FORTES, MURDOCK u.a., wobei seine Einlassungen zum Thema aus Spezifikationen auf Verwandtschaftssysteme und Mythenforschung gespeist werden. Struktur wird auf dem Hintergrund von mechanischen oder statistischen Modellen zum Interpretationsraster, sie erlaubt dem Forscher "jene Ebenen der Wirklichkeit zu erkennen und zu isolieren, die von seinem Standort aus einen strategischen Wert besitzen" (1969, S. 307). Sein Ansatz der strukturalen Anthropologie kann hier nicht weiter konkretisiert werden, da wir bei der Erörterung von Verwandtschaftssystemen uns intensiv mit seinen theoretischen Leistungen auseinandersetzen werden.

Segmentäre Gesellschaften mit mechanischer Solidarität kommen dem Forschungsobjekt der Ethnologie recht nahe, zumal DURKHEIM ethnographisches Material zur Fundierung der Entwicklungslinien heranzog. Andererseits sind deutlich Schnittmengen mit den Theoremen des kulturellen Relativismus gegeben, wenn man an KROEBERs Dominanz der Kultur gegenüber dem Individuum oder an Elemente der "Basic Personality" denkt. Die politische Organisation einer segmentären Gesellschaft ist durch die soziale Autorität der Klanführer gekennzeichnet, diese Affinalität bestimmt den Zusammenhalt und wird durch den religiösen Charakter verfestigt, d.h. aus dem Kollektivbewußtsein überträgt sich die Zuordnung der Individuen als Nebenteile der zentralen Autorität, denn diese ist "eine Emanation des gemeinsamen Bewußtseins" [43]. Eine Verletzung der Kollektivgefühle kann daher nicht akzeptiert werden, da dies einer Bedrohung und in letzter Konsequenz der Gefährdung der Gesellschaft gleichkäme, was eine in der mechanischen Solidarität begründete Moralität zur Folge hat. Die Erfüllung der Grundzüge des Kollektivtyps dehnt sich bis in die Eigentumsordnung aus, d.h. die Existenz der kollektiven Persönlichkeit korrespondiert mit kollektiven Eigentumsvorstellungen, die Gruppenkohäsion bildet die ultima ratio des Bewußtseins und verhindert dadurch Individuierungsprozesse, selbst dann, wenn über Arbeitsteilung eine politische Zentralisation erfolgt: es bleibt bei einer Kollektivverantwortlichkeit und Kollektivsühne (z.B. Blutrache). "Es gibt also eine soziale Struktur, die der mechanischen Solidarität entspricht. Ihr Charakteristikum ist, daß sie ein System von homogenen und untereinander ähnlichen Segmenten ist" [51].

MALINOWSKI hat in seinen ethnologischen Untersuchungen zum Verständnis von Kulturen beigetragen, seine engeren theoretischen Leistungen werden allerdings heute nicht im gleichen Umfang als verdienstvoll interpretiert. "Kultur" bedeutet für ihn eine stabile, dauerhafte Organisation des Handelns, die sich anhand der Kategorien Funktion, Bedürfnis und Institution erfassen läßt. "Funktion muß definiert werden als Befriedigung eines Bedürfnisses durch eine Handlung, bei der Menschen zusammenwirken, Artefakte benützen und Güter verbrauchen" [52)]

Funktion korrespondiert mit Organisation, d.h. um eine Absicht zu verwirklichen oder um ein Ziel zu erreichen, bedarf es des Zusammenschlusses von Menschen nach einem Strukturschema, dessen Hauptfaktoren universell und auf alle Gruppen anwendbar sind. Einen solchen Sachverhalt bezeichnet MALINOWSKI mit Institution. "Unter Bedürfnis verstehe ich also das System von Bedingungen im menschlichen Organismus, die Kulturgegebenheiten und die Beziehungen beider zum natürlichen Milieu, die notwendig und hinreichend für das Überleben der Gruppe von Organismen sind. Ein Bedürfnis ist also eine grenzsetzende Reihe von Tatsachen. Gewohnheiten und ihre Motivationen, eingelernte Reaktionen und Grundlegung der Organisation müssen also so eingerichtet werden, daß sie gestatten, die Grundbedürfnisse zu befriedigen" [46)].

Die funktionale Analyse von Kultur hebt auf soziale Tatbestände ab, und erlaubt dadurch den Nachweis, daß z.B. ein sprachlicher oder symbolischer Akt nur durch die ihn hervorgerufenen Effekte real wird. Dies setzt eine Trennung in Form und Funktion voraus, "Form" bezieht sich auf die Beobachtungs- und Dokumentationsebene, während "Funktion" die Feststellung aller Ereignisse im Kontext einer umfassenden Analyse impliziert. Die Grundfunktion der Kultur als eine Organisation von Individuen in dauerhaften Gruppen verweist darauf, daß Wertvorstellungen, religiösen Offenbarungen usw. ohne organisatorischen Kontext des Vitalablaufes keine soziale oder kulturelle Bedeutung zukommt. Deshalb müssen die anerkannte Absicht (= Verfassung) der Gruppe und die damit verbundene Funktion voneinander unterschieden werden. "Die Verfassung ist Idee der Institution, wie sie von den Mitgliedern anerkannt und von der Gesellschaft festgelegt wird. Die Funktion ist die Rolle dieser Institution im Gesamtschema der Kultur, wie sie der untersuchende Soziologe in einer primitiven oder entwickelten Kultur feststellt" [54]. Die Institutionenstruktur ist für alle Kulturen/ Kulturmanifestationen universell und daher klassifikationsfähig.

Liste universeller Institutionstypen

Prinzip der Vereinigung	Institutionentyp
1. Fortpflanzung (Blutsbande, genealogisches Prinzip, Ehekontraktformen)	Familie; Verwandtschaftsgruppen, Heiratsregeln, Klans, System der sozialen Beziehungen (Verknüpfungen)
2. Territorium (Nachbarschaft, Zusammenarbeit, Gemeinsamkeit der Interessen)	Gemeindetyp, Nachbarschaftsbeziehungen, nomadische Horde, Distrikt, Stamm.
3. Physiologie (Differenzierung nach Geschlecht, körperlichen Merkmalen)	Totemistische Geschlechtergruppe, Altersgruppe und Altersklassen, Geschlechtsdifferenzierung u. Teilung der Funktionen; Organisation der Anormalen.
4. Freiwillige Vereinigungen	Geheimgesellschaften, Bünde.
5. Tätigkeit und Beruf (Organisation nach spezialisierten Tätigkeiten und besonderen Fähigkeiten)	Organisation der Magier, Zauberer, Priester, Schamanen, Wirtschaftsgruppen, Handwerkerzünfte, Recht, Lehre und Erfüllung der religiösen Bedürfnisse.
6. Stand und Rang 7. Umfassende (Gemeinsamkeit der Kultur, politische Machtverteilung)	Ethnologische Schichten Stamm als Kultureinheit, kulturelle Untergruppen bzw. Minoritäten, politische Einheit.

Unterscheidung zwischen dem Nationalstamm und dem Stammesstaat als politische Organisation.

Quelle: MALINOWSKI, 1975, S. 98 - 101

Die methodische Ausrichtung an DURKHEIM wird bei der Sichtweise des Ethnos als Einheit deutlich: "Für uns besteht die Einheitlichkeit einer solchen geographisch abgegrenzten Gruppe in der Homogenität der Kultur. Innerhalb der Stammesgrenzen herrscht durchgehend eine Kultur von einheitlicher Prägung. Die Stammesangehörigen sprechen die gleiche Sprache, anerkennen die gleiche Überlieferung in Mythologie und Gewohnheitsrecht, die gleichen wirtschaftlichen Wertmaßstäbe und die selben moralischen Grundsätze" [55]. Hinzu kommen Ähnlichkeiten in Technik, Geschmack, Verbrauchsgütern und Ausstattung. Zu diesen Integrationsprinzipien kommen die Autoritätsverteilung und Machtdurchsetzungsmechanismen hinzu . MALINOWSKI bezeichnet Autorität als "innerstes Wesen aller sozialer Organisationen", sie durchzieht alle Institutionen (Familie, Gemeinde, religiöse Vereinigungen usw.).
In den Punkten 1 - 7 werden in der linken Spalte die Probleme benannt, deren Bewältigung von jeder Kultur in der ihr spezifischen Form vollzogen werden muß, d.h. die Problemlösung ist die Funktion des jeweiligen Institutionentyps. Die Funktionsanalyse der Kultur kann nur anhand einer Theorie der grundlegenden Bedürfnisse durchgeführt werden, die nicht in der Erkenntnis aufgearbeitet werden kann, Menschen leben nach Normen, Gebräuchen, Gesetzen etc., denn ein derartiger Zugang würde die Deskription überbewerten, da der objektive Zugang sich nicht in der Beschreibung des geistigen Anteils der Kultur erschöpfen kann, hinzu kommen muß das Aufzeigen der Funktion von Ideen, Werten, Glaubensgrundsätzen und der Moral.
Denn nur so ist eine Sicherung der Identität der kulturellen/sozialen Phänomene möglich. MALINOWSKI beruft sich dabei

auf A. GOLDENWEISERs richtungsweisende Abhandlung über den
Totemismus, dessen Behandlung als isolierbare Einzeltatsache
auf eine Negation der Identität hinauslaufen würde, denn
funktional ist die alltägliche Befriedigung der elementaren
Bedürfnisse für jedes organisierte Verhalten von Bedeutung.
Den Zugang zur Analyse eröffnet die Natur des Menschen als
biologische Grundlage jeder Kultur. "Unter der Natur des
Menschen verstehen wir also den biologischen Zwang, der jeder Kultur und jedem Individuum auferlegt ist, insoweit er
solche Körperfunktionen ausführen muß wie atmen, schlafen,
ruhen, sich ernähren, ausscheiden und sich vermehren. Den
Begriff Grundbedürfnisse können wir als die biologischen Bedingungen und die des Milieus definieren, die erfüllt sein
müssen, damit das Individuum und die Gruppe überlebt" [56].
Diese Vitalabläufe werden in die Sequenzen: Impuls, Tätigkeit und Befriedigung unterteilt, wobei der Impuls primär
durch den physiologischen Zustand des Organismus bestimmt
wird, während Tätigkeit und Befriedigung bereits kulturellen
Modifikationen unterliegen: z.B. Drang zum Atmen - Aufnahme
von Sauerstoff - Entfernung von Co^2 aus den Geweben ließe
sich durch biologische Kausalität eindeutig bestimmen, was
aber bei Geschlechtsdrang - Geschlechtsakt - Detumeszenz
nicht mehr so eindeutig gegeben scheint. Nach MALINOWSKI
gibt die biologische Kausalität dem Sozialverhalten eine
Reihe unabdingbarer Abfolgen vor, die in die Kultur einge-
fügt werden müssen, so daß alle drei Phasen identifizierbar
sind, um die Prozesse des Überlebens zu erfassen. Vitalabläufe faßt MALINOWSKI in Weiterführung an Überlegungen des
psychologischen Behaviorismus im Triebbegriff zusammen, um
zu verdeutlichen, daß die Befriedigung eines Impulses (=
Triebverstärkung) nur im Zusammenspiel von physiologischen
und psychologischen Faktoren möglich ist und dadurch das Ge-
samtverhalten und -handeln des Menschen bestimmt. Diese Doppelbindung der Vitalabläufe macht sie zu Kristallisations-
punkten von Kulturprozessen, d.h. die Impulse werden durch
die Tradition umgebildet, z.B. der Geschlechtstrieb unter-

liegt sozialen Begrenzungen wie dem Inzest, zeitweiser Abstinenz, Keuschheitsgelübden, Beschneidung, Heiratsregeln, Initiationsriten usw. Selbst die Ausscheidung von Harn und Kot unterliegt einem umfassenden System sozialer Regelungen, so daß die generelle Schlußfolgerung für alle Vitalabläufe lautet: sie werden durch Kultur begrenzt, reguliert und modifiziert. Insofern impliziert jedes Grundbedürfnis eine Kulturreaktion. Die innere Abhängigkeit von Grundbedürfnis und kultureller Reaktion verbindet sich im Selbstverständnis der funktionalistischen Analyse mit dem Prinzip der Organisation, was an dem Faktor Gewöhnung erkennbar wird: er verknüpft die Organisation der Kulturreaktionen mit der Organisation der Befriedigung. Hier knüpft MALINOWSKI an DURKHEIMs Verbindung sozialer Verpflichtungen mit dem Moment des Zwanges an: "Als bewegende Kraft hinter jeder Übung und um die Durchführung der Regeln zu gewährleisten, ist ein Element des Zwanges und der Autorität nötig. Wir können diese als politische Organisation bezeichnen, die in keiner Kultur fehlt und neben Erziehung, Wirtschaft und juridischem Mechanismus den vierten instrumentellen Imperativ darstellt" [57]. DURKHEIMs Rede, daß Ehe (Familie) das Individuum vor Anomie schütze [58], wird zwar von MALINOWSKI ausdrücklich nicht zugestimmt, aber seine funktionalistische Deutung des angesprochenen sozialen Komplexes kommt in der Faktizität zur gleichen Beurteilung. "Die wirtschaftliche Grundlage von Brautwerbung, Eheschließung, Ehe und Elternschaft ist unerläßlich, um zu verstehen, wie Physiologie in Wissen, Glauben und soziale Bindungen verwandelt wird" [59].

Die Integration der Vitalabläufe in das Handlungssystem von Menschen bezeichnet MALINOWSKI als biologisches Bedürfnis zur Aufrechterhaltung der Bevölkerungsdichte, fügt jedoch charakteristischerweise hinzu, daß dieses Bedürfnis nur mit physiologischen und ökologischen Termini im Hinblick auf Gemeinschaft und Kultur interpretationsfähig ist. Die Herausbildung der Reaktionen erfolgt kollektiv und unterliegt traditionellen Regeln, womit zugleich die Funktion von Institutionen angesprochen ist, da diese sich nicht eindeutig auf ein einziges Grundbedürfnis zurückführen lassen, noch einem einfachen Kulturbedürfnis entsprechen. Am Beispiel der Familie verdeutlicht MALINOWSKI die Einheit der Reproduktion, in ihrer kulturellen Erweiterung umfaßt sie die Erziehung der Kinder, die Organisation des Haushalts als wirtschaftliche und materielle Grundlage, auf diesem Wege werden Kinder erst zu vollwertigen Stammesmitgliedern. Die Funktion der Institution ist damit eine zusammengesetzte: ein organisiertes und fest begründetes System von Tätigkeiten und die sich zu ihnen in Beziehungen setzenden subsidiären Funktionen. Diese Definition ist nach MALINOWSKI keineswegs "nichtssagend und unbrauchbar", sie verdeutlicht vielmehr den Vorteil des funktionalen Vorgehens, indem "es nicht vorgibt, genau voraussagen zu können, wie ein einer Kultur gestelltes Problem gelöst werden wird. Es stellt aber fest, daß das Problem, das sich aus biologischen Bedürfnissen, Umweltbedingungen und Kulturreaktionen herleitet, universell und kategorisch ist" [60].

Grundbedürfnisse und Kulturreaktionen veranschaulichen im Verständnis von MALINOWSKI das Ausmaß der biologischen Determinierung, während sich in den abgeleiteten Bedürfnissen die Beschränkung des menschlichen Verhaltens durch die Kultur selbst manifestiert. Abgeleitete Bedürfnisse oder kulturelle Imperative sind Ausdruck für die Notwendigkeit der wirtschaftlichen Zusammenarbeit, der Erziehungsleistungen usw., sie bilden sich aus den Kulturreaktionen als Verhaltensformen heraus und wirken wie diese auf die Gesellschaft zurück. In ihnen liegt die Vergrößerung der Anpassungsleistungen an die Umwelt begründet, dadurch werden sie automatisch zu notwendigen Bedingungen des Überlebens und erfordern erhöhtes und berechenbares Maß an Solidarität. DURKHEIMs Zuordnung der mechanischen Solidarität zum Typ der segmentären Gesellschaft findet sich bei MALINOWSKI wieder. "Das enge Haften der primitiven Kulturen an der Tradition, das häufig als konservativ, sklavisch oder automatisch be-

schrieben worden ist, wird durch die Überlegung völlig be-
greiflich, daß des Menschen Wissen, Fertigkeiten und materielle Ausrüstung, je einfacher sie sind, um so unbedingter
auf einem zweckentsprechend wirkendem Niveau erhalten werden
müssen" [61].

Differenzierung impliziert zunächst nur das quantitative An-
steigen integrierender Imperative der Kultur und Vergrößerung der Anpassungsleistungen von Mensch und Umwelt, denn
über Kleidung, Nahrung oder Waffen erfolgt nicht nur eine
Veränderung im Menschen, sondern auch in der Umwelt. Kultur
und die mit ihr korrespondierenden Imperative sind eine Zusammenfassung von Entwicklungslinien, wobei die kulturelle
Umdeutung Trieb als doppelte Entität konstituiert. Alle Elemente der instrumentellen Verrichtung führen in der Einlei-
tungsphase des Triebes über den eingeübten Organismus zu einer Zwischenstufe, er erhält dadurch die Funktion eines Kul-
turwertes und tritt als kulturbedingter Trieb wieder in Erscheinung. Über den Prozeß der Umdeutung kommt es dann zur
Befriedigung. Kein System von Handlungen kann von Bestand
sein, wenn es nicht im Zusammenhang mit den menschlichen Bedürfnissen und deren Befriedigung steht. Das Persönlich-
keitsverständnis von MALINOWSKI reduziert sich auf die "Ein-
reihung" des Individuums in die differenten organisierten
Systeme des Handelns, für ihn hat die Gruppe als Zwangsver-
band den größeren Stellenwert im Prozeß der Bestandsiche-
rung. Die funktionale Betrachtung von Kultur neigt zur Interpretation, diese als ein Anpassungssystem von Individuen
und Gruppen zu betrachten, wobei die stufenweise Entwicklung
zur Befriedigung der Grundbedürfnisse und zur Hebung des Lebensstandards zielgerichtet verläuft. Funktion ist daher die
"Verkettung von Befriedigung und Trieb", wobei evolutionistische Deutungsschemata zugunsten gegenseitiger Hilfe als
konstituierendes Moment einer zusammenarbeitenden Gemeinschaft ersetzt werden, über die Apassungsleistungen sichergestellt bzw. innovative Prozesse eingeleitet werden.

Den methodischen Ansatz MALINOWSKIs hat am konsequentesten R. PIDDINGTON ("Introduction to Social Anthropology", 1950) weitergeführt, seine Konkretisierungsabsichten machen die Schwächen der funktionalen Bedürfnisinterpretation besonders deutlich. Für ihn ist Kultur die spezifisch menschliche Form der biologischen Anpassung, in ihr gründet die dynamische Grundlage der Bedürfnisbefriedigung, die "Organisation menschlicher Tätigkeiten in Form von Institutionen, die universellen Aspekte der menschlichen Kultur und die wechselseitigen Beziehungen zwischen Bedürfnissen, Institutionen und Aspekten" [62]. Gleichzeitig verweist PIDDINGTON auf ein Grundanliegen der "Social Anthropology", wenn er RADCLIFFE-BROWN's Überlegungen zur Struktur mit MALINOWSKIs Sichtweise der Reziprozität zum Ansatz integrierender Bedürfnisse verbindet, um so eine Unterscheidung zwischen Erklären durch Motive von Individuen und Erklärungen durch Systemerfordernisse zu eröffnen, wenn auch methodisch der zweite Aspekt das Zentralanliegen des Funktionalismus bleibt.
MALINOWSKIs Bedürfnisfunktionalismus genügte dem wissenschaftlichen Selbstverständnis von A. R. RADCLIFFE-BROWN nicht, diese Betrachtungsweise bedürfte einer Ergänzung durch die Erweiterung mit der Kategorie Struktur, zumal der Rückgriff auf DURKHEIM und seine Interpretation des Kollektivbewußtseins als gemeinsame Glaubens- und Wertvorstellung die Forschungsbasis vergrößerte. RADCLIFFE-BROWN war Schüler von W.H.R. RIVERS, der zur Erforschung der sozialen Ordnungen der sogenannten Naturvölker eine genealogische Methode entwickelt hatte, um "die Verwandtschaftsbeziehungen im Zusammenhang mit den Rechten, Pflichten, den Funktionen ihrer Träger studieren" zu können [63]. Die methodologische Ausrichtung an DURKHEIM war jedoch mit der Absage RADCLIFFE-BROWN's an evolutionistische Überlegungen verbunden. Das Organismusmodell erwies sich als methodisches Prinzip der Forschung insofern für zweckmäßig, da das System der Beziehungen interpretierbar wird. "Im Sinne der hier verwendeten Terminologie ist der Organismus nicht selbst die Struktur,

sondern eine Summe von Einheiten, die in Form einer Struktur, d.h. einer Menge von Beziehungen, angeordnet sind: der Organismus hat eine Struktur" [64]. Solange der Organismus lebt, bewahrt er eine Kontinuität der Struktur, wenn auch nicht die Einheit seiner Bestandteile. Das Leben des Organismus wird als Funktionieren seiner Struktur verstanden, d.h. die Kontinuität der Struktur manifestiert sich in der Kontinuität des Funktionierens. Das Organismusmodell wird damit nicht streng biologisch interpretiert, obwohlRADCLIFFE-BROWN seine Methodologie als naturwissenschaftlich kennzeichnet. Der Transfer zum sozialwissenschaftlichen Anwendungsbereich wird "per analogiam" hergestellt und eingelöst. "Wenn wir ein Gemeinwesen wie zum Beispiel einen afrikanischen oder australischen Stamm untersuchen, dann können wir die Existenz einer sozialen Struktur erkennen. Einzelne Menschen, die in diesem Fall wesentlichen Einheiten, sind durch eine endliche Menge sozialer Beziehungen zu einem integrierten Ganzen verbunden. Die Kontinuität der sozialen Struktur wird, wie die einer organischen Struktur, durch einen Wechsel der Einheiten nicht zerstört" [65]. Tod und Geburt symbolisieren die Stetigkeit, durch sie werden die Prozesse des sozialen Lebens geregelt. In den Interaktionen und sonstigen Aktivitäten von Individuen und in organisierten Gruppen wird das Funktionieren der sozialen Struktur sichtbar. "Die Funktion jeder wiederkehrenden Aktivität, wie zum Beispiel die Bestrafung eines Verbrechens oder eine Begräbniszeremonie, besteht in der Rolle, die sie für das soziale Leben insgesamt spielt und dem Beitrag, den sie zur strukturellen Kontinuität leistet" [66]. Funktion bedeutet bei RADCLIFFE-BROWN demnach die Rolle der Aktivitäten bei der Aufrechterhaltung der sozialen Struktur, oder auch die Entsprechung zwischen den Wirkungen der Aktivität und den Bedürfnissen der sozialen Struktur. Eine Aktivität gilt demnach als erklärt, wenn ihre Wirkung für die Erhaltung der sozialen Struktur nachgewiesen werden kann. Empirische Feldforschung ist unerläßlich und wird zur Grundvoraussetzung des Strukturfunktionalismus, denn "in der menschlichen Gesellschaft kann jedoch die soziale Struktur als ganze nur in ihrem Funktionieren beobachtet werden" [67]. Der Begriff "Funktion" wird mit teleologischen Konnotationen versehen, denn er steht einmal für die Ausführung der Absichten der "Gesellschaft", zum anderen kann er im Kontext der Notwendigkeiten für das Überleben der Sozialstruktur erklärungsrelevant eingebracht werden. Religion z.B. muß als integrierender Bestandteil der Sozialstruktur untersucht werden, da die Bedeutung eines kulturellen Elements für das Gemeinschaftsganze gesehen werden muß. Eine Differenzierung in Gesellschaften und Kulturen ist für RADCLIFFE-BROWN von sekundärem Interesse, Forschung und Erklärung haben sich auf den "process of social life" zu konzentrieren, denn nur so kann Funktion als Element der sozialen Integration von Institutionen erfaßt werden. Bereits in seinen frühen Studien in West-Australien (1913) ersetzt er das Suchen nach Ursprung und Entwicklung von Glaubensvorstellungen durch Fragen nach deren Bedeutung für die Gesellschaft, dabei gilt es, Einzelerscheinungen aus universellen Gesetzen zu erklären. Die Anlehnung an die naturwissenschaftliche Methode wird verstanden als eine Suche nach "Gesetzen", aus denen die Einzelerscheinungen deduzierbar sind, um so zur Erklärung von universellen Gesetzmäßigkeiten vorzustoßen. Aus diesem Grund lehnt RADCLIFFE-BROWN Erklärungsversuche ab, die Kulturerscheinungen auf psychische Befindlichkeiten ("mental activity") zurückführen. Deshalb können die Interpretationen der Eingeborenen über den Sinn ihrer Glaubensvorstellungen oder Institutionen für den Forscher nicht erkenntnisleitend sein. Die Aufgabe der "social anthropology" besteht in der Analyse der Vergesellschaftungsformen, um über die vergleichende Methode die Grundzüge der menschlichen Gesellschaft zu erfassen. RADCLIFFE-BROWN versteht sich als Repräsentant einer "comparative sociology", wobei zunächst durch Vergleich innerhalb eines Kulturtyps die Gesetzmäßigkeiten herausgearbeitet werden sollen, um dann im Kontext mit anderen Kulturen universelle soziologische Gesetze zu erarbeiten, d.h. zum Beispiel: die Funktion der Gesamtkultur wird in der Integration der sozialen Gruppen gesehen. Methodisch gerät RADCLIFFE-BROWN in Schwierigkeiten, wenn er historische Erklärungen - bedingt durch Ablehnung evolutionistischer Deutungsmuster - nur als Synchrone zuläßt. Sein Argument stützt sich auf das Faktum, daß die Forschung über die Entwicklung sozialer Institutionen bei "primitiven" Völkern wie z.B. der Aborigines keine gesicherten Erkenntnisse vorlegen kann, daher läuft sie Gefahr, wenn sie nicht synchronischen Darstellungen folgt, pseudo-historischen bzw. pseudo-kausalen Interpretationen aufzusitzen [68]. Durch die vergleichende Soziologie als Methode läßt sich das angesprochene Prinzip jedoch nicht durchhalten, da die Forschung sich selbst blockieren würde (z.B. müßte der Einzelforscher komparative Überlegungen bei seinen Feldergebnissen selbst vornehmen), oder Spekulationen würden Tür und Tor geöffnet (wie dies bei Verwandtschaftssystemen geschah). Diese Schwierigkeiten versuchte RADCLIFFE-BROWN durch eine Differenzierung in "actual" und "general structure" zu umgehen, da das strukturelle Muster unabhängig von den konkret handelnden Individuen untersucht werden kann, insofern Vergleichbarkeit von verschiedenen Gesellschaftsformen herstellbar ist. Deshalb definiert RADCLIFFE-BROWN im Gegensatz zu MALINOWSKI "die soziale Funktion einer sozial standardisierten Handlungs- und Denkweise als ihre Beziehung zur sozialen Struktur, zu deren Existenz und Kontinuität sie einen Beitrag leistet" [69]. Das Postulat der funktionalen Einheitlichkeit der Gesellschaft demonstriert RADCLIFFE-BROWN am Beispiel des sozialen Brauchs in seinem Beitrag für das gesamte soziale Leben: Standardisierte soziale Tätigkeiten sichern die soziale Solidarität der Angehörigen, verleihen dadurch der Sozialstruktur den Charakter einer funktionierenden Einheit und ermöglichen einen hinreichenden Grad an Konsistenz, unter dem alle Teile des Sozialsystems zusammenarbeiten können. Funktionale Einheitlichkeit impliziert indirekt Konfliktregulierung, da der hohe Inte-

grationsgrad das Auslösen von Konflikten steuernd vermeidet,
d.h. die kulturell standardisierten Tätigkeiten (auch Glaubensvorstellungen) erweisen sich als funktional für das Ge-
sellschaftsganze und werden dadurch funktional für die in
ihr lebenden Menschen. Abweichungen in Anpassungsprozessen
werden so zu Störmechanismen der funktional erforderlichen
Integrationsleistungen.
Die Weiterentwicklung und methodische Differenzierung des
funktionalistischen Ansatzes soll zunächst zurückgestellt
werden, um den Einfluß dieser Tradition auf die deutsche Variante der Ethnosoziologie zu verdeutlichen, die in der Literatur - bedingt durch Themenwahl und Forschungsstrategie -
mit dem Berliner Ethnosoziologen R. THURNWALD identifiziert
wird. Die methodologische Ausrichtung ist jedoch eindeutig
zu heterogen, um ihn als deutschen Repräsentanten der funktionalistischen Schule zu vereinnahmen, zumal THURNWALD sich
auf Prozesse der ethnischen Schichtung, Machtbildung, Verwandtschaftssysteme und Kulturmechanismen vor einem sozial-
psychologischen Hintergrund konzentrierte, was oft als funktionalistische Psychologie gedeutet wird. Richard THURNWALD
verband in seinen Publikationen funktionalistische Elemente
mit völkerpsychologischen und soziologischen Ansätzen, dabei
ging es ihm primär um den Nachweis von Regelmäßigkeiten im
Entwicklungsverlauf. Er versuchte jedoch nicht, kulturelle
Phänomene auf Bedürfnisse zurückzuführen oder diese aus universellen Gesetzen abzuleiten. Dennoch lassen sich Elemente
funktionalistischer Theoreme bei ihm nachweisen.[70] Das
Prinzip der Reziprozität steht in der theoretischen Tradition des Funktionalismus (MALINOWSKI), ebenso wie das Konzept
der Bedeutung der Funktion eines Kulturelementes für die Gesellschaft. Mit seiner Forderung, die "Subjektivität des
emotionsgeladenen 'Verstehens' aus(zu)schalten" und mit seiner Formulierung: "die sozialen, zivilisatorischen und kulturellen Vorgänge" wie Naturvorgänge zu studieren,[71] nähert
er sich den Grundannahmen von RADCLIFFE-BROWN.

Auf das Prinzip der Reziprozität ist nach THURNWALD das gesamte kulturelle Leben reduzierbar, dieses läßt sich sowohl auf Heiratsgeschenke, die Ehe, das Verwandtschaftssystem sowie auf politische Zusammenschlüsse (Staatsbildung) und die Machtausübung (Regierung) anwenden. Inwieweit Gleichgewichtsüberlegungen die Stabilität sozialer Abläufe oder von Gemeinwesen bestimmen, ist eine Frage der psychischen Reaktionen, die Vergesellschaftung auslöst und bleibt von sozialen Wertungen abhängig. Konflikte können dabei durch Kulturkontakte ausgelöst oder intensiviert werden, einschließlich der Rückzugsphänomene in Geheimgesellschaften als intern gewählte Konfliktlösungsmechanismen.

Wirtschaftsethnologisch hat THURNWALD noch vor R. FIRTH und Sol TAX die Bedeutung der Viehzucht für die Genese kapitalistischer Mentalität herausgearbeitet und den Gedanken der Reziprozität an Rolle und Funktion des "primitiven Geldes" verdeutlicht. Der Zusammenhang von Entwicklung und Fortschritt wird anti-evolutionistisch gedeutet, da historische Interferenzen des logischen Entwicklungsganges nachweisbar sind [72], damit wendet er sich zugleich gegen die funktionalistische Deutung der strukturellen Notwendigkeit der Anpassung, denn Entwicklung ist für THURNWALD eine "Verzahnung" mit der Geschichte, was im Gegensatz zu RADCLIFFE-BROWN und MALINOWSKI Rekonstruktionen der geschichtlichen Abläufe notwendig werden läßt. Zwar interpretiert er "Fortschritt" als Strukturkomponente der Kultur, die funktionalistische Ansätze verrät: "Jede Errungenschaft kann nur in der Kultur ein Faktor im Fortschrittsprozeß werden, in der sie eine Komponente darstellt; sie wird nur dann zum wirkungsvollen Faden, wenn sie in ein Strukturelement der Kultur verwoben wird" [73]. Dies setzt jedoch Siebung voraus, es müssen psychische Akzeptanzmechanismen zum Tragen kommen, was Diffusion begünstigt und Innovationsbereitschaft zur Grundlage hat. Wandel impliziert damit nicht unilineare Anpassung, sondern führt konsequenterweise zur Umkehr sozialer Beziehungen und sozio-kultureller Wertungen. Nicht die "Zivilisationsausrüstung", sondern deren sozialpsychische "Handhabung" wird zum entscheidenden Faktor in der Mentalität der Population. Anpassung wird somit wechselseitig bestimmt, "deren Optimum als ein <u>Gleichgewicht</u> zwischen drei Hauptkräften interpretiert werden kann; zwischen 1. der örtlichen Lage mit ihren potentiellen Ressourcen, die nutzbar gemacht werden können, jedoch nur in Entsprechung zu 2. dem technischen Können und Wissen und der Aufnahmebereitschaft der 3. jeweils lebenden Menschen, deren Gruppen mit einer gegebenen Tradition und mit bestimmten Reaktionen und Zielen assoziiert sind" [74].

THURNWALD kann eine methodologische Position zugeschrieben werden, in der Überlegungen von RADCLIFFE-BROWN und MALINOWSKI zum Tragen kommen. Vor allem die Prinzipien der Reziprozität und des Gleichgewichts, sowie die Neigung zu einer generalisierenden soziologischen Sichtweise lassen ihn mit großen Einschränkungen zu einem frühen Repräsentanten des Funktionalismus in Deutschland werden. LOWIE interpretiert die wissenschaftliche Ausrichtung THURNWALDs als "tempered functionalism" im Gegensatz zu MALINOWSKIs "pure functionalism" [75].

Nach einem mehr oder minder detaillierten Aufriß der methodologischen Grundpositionen der "founding fathers"des Funktionalismus soll sich das Interesse auf Weiterentwicklungen, Differenzierungen und Modifikationen des Ansatzes konzentrieren. Bereits sehr früh (gut 20 Jahre vor R. K. MERTON) hat C. H. WEDGWOOD die Problematik des Funktionenbegriffs am Beispiel von Geheimgesellschaften verdeutlicht. Ihre Überlegungen zielen auf eine Modifikation ab, denn es mache einen Unterschied, ob man über jene Funktionen spreche, die zu bewußten psychischen Dispositionen im Handeln von Individuen führen (offenbare F.) oder jene angesprochen werden, die im allgemeinen den Akteuren unbekannt bleiben, die sie als "latente Funktionen" kennzeichnet [76].

Die Auseinandersetzung mit dem Institutionenverständnis hat S. F. NADEL [77] in einer systematischen Analyse vorangetrie-

ben und in die zentrale Fragestellung integriert, für wen
sie "fraglos" wirksam sind: für den Handelnden oder für den
Beobachter?

Institution wird als "standardisierte Form des Zusammen-Han-
delns [78] interpretiert, ihr Zweckgebundenheit unterstellt
und auf ihre Dauerhaftigkeit verwiesen. Damit kommt ihre
Doppelbindung zum Vorschein: sie ist nicht nur eine Zusammenfassung von Verhalten, sondern zugleich auch eine Regel
für das Verhalten. In Weiterführung der Überlegungen zu den
"objektiven Chancen" von Handlungen bei Max WEBER [79] verweist NADEL auf die Dimension der Erwartungschancen, um so
die subjektive Bedeutung von Institutionen zu erfassen. Erwartungen und Erwartungserwartungen sind stabilisierte Momente jeder Institution. "Dem Handelnden erlegt die Institution auf diese Weise sowohl die Ziele des Handelns als auch
die Prozedur oder die Mittel auf, mit denen man diese Ziele
erreicht" [80]. Auf dem Hintergrund dieses Gedankenganges wird
die Weiterentwicklung für den Zusammenhang von Sozialstruktur und Anomie bei MERTON [81] erst verständlich. Denn NADEL
verweist nachdrücklich darauf, daß das Individuum beide Komponenten der Institution kennt, d.h. es handelt nach dieser
Kenntnis und kann sie situationsspezifisch einbringen und
die Reaktion von Personen voraussagen und vorhersehen.

Die Präzisierung des Institutionenbegriffes darf nicht auf
den normativen Aspekt beschränkt bleiben, in der Norm kommt
das sozial Wünschenswerte ebenfalls zum Ausdruck, der Wert-
aspekt muß konsequenterweise mitgedacht werden. Im Zusammenwirken der beiden Aspekte wird deren Elementarform für das
Verhalten wie für den Handelnden deutlich: Institutionen erzeugen und verfestigen den für das Handeln notwendigen Vertrauenskredit: ist diese Kategorie nicht vorhanden, so kann
nicht von Institutionen gesprochen werden. (Die Unterscheidung zwischen Erwartungs- und Vertrauenscharakter von sozialem Verhalten geht auf RADCLIFFE-BROWN zurück, NADEL hat insofern nur zur Verdeutlichung beigetragen).

Institutionen als Kategorie bei der Analyse von Sozialstruktur müssen im Kontext sozialer Gruppen gesehen werden, da "der Handelnde in einer Institution schon für die Gruppe 'rekrutiert' sein (muß), für welche die Institution gilt" [82]. NADEL möchte mit diesem Argument darauf hinweisen, daß jedes Individuum als Handelnder ständig in die Gruppe integriert ist und das von der Gruppe ausgehende Maß sozialen Zwanges, der einer Institution eigen ist, verdeutlicht : es werden dadurch nicht nur die "Erwartungschancen" sichtbar, sondern auch die Existenz formaler Sanktionen, die die erwartete Verhaltensart erzwingen. Diese Differenzierung impliziert für NADEL ein weiteres Charakteristikum für das Institutionenverständnis: Gruppen delegieren spezifische Aufgaben an ihre Mitglieder, so daß die Kenntnis der Verhaltensweisen allen Gruppenmitgliedern attribuiert werden muß, die praktische Anwendung jedoch nur für einige gilt. Diese Entwicklungslogik gebietet eine Unterscheidung in umfassende, gemeinsam betriebene ("associative") Institutionen und Teil-Institutionen, d.h. Geltung der Institution und der Anlaß für sie fallen nicht mehr zusammen, was für die Ziele von Institutionen und deren Realisierung Auswirkungen hat. Die Rede von der "Pluralität der Zwecke in Institutionen" (NADEL) verlagert die Gesamtdiskussion, da in Verbindung mit Teil-Institutionen die Anwendungs- und Funktionsebene präzise gefaßt werden muß. Zunächst muß festgehalten werden: institutionelle Verhaltensweisen wirken durch ihre Aktivierung auf das Funktionieren anderer Institutionen ein (z.B. Ehe auf Arbeitsteilung, Eigentum, Scheidung, Witwenschaft usw.), oder sie bilden nur alternative Verhaltensmöglichkeiten aus, die nicht immer aktiviert werden können (z.B. Witwenschaft bei Auflösung der Ehe durch Scheidung). Institutionen müssen daher sinnvollerweise in ihre Elemente aufgegliedert werden, um von dieser Basis aus Teil-Zwecke und Teil-Handlungen erfassen zu können, die als Zweckorientierungen für Institutionen mitgedacht werden müssen. Dies impliziert für NADEL das Eingeständnis, daß "in der Institu-

tion viele Ziel-Inhalte vorhanden sind, die nicht von jedem
seiner Elemente realisiert werden"[83].

Jede funktionalistische Analyse von Gesellschaft ist weiterhin gut beraten, sich auf die Wechselwirkung von Institutionen zu konzentrieren. Dazu bedarf es im Anschluß an H. BEK-
KER und L. v. WIESE [84] einer Unterscheidung in operative
und regulative Institutionen. In operativen Institutionen
wird ein Zweck unmittelbar erfüllt, während regulative einen
Druck auf die Wirkung anderer Institutionen ausüben. Insofern müßte der Bedürfnisfunktionalismus auf operative Institutionen eingeengt werden, was einer Verkürzung des Problem-
bewußtseins und der Analyse gleichkommt. Wenn daher NADEL
den Übergang von operativen zu regulativen Institutionen als
fließend thematisiert, so soll damit die Ausnahmesituation
von sich selbst regulierenden Institutionen gekennzeichnet
und die Wechselwirkung als "Normalsituation" interpretiert
werden. Gravierender ist zweifellos die Erkenntnis der Kon-
fliktauslösung durch die Wechselwirkung der Institutionen
für die Analyse von Gesellschaft. "Aber man wird bereitwil-
lig zugeben, daß Gesellschaften selten einen gelungenen Ausgleich zwischen den Kräften und Werten zeigen, die in verschiedenen Institutionen gepflegt werden; im Gegenteil werden verschiedene Kräfte und Werte dahin tendieren, sich aus-
einander zu entwickeln - selbst auf die Gefahr von Konflikten hin, die sich innerhalb des umfassenden Ganzen der Kultur entwickeln können" [85]. Mit dieser Präzisierung des Institutionenbegriffes kennzeichnet NADEL die Schwachstellen
des Bedürfnisfunktionalismus bei der Analyse von Gesellschaft. Mit seinem Hinweis, Institutionen könnten auch Resi-
dual-Kategorien sein, bzw. stellten Konfliktpotentiale dar,
wird auf die Problematik der Gleichgewichtsannahme verwiesen. Das Reziprozitätsprinzip bleibt in den Überlegungen NA-
DELs thematisch ausgeklammert, es darf jedoch vermutet werden, daß Institutionen nur bedingt diesem Mechanismus folgen, wenngleich Austauschbeziehungen bei regulativen Institutionen angedeutet sind. Der kritische Hinweis NADELs auf

die Interpretationsraster des Beobachters kennzeichnet die
Gefahr der Generalisierung von Ableitungen aus dem Reziprozitätsprinzip: "Wir beschreiben nicht mehr eine Institution,
sondern erklären ihr 'raison d'être'" [86]. In den Reflektionen über den Institutionenbegriff verdeutlicht sich die Kritik an einer Reduktion des Individuums auf seine gesellschaftlichen Beziehungen. Das Studium der sozialen Struktur
bildet den Kern der "social anthropology" (besonders in England), auch wenn Kritiker wie NADEL, FIRTH, EVANS-PRITCHARD,
Sol TAX, MUDROCK, u.a. den Forschungsprozeß differenzierten
Betrachtungsweisen zugänglich machen wollten - von den zentralen Grundannahmen haben sie sich nur punktuell gelöst.
Neben Sol TAX hat besonders R. W. FIRTH [87] auf die Bedeutung des Tausches, der Wirtschaftsform und die Rolle des
"primitiven Geldes" in ihrer Funktion für die Sozialstruktur
der Gesellschaft verwiesen. Sein Hinweis auf das Vorhandensein des Tausches von Waren und Dienstleistungen als Formen
der Akkumulation und Verwendung von Kapital ist verknüpft
mit der Erkenntnis, daß Tauschmechanismen in funktionaler
Abhängigkeit zu Überlegungen der sozialen Nutzanwendung für
die Wohlfahrt der Gesellschaft stehen und moralischen Legitimationsmustern unterliegen. So kann das Anzweifeln eines
"Preises" nicht primär ein ökonomisches sondern ein soziales
Verhältnis in Frage stellen, d.h. einen "Preis" anzuzweifeln
kommt der Kritik am Status einer Person gleich. Im Tausch
manifestiert sich nach FIRTH der Begriff des Preises in einem primitiven Wirtschaftssystem. Der Warentausch hat oft
nur die Form des vorgeblichen Schenkens und Gegenschenkens
angenommen, funktional sind das Geschenk und die Erwiderung
Teil derselben unmittelbaren Transaktion. In dem "Wirt-
schaftsverhältnis" kommt eine gesellschaftliche Aufgabe zum
Ausdruck: die Regelung von Bedürfnissen und ihren Befriedi-
gungen. Am Beispiel des Hausbaues verdeutlicht FIRTH den
funktionalen Charakter der Transaktionen. Bei der Arbeits-
kräftebeschaffung wird auf verwandtschaftliche Bindungen zurückgegriffen, bei gleichzeitiger Bezahlung der Arbeit wird

das System der Verwandtschaftsbeziehungen verstärkt. Die Transaktion enthält somit soziale und ökonomische Elemente, denn die soziale Stellung des Hausbesitzers hat Einfluß auf die Lohnhöhe und die Form der Lohnzahlung. Je höher der Sozialstatus, desto mehr Lohn ist erwartbar. FIRTH übersetzt daher das "Profitmotiv" mit "Statuszuwachs-Motiv". Die Statusinteressen der Gesellschaftsordnung werden eindeutig von der Wertordnung bestimmt, d.h. in den Transaktionen setzen sich die Interessen der Gesellschaftsordnung durch und müssen deshalb als zentrale Kategorie in der Analyse von Gesellschaft thematisiert werden. Insofern versucht FIRTH, den Mangel der Nichtbeachtung der materiellen Bedingungen von Kultur - besonders im Ansatz von MALINOWSKI - zu korrigieren und im Einfluß der kulturellen Werte auf die Transaktionen aufzufangen. [88]

Die Methode des Strukturfunktionalismus war den größten Modifikationen durch die Tradition der Kulturanthropologie der "BOAS-Schule" in den USA ausgesetzt. Nicht nur der Lehrintensität von RADCLIFFE-BROWN ist der Einfluß auf die amerikanische Forschung zu verdanken. Vielmehr erlaubte die Substituierung der linguistisch orientierten Verwandtschaftsterminologie durch die funktionalistische einen Zugang zur Abklärung des Verwandtschaftssystems und seines Beziehungsverhältnisses zur Sozialstruktur bei nordamerikanischen Indianerpopulationen. Die zahlreichen und wissenschaftlich fundierten Forschungsergebnisse hat F. EGGAN in den Publikationen "Social Anthropology of North American Tribes" (1955) und "The American Indian. Perspectives for the study of social change" (1966) zusammengefaßt, dabei erwies sich die Konzentration auf die Formen der Sozialorganisation im funktionalistischen Selbstverständnis als bedingt brauchbar. Der Zusammenhang von Deszendenzregeln und Sozialorganisation konnte zwar gut dokumentiert werden, jedoch zeigte sich die mangelnde Differenzierung von Gesellschaft und Kultur als Störfaktor, vor allem wurde Kritik am ahistorischen Konzept des Struktur-(Bedürfnis-)Funktionalismus laut. Gerade die

intensive Auseinandersetzung mit nordamerikanischen Stammes-
kulten und die Auswirkungen exogenen und endogenen Wandels
auf Sozialorganisationen und Verwandtschaft der Indianerpo-
pulation konnte ohne Rückgriff auf historische Analysen bzw.
historische Rekonstruktionen nicht eingelöst werden. Zwar
wurde das "Malinowskian Dilemma", jede Kultur in ihrer eigenen Terminologie zu erfassen und ohne Vergleiche zu interpretieren, durch RADCLIFFE-BROWN's Ansatz der "comparative
method" gelöst, jedoch waren gerade für ihn historische Erklärungen pseudo-kausale Interpretationen. Die unvermeidbare
Konfrontation mit dem historischen Erklärungsansätzen aufge-
schlossenen Kulturrelativismus (BOAS, KROEBER, u.a.) führte
zu einer fruchtbaren Diskussion, die eine Integration der
Zeit-Perspektive sowie historische und archäologische For-
schungsaktivitäten erlaubte.
Diese Gedankengänge hat besonders E. E. EVANS-PRITCHARD, der
als orthodoxer Funktionalist mit Studien über "Witchcraft,
Oracles and Magic Among the Azande" (1937) und "The Nuer"
(1940) hervortrat, aufgenommen und weiterentwickelt. In seiner Abhandlung "Anthropology and History" (1961) und der
Aufsatzsammlung "Essay in Social Anthropology" (1962) berief
er sich direkt auf F. BOAS, um das Einbringen historischer
Momente in das Gesamtkonzept zu begründen, da die Nichtbe-
rücksichtigung historischer Tatbestände zu einer Verkürzung
bei der Analyse gesellschaftlicher Zusammenhänge führen würde. Verantwortlich für das bisherige Ausklammern der historischen Dimension machte EVANS-PRITCHARD die Grundannahmen
und Analogien zum Organismusmodell.

Der theoretische Stellenwert des Gleichgewichtszustandes erwies sich bei der Analyse sozialen Wandels als äußerst problematisch, zumal Interpretationen begünstigt wurden, die
Wandel als Übergangsstadium zu einem neuen Gleichgewichtszu-
stand kurzschlossen, so daß die Zieldimension bei der Analyse der Sozialstruktur unverändert beibehalten werden konnte.
Diese statische Sichtweise von "primitiven" Gesellschaften

hat besonders R. FIRTH in seinen 1962 zusammengefaßten "Essays on social organization and values" kritisiert und darauf hingewiesen, daß die fundamentalen Beziehungen nicht unabdingbar ausbalanciert sein müßten, Systeme seien im Gegenteil oft "unbalanced".

Die Ansätze der funktionalistischen Methode hat R. LINTON in seiner grundlegenden Studie "The study of man" (1936) und im Anschluß daran in "The cultural background of personality" (1945) aufgearbeitet, mit Erkenntnissen des Kulturrelativismus erweitert und an Ergebnissen der "basic-personality-structure" spezifiziert. In dieser Verbindung hat er nicht nur auf die Rollentheorie entscheidenden Einfluß genommen, sondern auch die Systemtheorie weiterentwickelt. Die integrative Sichtweise klingt in seinem Verständnis von Gesellschaft und Individuum deutlich erkennbar an. "Gesellschaften, nicht Einzelpersonen repräsentieren die funktionalen Einheiten im Existenzkampf unserer Art, und es sind Gesellschaften als Ganze, die die Kulturen tragen und weiterreichen. Kein Individuum kennt je die gesamte Kultur seiner Gesellschaft; und schon gar nicht braucht der Einzelne ihre mannigfaltigen Muster in seinem manifesten Verhalten kundzutun" [89].

Auf die Einflüsse des Funktionalismus in den theoretischen Leistungen von R. MERTON, M. LÉVY jr., T. PARSONS u.a. braucht in diesem Zusammenhang nur hingewiesen werden, besonders PARSONS bezeichnet in seinen autobiographischen Notizen zu der Entstehung seiner Theorie sozialer Systeme MALINOWSKI als den für ihn intellektuell wichtigsten Lehrer während seiner Londoner Studienjahre, obwohl er ihm den Zugang zu E. DURKHEIM mehr als erschwerte [90]. Besonders bei PARSONS kommt es zur Wiederaufnahme evolutionärer Überlegungen im Kontext von Kultur bei Beibehaltung grundlegender funktionalistischer Überlegungen. "Unter den Veränderungsprozessen ist der für die evolutionäre Perspektive wichtigste Typus die <u>Steigerung der Anpassungsfähigkeit,</u> die einen neuen Strukturtypus entweder innerhalb der Gesellschaft oder - durch kulturelle Diffusion und Einbeziehung anderer Faktoren in die Kombination mit dem neuen Strukturtypus - in anderen Gesellschaften und vielleicht in späteren Phasen hervorbringt" [91).

So vollständig gerade im historischen Partikularismus die Abwendung der amerikanischen Ethnosoziologie vom Evolutionismus erscheint, so wenig entspricht das den Entwicklungen, die ab den vierziger Jahren dort einsetzten. Sie werden im allgemeinen als Neoevolutionismus bezeichnet, was allerdings insofern ein schiefes Bild ergibt, als durchaus eine Kontinuität der Theorietradition mit dem klassischen Evolutionismus festzustellen ist. Allenfalls die offenkundige Verbindung mit funktionalistischen und z.T. kulturökologischen Positionen bei einigen Vertretern läßt es gerechtfertigt erscheinen, von einem solchen Neoevolutionismus zu sprechen.

Den Wiederanknüpfungspunkt lieferte L.A. WHITE (1949 und 1959), der für die Ethnosoziologie vor allem wegen der Anstöße bedeutsam ist, die er anderen Neoevolutionisten lieferte. Sein eigener Beitrag ist als solcher eher auf die Wiederbelebung der evolutionistischen Kulturtheorie gerichtet, charakterisiert dadurch, daß WHITE bewußt nicht von "Kulturen", sondern von "Kultur" sprach und damit die Kontinuität zum klassischen Evolutionismus (besonders an MORGAN) herstellte. "Kultur" ist für WHITE abhängig von der distinktiv menschlichen Fähigkeit zum Symbolverhalten, und damit ist dieses Symbol nichts anderes als die Quintessenz dessen, was schon SPENCER als das "Überorganische" ("Superorganic") bezeichnet hatte. Bei WHITE wird das nun zur Grundlage eines umfassenden, extrasomatischen Stroms von Technoökonomie, Sozialorganisation und Ideologie, durch den der Mensch sich an sein natürliches Milieu anpaßt und es für sich nutzt. Das ist genau die klassische evolutionistische Vorstellung von

Kultur als kollektiver und sich summierender Erfahrung der Menschheit, die dazu führt, daß sich WHITE eben mit "Kultur" in einem generalisierten Sinn und nicht mit - für die Ethnosoziologie relevanteren - einzelnen soziokulturellen Arrangements befaßt [92]. Die wichtige Differenz liegt aber in der betonten Akzentuierung von Technoökonomie als dem eigentlichen Auslöser kultureller Evolution. Durch Technoökonomie wird - so WHITE - Energie der Umwelt mobilisiert und, je nach dem Grad der technologischen Entwicklung, trägt sie entscheidend zur Evolution von Kultur bei. Alle anderen Subsysteme der Kultur (soziale Organisation, Ideologie) sind damit vielfach verknüpft, die primäre Rolle spielt aber die energieextrahierende Technoökonomie. Ethnosoziologisch ist dieser Ansatz - der als technologischer Determinismus kritisiert worden ist [93] - in zweierlei Hinsicht fruchtbar gemacht worden: durch die Aufnahme, die ihm M. HARRIS hat angedeihen lassen und durch die Auseinandersetzung, die J. STEWARD damit geführt hat.

Inhaltlich ist J. H. STEWARD (u.a. 1955) für die Ethnosoziologie relevanter geworden, als es L. WHITE aufgrund seiner Kulturtheorie werden konnte. Zunächst hat STEWARD, analog zu WHITE, entscheidend zur Wiederanknüpfung, bzw. Kontinuität zum klassischen Evolutionismus beigetragen. Allerdings ist seine neoevolutionistische Orientierung geprägt durch das, was er selbst als das Konzept der "multilinearen Evolution" kennzeichnete, womit er auf Distanz auch zu WHITE gehen wollte, den er wiederum als vor allem mit "genereller Evolution" befaßt sah. Obwohl STEWARD dieses Konzept der "multilinearen Evolution" zunächst als eine Methodologie mißverstand [94], hat er damit der neoevolutionistischen Theorietradition entscheidende Impulse gegeben. Für ihn bedeutete das die Möglichkeit, von der allgemeinen Evolution von Kultur überzugehen zur Evolution der einzelnen Kulturen entlang paralleler, aber verschiedener Entwicklungsmuster, die als kulturelle Typen angesehen werden. Solche kulturellen Typen bestehen aus ausgewählten kulturellen Kernelementen. Diese werden theoretisch ausgewählt im Hinblick auf ein bestimmtes Problem und einen Bezugsrahmen, wobei in jeder Kultur, die diesem Typus zugeordnet wird, diese Elemente dieselben formalen Bezüge aufweisen müssen. [95]. Die Kernelemente, die somit den kulturellen Typus definieren, schließen ideologische, soziopolitische und technoökonomische Elemente ein, wobei vor allem die technoökonomischen Elemente die Charakterisierung der entscheidenden Merkmale jeder untersuchten Gesellschaft ermöglichen. Auch hier ist der deutliche Anklang an die Vorstellungen von WHITE - modifiziert durch das multilineare Konzept - erkennbar. Schließlich läßt sich auch innerhalb dieses Entwurfes eine Abstufung ausmachen, die eine Linearitäts-Vorstellung beinhaltet, nämlich in der angenommenen kontinuierlichen Zunahme soziokultureller Komplexität (die ebenfalls ein methodologisches Analysemittel darstellt), die STEWARD als unterschiedliche "levels of sociocultural integration" bezeichnet und die bestimmt sind über die jeweils umfassendste autonome soziopolitische Einheit, die kollektiv zu handeln in der Lage ist. Familie, Stamm und Staat sind die drei von STEWARD genannten Niveaus, die eindeutig über das funktionalistische Integrations-Postulat festgelegt und von STEWARD ebenfalls als heuristisches Instrument zur geordneten Analyse gedacht sind.

Bevor die weitere Entwicklung der neoevolutionistischen Theorieorientierung aufgezeigt werden kann, muß allerdings auf einen anderen Aspekt von STEWARDs Arbeit eingegangen werden, der erst mit der theoretischen Orientierung der Kulturökologie von entscheidender Bedeutung wird. Es handelt sich um die starke Betonung der ökologischen Seite der kulturellen Anpassung, die von STEWARD konzeptuell als "Kulturökologie" ("cultural ecology") gesehen wird. Die oben genannten kulturellen Typen sind - als Niveaus der soziokulturellen Integration - bezogen auf die kulturelle Anpassung an das jewei-

lige Milieu, die vollzogen wird durch die technoökonomischen Kulturelemente. [96] Damit durchbricht STEWARD die zir-
kuläre "Erklärung" von "Kultur" durch "Kultur" und sucht die
entscheidenden Variablen in der technologischen Ausstattung
einer Gesellschaft. Dieser Aspekt soll im Zusammenhang mit
der theoretischen Orientierung der Kulturökologie noch einmal aufgenommen werden.

Eine Weiterentwicklung der Überlegungen STEWARDs hat dann
insbesondere durch M.D. SAHLINS, E.R. SERVICE und M.H. FRIED
stattgefunden, die die evolutionistische Diskussion
entscheidend vorangetrieben haben. SAHLINS (1960) unterscheidet grundsätzlich zwei verschiedene Aspekte von Evolution anhand ihrer Wirkungen: einen Aspekt, der in die Schaffung von Verschiedenheit durch adaptive Modifikationen mündet, dadurch neue Formen aus alten schafft; und einen anderen Aspekt, der in der Schaffung von Fortschritt besteht,
also höhere Formen hervorbringt, die niedrigere Formen über-
treffen. Den ersteren Aspekt bezeichnet SAHLINS als spezifische, den zweiten als generelle Evolution. Sein Anknüpfungs-
punkt ist die biologische Evolution, aus der auch die entscheidenden Bestimmungen der Unterscheidung gewonnen werden. [97] Gleichzeitig wird daraus auch im Hinblick auf die
evolutionären Maßstäbe ein Kriterium der Unterscheidung abgeleitet, demzufolge der Maßstab spezifischer Evolution die
höhere Anpassungseffizienz an bestimmte Milieus ist, während
die generelle Evolution sich an absoluten Kriterien bemißt
und dementsprechend an allgemeinem "Fortschritt" orientiert
ist (z.B. von niedriger zu höherer Energieausnutzung, von
niedrigeren zu höheren Integrationsgraden oder von geringerer zu größerer Anpassungsfähigkeit) [98].

Kulturelle Evolution folgt zunächst den gleichen Regeln,
denn: "Culture continues the evolutionary process by new
means...culture, like life, undergoes specific and general
evolution" (SAHLINS, 1960, S. 23). Spezifische Evolution ist

daher relativ, bezogen auf das jeweilige Problem der Anpassung, und damit sind einzelne Anpassungslösungen, einzelne spezifische Evolutionslinien, grundsätzlich besondere und nicht vergleichbare. Im soziokulturellen Bereich liegt damit auch eine entscheidende Differenz zur biologischen spezifischen Evolution vor, die durch die Möglichkeit der Diffusion einzelner anpassungsrelevanter kultureller Merkmale geschaffen wird. Diffusion, die Konvergenz der soziokulturellen Arrangements hervorruft, ist damit ebenso möglich wie die parallele unabhängige Evolution - womit eine seinerzeit kritische Fragestellung der Diskussion um die klassische evolutionistische Position aus dem Weg geräumt ist. Die Übertragung des evolutionistischen Arguments auf soziokulturelle Zusammenhänge durch SAHLINS stellt auch spezifische Evolution in ein besonderes Verhältnis zur generellen Evolution dadurch, daß die erstere - vermittels der betrachteten, historisch abfolgenden Verbesserungen der jeweiligen Anpassungsleistungen - durchaus in einer Weise ablaufen kann, die nicht notwendig auch zu "Höherentwicklungen" in der generellen Evolutionsskala führt: "The fundamental difference between specific and general evolution appears in this: the former is a connected, historic sequence of a given order of development" (SAHLINS, 1960, S. 33). Die Steigerung der "thermodynamischen Effizienz" (d.h. die Zunahme der Energiemenge, die pro Einheit verausgabter menschlicher Energie gewonnen wird) ist daher zwar ein Kriterium erfolgreicher spezifischer Evolution, nicht aber ein Kriterium für eine ganze Klasse von Gesellschaften und Kulturen, die jeweils zusammen auf unterschiedlichen Ebenen der generellen Evolution zusammengefaßt werden können. Als Maßstab für die generelle Evolution gibt SAHLINS drei verschiedene, gleichermaßen absolute und schwierig zu messende Indikatoren an:

- die steigende Gesamtmenge der zum Erhalt der Gesellschaft/Kultur transformierten Energie [99];
- die jeweils höheren Grade der sozialorganisatorischen Integration [100] und

- die zunehmende umfassende Anpassungsfähigkeit ("all-round
  adaptability") höherer Formen an eine breitere Palette unterschiedlicher Milieus [101].

Damit sind generelle und spezifische soziokulturelle Evolution in ihren Merkmalen und Wirkungen definitiv unterschieden: "General cultural evolution (...) is passage from less
to greater energy transformation, lower to higher levels of
integration, and less to greater all-round adaptability.
Specific evolution is the phylogenetic, ramifying, historic
passage of culture along its many lines, the adaptive modi-
fication of particular cultures" (SAHLINS, 1960, S. 38).
Auf der Basis dieser Unterscheidung ist auch ein "Gesetz der
kulturellen Dominanz" (D. KAPLAN 1960) formuliert worden,
das den Zusammenhang herstellt zwischen dem Ausmaß der Energienutzung, die in einem gegebenen Milieu möglich ist, und
der Überlegenheitsbeziehung zwischen verschiedenen Kulturen:
"...that cultural system which more effectively exploits the
energy resources of a given environment will tend to spread
in that environment at the expense of less effective
systems" (KAPLAN 1960, S. 75). Damit ist die Konkurrenzre-
lation eingeführt, dieses Mal zwischen unterschiedlichen Gesellschaften mit jeweils anderer kultureller Ausstattung und
gleichzeitig auf die besonderen Bedingungen der spezifischen
Evolution abgehoben, denn nur in diesem Bereich ist die enge
Verknüpfung zwischen Gesellschaft/Kultur und Milieu gegeben.
Andererseits wird gerade über die Dominanzkonstruktion auch
die Ebene der generellen Evolution erreicht: Gesellschaften
und ihre Kultur, die generell höheren Formen angehören, haben eine größere Dominanzreichweite als niedrigere Formen,
da sie mehr unterschiedliche Ressourcen effektiver ausnutzen
als diese und dementsprechend eine größere Bandbreite der
möglichen Dominanzsituationen erreichen können. Mit diesem
"Gesetz der kulturellen Dominanz" hat KAPLAN auch die von
SAHLINS abgelehnte Verbindung zwischen genereller Evolution
und Effizienz in der milieugerichteten Energienutzung wie-
derhergestellt und damit auch die Anpassungsfähigkeit   als

relative Abnahme der milieugebundenen Restriktionen in ihrer Bedeutung herabgestuft. [102]

Die Beschäftigung der neoevolutionistischen Theorietradition mit dem Aspekt der Milieunutzung und der Anpassung an bestimmte natürliche und soziale Bedingungen ist als Fragestellung grundsätzlich bereits bei der Diskussion der multilinearen Evolution durch J.H. STEWARD angelegt gewesen. Ein wichtiger Bezugspunkt der Multilinearität der Evolution war gerade die Unterschiedlichkeit der Milieubedingungen. So ist es nur konsequent, wenn bei STEWARD auch die Grundlinien einer anderen theoretischen Orientierung, der Kulturökologie ("cultural ecology"), angelegt sind. Die angedeutete Verbindung zwischen kulturökologischen Fragestellungen und der evolutionistischen Perspektive ist weit verbreitet [103], aber nicht notwendig, denn eine Analyse der Beziehungen zwischen einer Gesellschaft und ihrer Kultur einerseits, ihrem natürlichen, ökologischen Milieu andererseits, ist auch ohne ein vorwiegend evolutionistisch gerichtetes Theorieinteresse möglich. Die Verbindung wird allerdings immanent erleichtert durch die Kategorie der "Anpassung" (die Evolutionismus und Kulturökologie gemeinsam haben), die - nach KAPLAN und MANNERS - von der Kulturökologie auf zwei Ebenen analysiert wird: Zunächst als eine Weise, in der sich soziokulturelle Gesamtheiten (Gesellschaften, "cultural systems") an ihr gesamtes Milieu anpassen; sodann als eine Weise, in der sich, als Folge dieser Anpassung insgesamt, die verschiedenen institutionellen Regelungen in einer bestimmten Gesellschaft und Kultur zueinander anpassen - somit als eine externe und eine interne Anpassungsrelation (KAPLAN und MANNERS 1972, S. 75 ff.). Unterschiedliche soziokulturelle Muster entstehen aus diesen Anpassungsprozessen, werden aufrechterhalten und/oder verändert.

STEWARD sucht die Kulturökologie abzugrenzen von einer allgemeinen Humanökologie und der speziellen Sozialökologie,

indem er die besondere Qualität der kulturökologischen Anpassungen als kreative Prozesse begründet. Es geht für ihn
darum, "to explain the origin of particular cultural features and patterns which characterize different areas rather
than to devise general principles applicable to any cultu-
ral-environmental situation" (STEWARD 1955, S. 36). Gleichzeitig sucht STEWARD durch die Einführung des Milieus als
extrakulturellem Faktor den evolutionistischen Zirkel (v.a.
WHITEs) zu durchbrechen, daß "culture comes from culture".
Dementsprechend sieht er die kulturökologische Fragestellung
gekennzeichnet durch die Hinlenkung auf einen besonderen
problematischen Sachverhalt und eine Methode, diesen Sachverhalt anzugehen. Der problematische Sachverhalt besteht
darin, festzustellen, ob die Anpassungen menschlicher Gesellschaften an ihre natürlichen Milieus besondere Verhaltensweisen erfordern, oder ob sie Spielräume bieten für eine
bestimmte Spannweite möglicher Verhaltensweisen. Folglich
ist der eigentliche Erklärungsbereich die Gesamtheit der
Merkmale, die eine empirische Analyse als besonders eng verknüpft mit der Nutzung eines Milieus in kulturell vorge-
schriebenen Weisen nachweist. Diese kulturell vorgeschriebene Weise ist dabei nicht lediglich normativ und auch nicht
in einem engen technologischen Sinne gemeint, sondern in der
Hinsicht, daß diese verfügbaren und entwickelten Technologien "may be used differently and entail different social
arrangements in each environment. The environment is not
only permissive or prohibitive with respect to these techno-
logies, but special local features may require social adap-
tations which have far-reaching consequences" (STEWARD 1955,
S. 38). STEWARD hat selbst eine Reihe von Untersuchungen
durchgeführt, in denen er sein Konzept anwendet, z.B. auf
die Zusammenhänge von Jäger-/Sammler-Technologien, Jagd auf
Großwild in großen Herden und die relative große demographische Dichte der Gesellschaft, die in lokalisierten Patrili-
neages oder "Horden" zusammenlebt [104]. Ein anderer Anwen-
dungsfall ist die Einführung von Techniken des Bodenbaus mit

der Möglichkeit höherer demographischer Dichte und fester
Ansiedlungen. In diesen Beispieluntersuchungen verbindet
STEWARD die kulturökologische Fragestellung mit dem - tendenziell evolutionistisch-funktionalistischen - Theorem des
jeweils unterschiedlichen "Niveaus soziolultureller Integration".

Als Methode ist die Kulturökologie für STEWARD gekennzeichnet durch drei grundlegende Verfahrensweisen: - die Analyse
der Beziehungen zwischen Nutzungs- und Produktionstechnolo-
gie und Milieu; - die Analyse der Verhaltensmuster, die in
der Ausnutzung eines bestimmten Gebietes vermittels einer
bestimmten Technologie beschlossen sind; - die Feststellung
des Ausmaßes, in dem die Verhaltensmuster, die sich aus der
Nutzung eines Milieus ergeben, andere kulturelle Bereiche
beeinflussen.
Damit wird deutlich, daß die Kulturökologie keinen Milieu-
determinismus verfolgt und dieses natürliche Milieu auch
nicht nur als begrenzenden Faktor berücksichtigt sehen will,
sondern für eine Auffassung des Milieus plädiert, die dieses
als einen von Menschen veränderten Rahmen einschätzt. Zwischen den Gesellschaften und ihrer kulturellen Ausstattung
einerseits, dem von ihnen veränderten Milieu andererseits
besteht also kein deterministisches Verhältnis, sondern eine
Kette von Rückkoppelungsprozessen, die systemischen Charakter aufweisen und in denen die Einzelfaktoren ein je nach
besonderen Gegebenheiten unterschiedliches Gewicht aufweisen. In diesem Kontext geht es also um das, was als "effective environment" bezeichnet worden ist [105], im Unterschied
zum einfach naturgegebenen Milieu. Durch diese Interpretation sind der Kulturökologie einerseits Forschungschancen
eröffnet worden, andererseits auch neue konzeptuelle Probleme aufgegeben. Letztere liegen vor allem in der Tatsache,
daß die für Gesellschaften und ihre Kulturen maßgeblichen
Milieus nicht nur solche kulturell transformierten natürlichen Milieus, sondern dazu auch die "soziokulturellen Mili-

eus" hinzuzurechnen sind, die von anderen, benachbarten Gesellschaften gebildet werden. Eine kulturökologische Analyse müßte demzufolge zumindest die Möglichkeit offenlassen, die Austauschbeziehungen nicht nur zwischen Gesellschaften und ihrem natürlichen Milieu, sondern auch die mit anderen Gesellschaften zu untersuchen. Damit verringert sich aber auch die Erklärungskraft solcher analytischer Annahmen der Kulturökologie (die sie mit dem Neoevolutionismus gemeinsam hat), wie der der "Apassung" an Milieubedingungen, die im Falle der soziokulturellen Dimension vorrangig über Interaktionen im Sinne der Konkurrenz abläuft und dementsprechende Probleme der präzisen Operationalisierung und der Messung aufwirft. [106]

Diese Schwierigkeiten sind vorrangig dafür verantwortlich zu machen, daß für die Kulturökologie letztens wieder eine Orientierung an den Kategorien einer allgemeinen ("general") Ökologie gefordert worden ist, unter zumindest relativer Abkehr von der besonderen kulturellen Dimension der menschlichen gesellschaftlichen Existenzweise. Ein Beispiel dafür ist die eindeutig systemtheoretisch geprägte Position von J. N. ANDERSON (1973), der von vorneherein "Ökologie" bestimmt als "the study of entire assemblages of living organisms and their physical milieus, which together constitute integrated systems" (ANDERSON 1973, S. 182). Die konsequente Fortführung dieser systemischen Konzeption führt über die schon bei STEWARD angelegten Rückkoppelungsprozesse hinaus und zur Konzeption von Ökosystemen, in denen nicht mehr singuläre Vorgänge der Wirkung und Rückwirkung, sondern das gesamte Zusammenwirken von Mensch in der Gesellschaft, Tier- und Pflanzenwelt sowie nicht-organischen Elementen analytisch erfaßt werden soll. [107] Eine solche Vorgehensweise sprengt selbstverständlich die hier gesetzten Grenzen einer Ethnosoziologie und lenkt die Aufmerksamkeit auf eine anthropologische Ökologie, die jenseits unserer Thematik angesiedelt ist, daher hier nicht weiter verfolgt werden soll. Freilich enthält sie auch ein starkes Element der unterstellten Systemstabilität und des teleologisch gefaßten Gleichgewichts der Austauschbeziehungen, das offen funktionalistischen Charakter trägt und somit die historisch-kulturelle Perspektive der frühen Kulturökologie doch trotz aller Mängel in positivem Licht erscheinen läßt.

Sie steht damit nicht allein, denn auch in zahlreichen anderen neueren Arbeiten [108], die ausdrücklich noch die soziokulturelle Dimension in der Kulturökologie beibehalten wollen, ist diese Tendenz zur teleologisch-systemischen Homöostaseannahme durchaus beobachtbar. Ein solcher Fall findet sich auch in der guten Problemdarstellung von VAYDA und RAPPAPORT (1968), wo (nach einer Übersicht der verschiedenen Entwicklungsstränge von systematischer Berücksichtigung von Ökozusammenhängen in der Biologie und in der amerikanischen "cultural anthropology", einschließlich einer konstruktiven Kritik von STEWARDs Vorgehensweise) für eine Vereinheitlichung naturwissenschaftlicher und ethnosoziologischer Ökologievorstellungen plädiert wird. Die Autoren werfen der kulturökologischen Position gerade ihre Kulturorientierung und ihre "Isolierung" von der allgemeinen Ökologie vor und beziehen den Standpunkt, menschliches und nicht-menschliches Verhalten könne und müsse in ökologischer Hinsicht als eine gemeinsame Klasse von Phänomenen behandelt werden. Sie begründen das damit, daß "both function to effect adaptation to the environment and both are subject to a kind of selection resulting, inter alia, from the fact that individuals or populations behaving in certain different ways have different degrees of success in survival and reproduction and, consequently, in the transmission of their ways of behaving from generation to generation" (VAYDA und RAPPAPORT 1968, S. 493). Diese Verallgemeinerung der Fragestellung auf "human populations and upon ecosystems and biotic communities in which human populations are included" (S. 494) muß nach den beiden Autoren nicht zur Aufgabe der Spezifika führen, die menschliche Kulturfähigkeit und ethnosoziologische Intention ausmachen, denn gerade kulturelle Merkmale sollen - wie jedes tierische Verhalten auch - in Bezug auf die Milieu-sachverhalte untersucht werden. [109] An dieser Stelle aber werden VAYDA und RAPPAPORT unweigerlich vom klassischen funktionalistischen Zirkel eingeholt, denn gerade ihre Diskussion verschiedener Beispiele führt zur Feststellung, daß dieses Fälle von "regulating or homeostatic functions of cultural practices" (S. 495, Hervorhebung i.O.) seien, womit auch auf diesen Versuch der oben gekennzeichnete Mangel zutrifft. Beteuerungen, daß auch auf die "Negativeffekte" soziokultureller Praktiken für die betreffende Bevölkerung eingegangen werden müsse, helfen da wenig, wenn der Bezugsfall wiederum unter homöostaserelevanten Kriterien betrachtet wird. [110]

Eines der wichtigeren Ziele von VAYDA und RAPPAPORT war, den Abschied von einer eigenständigen "Wissenschaft von der Kultur" herbeizuführen, wie sie z.B. WHITE befürwortet hatte, und dagegen die Betonung der Austausch- und Verflechtungsbeziehungen zwischen Milieu und sozialen und kulturellen Verhältnissen zu stellen. Allein schon die Behandlung STEWARDs hat gezeigt, daß das kein allgemeines Ziel der Kulturökologie war. Noch viel weniger kann das von der letzten hier zu behandelnden theoretischen Orientierung behauptet werden, dem "kulturellen Materialismus" von M. HARRIS, der unvorstellbar ist ohne die neoevolutionistische Anknüpfung an den klassischen Evolutionismus, die funktionalistische Fragestellung und die spezifische Einbeziehung der Milieukomponente durch die Kulturökologie. Unter nicht nur bekenntnishaftem Rückgriff auf die Evolutionisten TYLOR und vor allem MORGAN ist es HARRIS' Ziel, eine "Theorie der Kultur" zu formulieren, die in ihrer Forschungs- und Erklärungsstrategie die Ursachen für soziokulturelle Unterschiede und Ähnlichkeiten vor allem in den materialen Faktoren sucht. [111] Dabei stützt sich HARRIS auf ein grundsätzliches

theoretisches Prinzip, das er als das "Prinzip des infrastrukturellen Determinismus" bezeichnet, demzufolge die objektiven, theoretisch formulierten und verhaltensmäßig be-
achtbaren Formen der Produktion und Reproduktion ("Infrastruktur") in einer probabilistischen Weise die sozialen,
normativen und symbolischen Verhältnisse ("Struktur") und
die subjektiven und mentalen Bestandteile ("Suprastruktur")
von soziokulturellen Systemen bestimmen. [112] Dementsprechend gilt es, soziokulturelle Sachverhalte - also die eigentlichen Problembereiche einer Ethnosoziologie - zuerst
unter Rückgriff auf die materialen Gegebenheiten, die objektiv feststellbar sind und gesetzmäßigen Charakter haben, zu
erklären und erst dann, wenn diese Gegebenheiten nicht mehr
hinreichend erklärungskräftig sind, in den jeweiligen kulturellen und sozialen Besonderheiten einer Gesellschaft nach
den Ursachenketten zu suchen.

Die Kategorie der Energie und -gewinnung spielt dabei eine
Schlüsselrolle, denn sie kennzeichnet das, was HARRIS als
"Infrastruktur" bezeichnet - hier liegt die für den kulturellen Materialismus wichtige theoretische Vorentscheidung,
denn dieser "represents an attempt to build theories about
culture that incorporate lawful regularities occuring in nature. Like all bioforms, human beings must expend energy to
obtain energy (and other life-sustaining products). And like
all bioforms, our ability to produce children is greater
than our ability to obtain energy for them. The strategic
priority of the infrastructure rests upon the fact that human beings can never change these laws. We can only seek to
strike a balance between reproduction and the production and
consumption of energy" (HARRIS 1979, S. 56). Die Infrastruktur ist also der ausschlaggebende Zwischen- und Interak-
tionsbereich von Natur und Kultur, in ihr begegnen sich "natürliche" (ökologische, chemische, physikalische) Zwänge und
Schranken und die soziokulturellen Praktiken, die sie zu
nutzen oder zu modifizieren suchen. Evolution ist damit für

HARRIS nichts anderes als die Abfolge von Versuchen, dieses Gleichgewicht, das in der Infrastruktur erreicht wird, herzustellen oder wiederherzustellen, weil "this balance is so vital to the survival and well-being of the individuals and groups who are its beneficiaries that all other culturally patterned thoughts and activities in which these individuals and groups engage are probably directly or indirectly determined by its specific character" (HARRIS 1980, S. 119).

Damit sind auch schon die wichtigsten Kennzeichen dieses kulturellen Materialismus erkennbar: die von der Kulturökologie übernommene vorrangige Beschäftigung mit ökologisch relevanten, technoökonomischen Problemlösungsmechanismen; die Betonung evolutionärer Prozesse als Vorgänge der zunehmenden Bereitstellung von Energie im Verhältnis zur verausgabten Energiemenge; die Beschäftigung mit Anpassungs- und Selektionsprozessen über den Überlebenserfolg von individuellen Maßnahmen, die ihrerseits Gruppenexistenz sicherstellen; schließlich die funktionalistische Suche nach und Behauptung von Stabilität, bzw. Homöostaseverhältnissen. Oberflächlich könnte es auch scheinen, als ob der kulturelle Materialismus wesentliche Aspekte der theoretischen Arbeit von K. MARX entnommen habe – ein Eindruck, der nicht nur aus der Gegenüberstellung von "Infrastruktur" und "Suprastruktur" sich ergibt, sondern auch durch den wiederholten Verweis auf MARX' Betonung der Rolle materialer Produktionsfaktoren durch HARRIS hervorgerufen wird. Tatsächlich aber ist dieser Eindruck irreführend, denn HARRIS' Ansatz ist so wenig marxistisch, wie er auch nicht historisch-partikularistisch ist. Allein schon die hervorragende Rolle, die HARRIS – unter direkter Berufung auf MALTHUS und expliziter Kritik an MARX – demographischen Variablen und der Regelung, bzw. Nutzung des Bevölkerungsdrucks einräumt, den er unmittelbar der "Infrastruktur" zugliedert, ist ein eindeutiger Sachverhalt, der den kulturellen Materialismus außerhalb jeder marxistischen Theorietradition stellt. 113)

Im einzelnen können die Argumente des kulturellen Materialismus hier nicht dargelegt werden, da sie - über das genannte theoretische Prinzip hinaus-viel zu komplexe Darstellungen erfordern würden und dafür der Raum fehlt. Tatsächlich besteht auch eine der Stärken des kulturellen Materialismus in seiner Fähigkeit, überraschende und sonst nicht einsehbare Zusammenhänge zwischen überlebensrelevanten Gruppen- und Individualstrategien und "irrationalen" soziokulturellen Praktiken aufzuzeigen. Dieses kann an einem einzelnen Beispiel demonstriert werden, das auch von der ausgelösten Diskussion her einiges Aufsehen erregt hat. Es handelt sich um den Stellenwert der "Heiligen Rinder" im Hinduismus. Während ein beträchtlicher Teil der gängigen Diskussion von der Auffassung geprägt ist, daß das hinduistische Tabu des Schlachtens und des Verzehrs von Rindern eine "irrationale", "überflüssige" und "entwicklungshinderliche" Praxis sei, die den Menschen notwendige Ressourcen vorenthalte, stellte sich HARRIS auf den Standpunkt [114], daß dieses Tabu entstanden sei als eine anpassungsorientierte Reaktion auf infrastrukturelle Bedingungen und die materielle Wohlfahrt der Bevölkerung vergrößere. Er stellt einen Abriß der historischen Entwicklung dar, die in die Feststellung mündet, daß die Entstehung von Rindfleisch-Tabus verknüpft war mit der rituell-funktionalen Abwendung seitens der Priester- und Herrscherklassen und -kasten von den Tieropfern und der Fleischverteilung hin zum Schutz der Rinder. Die Ursache sieht HARRIS in der durch Intensivierung der Produktion verursachten ökologischen Verarmung des indischen Milieus [115], die dazu führt, daß Rinderhaltung zum Verzehr des Fleisches ökologisch zu "teuer" wird, während der anderweitige Nutzen der Rinder bestehen bleibt und sogar zunimmt. Unter den Bedingungen von Bodenbau mit Regenfall und hoher vorindustrieller Bevölkerungsdichte bleibt das Rind unentbehrlich als landwirtschaftiches Zugtier, das Dung als Brennmaterial liefert und hohe Temperaturen ertragen kann, während es auch unter optimalen Kosten-Nutzen-Kalkulationen gehalten werden kann und für den Menschen kaum als Nahrungskonkurrent in Erscheinung tritt, weil es ja nicht besonders gefüttert werden muß, was dann der Fall wäre, wenn es als vorrangiger Fleischlieferant gehalten würde.

Freilich fließt auch bei diesem Beispiel die Erklärung der Genese und die Erklärung der Funktionen zusammen, wiewohl sich HARRIS redlich bemüht, die beiden Bereiche getrennt zu halten - ein Merkmal, das auf die eindeutig teleologische Konstruktion kulturmaterialistischer Argumente zurückzuführen ist. So kann es nicht erstaunen, wenn von den verschiedenen Seiten Kritik an HARRIS' Vorgehensweise geübt worden ist, auf die hier nicht eingegangen werden kann. Es ist schließlich auch auf die Neigung des Hauptvertreters des kulturellen Materialismus zurückzuführen, seine Positionen stets aus der Kritik an anderen Positionen zu entwickeln, wenn sowohl Vertreter kulturökologischer (INGOLD 1979), marxistischer (FRIEDMAN 1974), wie auch neoevolutionistischer Orientierung (SAHLINS 1976, 1978) entsprechend kritisch auf seine Erklärungsversuche reagiert haben.

Damit soll diese knappe Darstellung ethnosoziologischer Theorien und Schulen abgeschlossen werden. Viele von ihnen werden in den verschiedenen Anwendungsbereichen wieder eine Rolle spielen, die in den nachfolgenden Kapiteln erörtert werden sollen.

1) Hier wird an die Überlegungen von D. KAPLAN und R. MAN-
NERS angeschlossen, die sich ihrerseits anlehnen an R.
K. MERTONs Begriff der "general sociological orienta-
tion" ("general orientations toward data, suggesting
types of variables which theories must somehow take into account", MERTON 1968, S. 52). Dementsprechend bestimmen sie solche "theoretischen Orientierungen" als
"ways of selecting, conceptualizing, and ordering data
in response to certain kinds of questioning" (KAPLAN
und MANNERS, 1972, S. 34).

2) H. SPENCER bezog sich dabei häufig auf einen unmittelbaren Organizismus (Vorstellung von Gesellschaft als
Organismus) und ergänzte seine Taxonomie durch eine
quasi-biologistische Selektionstheorie ("survival of
the fittest"), die die eigentliche Grundlage des tatsächlich falsch so benannten Sozialdarwinismus bildet,
der somit eher ein Spencerismus ist.

3) Diese ihrerseits klassisch gewordene Definition lautet:
"Culture... is that complex whole which includes knowledge, belief, art, morals, law, custom, and any other
capabilities and habits acquired by man as a member of
society" (TYLOR, 1874, S. 1). TYLORs Bezugnahme auf
"Kultur" als selbständigem Komplex, abgehoben von der
Trägergesellschaft und doch durch sie vermittelt, ist
nicht zum geringeren Teil angeregt gewesen durch die
kulturhistorischen Forschungen von G. KLEMM (Allgemeine
Kulturgeschichte der Menschheit, Leipzig, 1843 - 1851).

4) Tatsächlich hatte keiner der bedeutenden Evolutionisten
der Zeit eine eigene Felderfahrung, mit Ausnahme von L.
H. MORGAN, der bei nordamerikanischen Indianern gearbeitet hatte (seine Arbeit über die politische Organisation der Irokesen ist berühmt und bietet heute noch
für diese Gruppe brauchbares Material).

5) Vgl. HARRIS (1969, S. 108 - 216) für eine ausführliche,
allerdings positiv eingenommene Diskussion der Kritiken
und Antikritiken des klassischen Evolutionismus. Siehe
auch: KAPLAN und MANNERS, 1972, S. 40 ff.

6) TYLORs wichtigster Aufsatz dazu erschien zuerst 1889
und befaßte sich mit Heirats- und Deszendenzregeln
(vgl. TYLOR 1971). Siehe als massive zeitgenössische
Kritik an der Methodologie: BOAS 1896 (wiederabgedruckt
1973).

7) Vgl. dazu KAPLAN und MANNERS, 1972, S. 2: "If the psychobiological infrastructure is indeed a constant, it
is obvious that we cannot look to it to provide us with
an answer to our question. For while psychobiology may
account for many of the broad cultural resemblances
that we observe, it cannot at the same time explain the
differences".

8) Der wichtigste Aspekt des Diffusionismus ist der Hin- weis auf die Möglichkeit der intergesellschaftlichen Übertragung einzelner oder mehrer soziokultureller Merk- male oder Elemente (Diffusion). Die dogmatische Verall- gemeinerung und die damit verbundene Suche nach den "Ursprüngen" bestimmter Merkmale oder Kulturzüge auf der Basis zweifelhafter kulturhistorischer Rekonstruk- tionen hatte jedoch keine positiven Konsequenzen für die Ethnosoziologie.

9) Vgl. z.B. auch: WHITE 1945.

10) In den USA vor allem bei Vertretern des sog. "cultural area"-Konzepts (z.B. A. L. KROEBER); in Europa beson- ders in England vertreten durch W. H. R. RIVERS, G. EL- LIOT SMITH und W. J. PERRY; und in Deutschland durch die sog. "Kulturkreis"-Schule, die eine historische Me- thode der Ethnologie, bzw. Völkerkunde propagierte und eng verbunden ist mit den Namen von F. GRAEBNER, P. W. SCHMIDT; L. FROBENIUS und B. ANKERMANN (vgl. SCHMIDT 1937 und HABERLAND 1973).

11) Siehe zur Entwicklung des Diffusionismus, vor allem in den USA: DRIVER 1973.

12) Nicht nur E. B. TYLOS hatte ausgesprochen diffusioni- stische Interessen (vgl. TYLOR 1896), sondern auch spä- tere Werke im 'Geist' des klassischen Evolutionismus sind durchaus in der Lage, diffusionistische Gedanken- gänge aufzunehmen (vgl. z.B. HOBHOUSE, WHEELER und GINSBERG 1930).

13) Vgl. zu "Galton's problem": v.a. NAROLL 1961, 1964 und 1970, NAROLL und D'ANDRADE 1963 sowie DRIVER und CHANEY 1970.

14) Nicht nur BOAS weist einen ausgeprägt europäischen Hin- tergrund in seiner Biographie auf. In unterschiedlichem Umfang gilt das für sehr viele führende amerikanische Ethnologen der ersten drei Jahrzehnte dieses Jahrhun- derts, so vor allem für A. L. KROEBER, A. GOLDENWEISER, E. SAPIR und R. LOWIE. Dieser Umstand hatte weitrei- chende Folgen für ihre Rezeptionsfähigkeit für europä- ische (vor allem: deutsche) Geistesströmungen.

15) Vgl. dazu: HARRIS 1969, S. 252 ff.

16) Dabei war die Betreuung dieser Schüler keineswegs immer sichergestellt und oft vorurteilsgeprägte Arbeitsergeb- nisse sind z.T. auf diese mangelhafte Vorbereitung zu- rückzuführen, wie z.B. im Falle M. MEADs auf Samoa.

17) Eindrucksvoller Beleg für BOAS' Selbstverständnis in
    dieser Frage sind seine sehr umfangreichen Aufzeichnun-
    gen über die Kwakiutl, eine Ethnie der amerikanischen
    Nordwestküste.

18) Vgl. zum theoretischen und wissenschaftshistorischen Hin-
    tergrund von BOAS' Verteidigung des deskriptiven Vor-
    gehens und seiner Abneigung gegen gesetzesmäßige Aussa-
    gen: HARRIS 1969, S. 250 ff.

19) BOAS 1896; hier zitiert nach dem Wiederabdruck in BO-
    HANNAN und GLAZER 1973, S. 89.

20) Die letztere Position deutet unmittelbar die Offenheit
    BOAS' für diffusionistische Annahmen an, läuft aber
    nicht in Richtung eines extremen Diffusionismus, STOK-
    KING verweist darauf, daß BOAS selbst sein Vorgehen als
    eine 'neue historische Methode' begriffen hat
    (STOCKING, 1968, S. 210). Gegen den Diffusionismus dog-
    matischer Prägung legt BOAS dar, daß ähnliche Bedingun-
    gen ähnliche kulturelle Merkmale hervorbringen können,
    so daß man nicht auf Diffusion zurückgreifen müsse, um
    alle kulturellen Parallelen zu erklären (vgl. dazu die
    Aufsätze BOAS' über GRAEBNERs 'Methode der Ethnologie'
    von 1911 und "The methods of ethnology" von 1920, beide
    abgedruckt in: BOAS 1966).

21) "The activities of the mind (...) exhibit an infinite
    variety of forms among the peoples of the world. In or-
    der to understand clearly, the student must endeavour
    to divest himself entirely of opinions and emotions ba-
    sed upon the peculiar social environment into which he
    is born. He must adapt his own mind, so far as feasib-
    le, to that of the people whom he is studying. The more
    successful he is in freeing himself from the bias ba-
    sed on the group of ideas that constitute the civiliza-
    tion in which he lives, the more successful he will be
    in interpreting the beliefs and actions of man" (BOAS,
    1901, S. 1).

22) Vgl. dazu RUDOLPH, 1968. Eine geradezu klassische Expo-
    sition der kulturrelativistischen Position gibt HERSKO-
    VITS (1948). Vgl. zur Kritik auch: SCHMIDT 1968.

23) Siehe KROEBER 1939, besonders auch in Zusammenarbeit
    mit H. Driver und in Auseinandersetzung mit C. WISSLER
    (vgl. KROEBER 1931).

24) Vgl. KROEBER 1917, 1952, KROEBER und KLUCKHOHN 1952.

25) Vgl. vor allem BENEDICT 1955; zur Entwicklung dieser
    Vorstellung im Rahmen der gesamttheoretischen Orientie-
    rung: HONIGMAN, 1976, S. 202 ff., der dazu feststellt:
    "Pattern was used with reference to culture content

82

(...) to denote the overall form, organization, or quality revealed by a whole culture. KROEBER labeled this
idea, which Ruth BENEDICT made the subject of "Patterns
of culture", "total-culture pattern"."

26) Einer der schärfsten Kritiker des historischen Partikularismus, M. HARRIS, stellt in seinem Buch über die
ethnologische Theoriengeschichte dazu fest: "Under
BENEDICT's skillfull literary handling, the facts of
potlatch took on the appearance of an ultimate mania,
without rhyme or reason except the inflated egos of the
chiefs and their reckless desire to hold on to or aug-
ment their hereditary claims to prestige. Everything in
Kwakiutl life was affected by this strange custom."
(HARRIS, 1969, S. 30/). Vgl. auch BENEDICT, 1955, S.
136 - 171 für ihre besondere Interpretation, und HAR-
RIS, 1969, S. 306 - 314 für eine Skizze der späteren
Positionen.

27) Vgl. zu Potlatch auch unten Kapitel 5.

28) Vgl. die ausführliche und informative Abhandlung bei
RUDOLPH 1968, S. 102 f.

29) Vgl. WHORF 1965 - Die gesamte Diskussion kann hier
nicht aufgearbeitet werden, zumal linguistische Fragestellungen immer mehr in den Vordergrund rücken würden,
die konsequenterweise in eine Auseinandersetzung z.B.
mit CHOMSKY's Ansatz der generativen Grammatik einmünden. Sehr informativ für linguistische Fragestellungen
ist die Abhandlung von GIPPER zur SAPIR-WHORF-Hypothese
(1972), für ethnosoziologische Fragestellungen dürfen
die Überlegungen von KAY/KEMPTON (1984) als aufschlußreich angesehen werden.

30) Vgl. die beiden Bände der Bielefelder Arbeitsgruppe
(1973) zu Fragen des symbolischen Interaktionismus und
der Ethnomethodologie, von Interesse für die aufge-
zeigten Fragestellungen und Analysen sind die Abhandlungen von F. C. WALLACE, D. H. HYMES, G. PSATHAS und
H. GARFINKEL.

31) Vgl. BERNSTEIN 1973, OEVERMANN 1972 und MÜHLFELD 1975.

32) Terminologisch abgeleitet aus der linguistischen Unterscheidung zwischen "Phonemik" und "Phonetik". Vgl. dazu: FISHMAN 1964 und CURRIE 1966.

33) ABERLE 1960, BERLIN 1970, BURLING 1968, FRAKE 1968,
GOODEnough 1970, HARRIS 1972, S. 568 - 604; 1979, S. 32
- 41, 265 - 278, KAY 1970, STURTEVANT 1964 und 1968.

34) Vgl. z.B. FRAKE 1961 und CONKLIN 1955.

35) Von den zahlreichen Publikationen KARDINERs sollen be-
    sonders seine Abhandlungen zu gesamtgesellschaftlichen
    Fragestellungen herausgehoben werden: KARDINER
    1945/4 1959; KARDINER/LINTON 1939.

36) KLUCKHOHN/MOWRER, 1963, S. 239 f - Viele Argumente der
    Kultur-Persönlichkeits-Strukturforschung finden sich in
    der Sozialisationsforschung bei ökologischen und
    milieutheoretischen Fragestellungen wieder, wenn es
    auch zu einer Modifizierung des Ansatzes kam.

37) KLUCKHOHN/MOWRER 1963, S. 296.

38) KLUCKHOHN/MOWRER 1963, S. 301.

39) Eine zusammenfassende Kritik und wissenschaftstheore-
    tisch fundierte Auseinandersetzung mit diesem Ansatz
    bieten LINDE-SMITH/STRAUSS 1976; Zitat S. 451.

40) Vgl. die Studien von KROEBER 1952 und KROEBER/KLUCKHOHN
    1952.

41) Von diesen sehr zahlreichen Studien über amerikanische
    Indianerstämme sei vor allem die Abhandlung von LOWIE
    (1935) über die Krähenindianer wegen ihrer methodischen
    Stringenz hervorgehoben.

42) DURKHEIM 1977, S. 89.

43) DURKHEIM 1977, S. 102.

44) DURKHEIM 1977, S. 104.

45) DURKHEIM 1977, S. 216.

46) DURKHEIM 1977, S. 171.

47) DURKHEIM 1977, S. 172.

48) DURKHEIM 1977, S. 223, 226.

49) DURKHEIM 1977, S. 448.

50) DURKHEIM 1977, S. 222.

51) DURKHEIM 1977, S. 222.

52) MALINOWSKI 1975, S. 77.

53) MALINOWSKI 1975, S. 123.

54) MALINOWSKI 1975, S. 86.

55) MALINOWSKI 1975, S. 96.

56) MALINOWSKI 1975, S. 110.

57) MALINOWSKI 1975, S. 131.

58) DURKHEIM 1973, S. 311 ff.

59) MALINOWSKI 1975, S. 134.

60) MALINOWSKI 1975, S. 146.

61) MALINOWSKI 1975, S. 153.

62) PIDDINGTON 1963, S. 117.

63) MÜHLMANN 1968, S. 202.

64) RADCLIFFE-BROWN 1952, S. 176.

65) RADCLIFFE-BROWN 1952, S. 178.

66) RADCLIFFE-BROWN 1952, S. 178.

67) RADCLIFFE-BROWN 1952, S. 180.

68) RADCLIFFE-BROWN 1952, S.   3.

69) RADCLIFFE-BROWN 1952, S. 200.

70) MILKE 1937, 1938, LOWIE 1938, MERTON 1968, bes. Kapitel "Manifest and Latent Functions".

71) THURNWALD 1935, S.   3.

72) MÜHLMANN 1968, S. 226 f.

73) THURNWALD 1966, S. 367.

74) THURNWALD 1966, S. 362.

75) LOWIE 1937, bes. Kap. 13.

76) WEDGWOOD 1930/31, S. 5 ff., S. 129 ff.

77) NADEL 1963, S. 178 ff.

78) NADEL 1963, S. 179.

79) NADEL ist nur auf dem Hintergrund der wissenschafts-theoretischen Überlegungen von M. WEBER 1968 zu dieser Sichtweise gelangt, wobei das Verständnis der objekti-ven Chancen die Akzeptanz der WEBER'schen Methodologie bei NADEL nicht immer impliziert. Die Kontroverse wird durch Rückgriff auf WEBERs Abhandlung "Die 'Objektivi-tät' sozialwissenschaftlicher und sozialpolitischer Er-

kenntnis" aufgelöst, indem WEBER die Grenzen kausaler bzw. funktionaler Erklärungen herausarbeitet.

80) NADEL 1963, S. 187.

81) Vgl. das Kapitel "Social Structure and Anomie" sowie "Continuities in the Theory of Social Structure and Anomie" bei MERTON 1968.

82) NADEL 1963, S. 191.

83) NADEL 1963, S. 202.

84) BECKER/v. WIESE 1932.

85) NADEL 1963, S. 213.

86) NADEL 1963, S. 215.

87) Von den zahlreichen theoretischen Studien und empirischen Feldforschungsberichten R. W. FIRTH's sollen nur seine herausragenden Abhandlungen über "Tikopia" 1936 und 1959a genannt werden, da in ihnen das Ausmaß des Paradigmenwechsels deutlich wird. Vgl. auch FIRTH 1959b.

88) FIRTH 1929, 1939.

89) LINTON 1945, S. 36, dt. 1967, S. 251.

90) PARSONS 1975a, S. 1 - 4.

91) PARSONS 1975b, S. 39.

92) Es ist völlig konsequent, wenn WHITE auch den - freilich zirkulären - argumentativen Standpunkt vertritt, daß "Kultur" und ihre Evolution nur durch "Kultur" erklärt werden können. Demzufolge sieht er es auch als notwendig an, eine eigene Wissenschaft für diese Fragestellung zu etablieren, die er als "Kulturologie" ("culturology") bezeichnet und die er in seinen wichtigsten Veröffentlichungen durchzusetzen versucht hat.

93) Vgl. zur Auseinandersetzung um diese Frage auch: KROEBER 1952, S. 118 - 135.

94) Diese Kritik hat am deutlichsten R. L. CARNEIRO formuliert. Er bezieht sich auf STEWARDs Feststellung, daß "multilinear evolution is essentially a methodology based on the assumption that significant regularities in cultural change occur" (STEWARD, 1955, S. 14). Als konsequenter Evolutionist wirft CARNEIRO STEWARD vor, mit der Methodologie-Kennzeichnung den Gegenstand mit der Methode verwechselt zu haben und konstatiert seiner-

seits, daß solche "significant regularities" nicht behauptet, sondern aufgezeigt werden müssen (CARNEIRO 1973, S. 101).

95) Als Beispiele solcher kultureller Typen erwähnt STEWARD den Feudalismus, den orientalischen Despotismus und - ein entscheidender Beitrag STEWARDs - die patrilineare Horde. STEWARDs kulturelle Typen machen übrigens auch deutlich, daß sein Konzept tatsächlich stark methodologischen Charakter trägt, denn sie sind nichts anderes als logische Konstrukte, und eben nicht unmittelbare Resultate empirischer Realität.

96) Deutlich wird das z.B. beim Fall des kulturellen Typus der "patrilinearen Horde", die nach STEWARD gekennzeichnet ist durch: Patrilinearität, Patrilokalität, Exogamie, Bodeneigentum und eine bestimmte Form der Lineage-Zusammensetzung. Dieser Typus und seine Merkmale sind nach STEWARD transkulturell feststellbar und z.B. bei den Buschmännern in SW-Afrika, den australischen Eingeborenen, den Tasmaniern und manchen Shoshone-Gruppen in USA auffindbar, wobei die einheitlichkeit des Typus sich über eine ähnliche Form der Milieunutzung durch diese Gruppen herstellt.

97) "In specific evolution the unit of study is the population, the species as a whole, which evolves or differentiates into new kinds of populations. (...) In moving to general evolution, however, the concern becomes forms qua forms, typical organisms of a class and their characteristics. The general taxonomic category, the level, refers to a class of organisms of a given type. It is accurate to say that specific evolution is the production of diverse species, general evolution the production of higher forms" (SAHLINS 1960, S. 19, Hervorhebungen im Original).

98) "General progress can be stated in other, more well-known terms: in terms of organization. Thermodynamic accomplishment has its structural concomitant, greater organization, is reciprocal: the more energy concentrated the greater the structure, and the more complicated the structure the more energy that can be harnessed" (SAHLINS 1960, S. 21).

99) Dieses Kriterium ist offenkundig von der energiebezogenen evolutionistischen Auffassung WHITEs abgeleitet.

100) Das Kriterium der sozialorganisatorischen Integration ist beeinflußt von den Niveaus der soziokulturellen Integration von J. H. STEWARD und veranschaulicht seinerseits ganz deutlich die Vereinbarkeit von evolutionärer Sequenz mit funktionalistischen Argumentationsfiguren, trotz der anfänglichen Kritik der frühen Funk-

tionalisten (v.a. RADCLIFFE-BROWN) am Evolutionismus.

101 Das Kriterium der "umfassenden Anpassungsfähigkeit" koppelt faktisch kulturelle Evolution ab von einem wichtigen Implikat evolutionärer Prozesse, dem der Selektion von relevanten oder "besser angepaßten" Merkmalen, die so nun nicht im Hinblick auf aktuelle, sondern auf potentielle Leistung hin als "höherwertig" beurteilt werden. Damit wird die Frage der Meßbarkeit dieses Kriteriums wiederum offen gelassen.

102) "Advanced cultural systems are no less bound by the imperatives of adapting to their environment than less advanced cultural systems, although the fact that they can adapt to a much wider variety of environments has often created the impression that they are somehow freer in this respect" (KAPLAN 1960, S. 83).

103) Vgl. z.B. SAHLINS 1968.

104) Vgl. dazu im einzelnen STEWARD 1955, S. 101 ff. Gerade die "soziokulturellen Typen" die STEWARD aus der kulturökologischen Forschung heraus selbst formuliert hatte (wie z.B. die "patrilineare Horde" oder die "zusammengesetzte Jäger-Horde"), sind zwischenzeitlich heftig kritisiert worden. Vgl. dazu: SERVICE 1966, S. 32 ff.

105) "By the effective environment we mean the environment as conceptualized, utilized and modified by man" (KAPLAN und MANNERS, 1972, S. 79).

106) Vgl. dazu auch KAPLAN und MANNERS (1972, S. 81 ff.), die auch auf die Problematik der Grenzen der soziokulturell transformierten Milieus gegenüber Gesellschaften und deren kultureller Ausstattung hinweisen. Siehe auch die vorzügliche Übersichtsdiskussion in ALLAND und MC CAY 1973.

107) The ecosystem framework suggests a synthetic focus upon an organized unit in which transactions of production, distribution, consumption and material recycling are structured and function. Thus the ecosystem conceptually unites the biology, behavior, organization, and functioning of man, other animals, plants, and inorganic components may be studied." (ANDERSON 1973, S. 183).

108) ELLEN, R. F. (1978), VAYDA, A. (1969), COOK, S. (1973), BENNETT, J.W. (1976), RAPPAPORT, R. (1968 und 1971).

109) Drei Beispielfälle, die VAYDA und RAPPAPORT nennen, seien hier erwähnt: die Neufestsetzung von territorialen Grenzen oder die Neudefinition bodenkontrollierender Gruppen (z.B. der Reichweite der Unilinearität)

kann innerhalb von gewissen Spielräumen die Verhältnisse zwischen demographischem Bestand und verfügbarem
Boden wiederherstellen; zwischen verschiedenen ethnischen Gruppen oder auch Gruppen innerhalb einer Ethnie
bestehende Pufferzonen können als Rückzugsgebiete für
überjagungsgefährdetes Wild dienen; institutionalisier-
ter Pferde- oder Kamelraum verhindert, daß Lokalgruppen entweder zuwenig Tiere für ihre Bedürfnisse haben,
oder zuviele Tiere für das verfügbare örtliche Weide-
land.

110) VAYDA und RAPPAPORT (1968, S. 496) führen den Gebrauch
menschlicher Exkremente zur Bodendüngung an, der auch
die Verbreitung von Krankheiten fördern kann, und verweisen auf den ausschließlichen Nutzen unter den Bedingungen hochgradiger Bodenknappheit.

111) Die Einzelheiten und Entwicklungsstationen des kulturellen Materialismus sind in den wichtigsten Arbeiten
von M. HARRIS (1964, 1969, 1974, 1977, 1979, 1980)
nachzuvollziehen.

112) HARRIS greift hier auf die im Kontext ethnolinguisti-
scher und historisch-partikularistischer Theoriediskussion entwickelte Unterscheidung zwischen emischen
und etischen Kategorien zurück ("emics" und "etics").
Letzteren kommt ausschlaggebende Bedeutung zu und sie
bestimmen den analytischen Stellenwert der "Infrastruktur": The universal structure of sociocultural
systems posited by cultural materialism rests on the
biological and phsychological constraints of human nature, and on the distinction between thought and
behavior and emics and etics". Daher wird unterschieden zwischen: "an etic behavioral mode of production",
"an etic behavioral mode of reproduction"
("Infrastruktur"); und "etic behavioral domestic
economies", sowie "etic behavioral political
economies" ("Struktur"); und "etic behavioral
super-structure" ("Superstructure"). Daneben sind die
emischen und mentalen Komponenten festzuhalten:
"mental and emic super-structure, meaning the
conscious and unconscious cognitive goals, categories,
rules, plans, values, philosophies, and beliefs about
behavior elicited from the participants or inferred by
the observer" (HARRIS, 1979, S. 51 - 54).

113) Vgl. dazu v.a. HARRIS 1979, S. 66 - 70.

114) Vgl. zu Aspekten der Kontroverse: HARRIS 1966; 1974 a,
S. 11 - 32; 1974 b; 1977, S. 155 - 170; 1979, S. 242 -
257; BENNETT 1967; AZZI 1974; HESTON 1971.

115) Diese Intensivierung der Produktion sieht HARRIS verursacht durch Bevölkerungszunahme und dadurch folgende Zunahme der urbanen Siedlungen, wobei die Intensivierung Entwaldungen und Ansiedlung auf marginalen Böden zur Folge hat, die wiederum Trockenheiten und Hungersnöte nach sich ziehen.

3. Forschungsmethoden der Ethnosoziologie

Das Selbstverständnis sowie die Ausrichtung ihres Instrumentariums gliedert die Ethnosoziologie nicht aus dem Bereich der empirischen Sozialwissenschaften aus, in einem gewissen Umfang wird man mit der Problematik der Feldforschung kontextspezifischer konfrontiert. [1] Der Methodenpluralismus entlastet die Ethnosoziologie keineswegs, die möglichen Verzerrungen durch die Forschungstechniken treten akzentuierter hervor, geht es doch primär um die Problematik kulturellen Fremdverstehens, die den Forscher mit den Sinnhorizonten (HUSSERL) seiner Kultur und Lebenswelt konfrontiert und Interpretationen veranlaßt, die bewußte Distanz zu Erkenntnisobjekt und dem Hintergrundphänomen des Alltagswissens voraussetzt.

Die uns umgebende Lebenswelt erzeugt nicht einfach Informationen, die man nur zu ergreifen und weiterzugeben braucht. Informationen entstehen vielmehr durch Interpretationsraster einer als verstehbar vorausgesetzten Sozialwelt, die wir erst anhand von Theorien sinnvoll und informationshaltig strukturieren. Die Reziprozität der Perspektiven (SCHÜTZ, 1971, 1974; SCHÜTZ/LUCKMANN 1975) meint dabei Idealisierungen der Auswechselbarkeit von Standpunkten, wobei sowohl Sprecher wie Hörer "als gesichert voraussetzen, daß jeder von beiden wahrscheinlich die selben Erfahrungen der unmittelbar gegebenen Szene haben würde, wenn sie die Plätze vertauschten" (CICOUREL 1975, S. 31). Dieses strukturierende Moment der Erfahrung ist in der ethnosoziologischen Feldforschung weithin nicht gegeben, vielmehr sollen durch die Forschungsmethoden erst Realitätsbewußtsein und Weltverständnis der Individuen erschlossen und in diesem Kontext einer möglichen Auswertung zugänglich gemacht werden. Die Methoden der empirischen Sozialforschung sind keineswegs in sich "bedeutungsneutral", in ihnen manifestieren sich kulturimmanente Deutungsschemata (z.B. Diskriminationsfähigkeit), darüber hinaus wird unterstellt, daß Interaktionsfähigkeit und -be-

reitschaft zu den lebensweltlichen "Selbstverständlichkeiten" zählen. In diesem Zusammenhang hat sich in den Sozialwissenschaften ein Sensibilisierungsprozeß eingestellt, nicht nur mögliche Verzerrungen durch den Forscher sind Gegenstand der Reflektion, sondern vor allem die Reaktionsformen der Menschen auf die Techniken der Sozialforschung werden zunehmend als Basis für das Ausmaß der Selbstdefinition des Individuums im Forschungsprozeß selbst thematisiert. Die Absichten des Forschers, Informationsgewinnung ins Zentrum seiner Bemühungen zu rücken, löst Gegenreaktionen durch den Betroffenen aus: warum und wozu werden Informationen gesammelt? Vor allem bleibt die Dimension der aus Unsicherheit resultierenden Angst durchgängig vorhanden und setzt Spekulationen frei, d.h. "die Verstrickung des Menschen mit einem gegebenen Phänomen" (DEVEREUX 1967) verweist auf eine zentrale Kategorie jeder ethnosoziologischen Forschung: welchem "universe of discourse" gehören die Daten an? Datenerhebung und Dateninterpretation stehen in einem abhängigeren Verhältnis zueinander als bisher vermutet wurde: "Daten haben nur als interpretierte Daten Bedeutung. Dies zeigt, daß die Zuverlässigkeit der Datenerhebung nur geprüft werden kann, wenn über die Zuverlässigkeit der Dateninterpretation bereits entschieden ist" (MÜHLFELD et.al. 1981, S. 344).
Die kritischen Einwendungen sollen nicht für eine Absage an die Objektivität sozialwissenschaftlicher Forschung stehen, in ihnen kommen nur jene Bedenken zum Ausdruck, die einer gewissen "Blauäugigkeit" entgegenwirken müssen, als ob sich der Forscher die soziale Wirklichkeit in direktem Zugriff sichern könnte. Bei der Skizzierung des Forschungsinstrumentariums stehen unsere Einwände für jene reservatio mentalis, die bei der Erschließung einer Lebenswelt angezeigt ist, die bei der Diskussion über Rolle und Funktion des kontrollierten Fremdverstehens erneut thematisiert wird.
Ausgeblendet bleiben in unserer Abhandlung zunächst Fragestellungen der Ethnographie sowie jene Periode wissenschaftlichen Forschens, die auf Techniken der historischen Rekon-

struktion aufbaute. Feldforschung wurde als Strategie begriffen, die den Forscher in die Lage versetzt, Daten durch
unmittelbaren Kontakt mit der zu erforschenden Population zu
gewinnen, über den Weg der systematischen Beobachtung der
Lebenswelt sollte der Gesamtkontext erfaßt und erschlossen
werden. Die Methode der teilnehmenden Beobachtung (parti-
cipant observation) ging von der Annahme aus, jeder Feldforscher könnte sich in die Population so integrieren, daß er
unmittelbaren Zugang zu allen Bereichen des sozialen Lebens
gewinnen könne. Damit ist aber ein nicht zu lösender Dauer-
konflikt angesprochen:

a) Zunächst ist die Realisierung teilnehmender Beobachtung
   gekoppelt mit dem Mechanismus der Empathie für die Lebenswelt des Ethnos, über Interaktionen muß jenes Ausmaß
   an "Vertrauenskredit" sichergestellt werden, ohne den soziale Verhaltensregelmäßigkeiten nicht erfaßt werden können. Insofern spielt der Feldforscher "mit den Grundka-
   tegorien der Vergesellschaftung" (POPITZ 1980, S. 6),
   denn er will nach der Logik des Forschungsprozesses

b) die Verhaltensregelmäßigkeit objektivieren, um sie nach
   wissenschaftlichen Standards interpretationsfähig zu machen. [2]

Dieses Spannungsfeld läßt sich durch die Methode des Verstehens nicht überbrücken, denn am Ende jedes Forschungsprozesses steht die Quantifizierung von Daten. Die Konstruktion
des "marginal native" verkennt zwar nicht, daß die völlige
Assimilation des Feldforschers ausgeschlossen werden muß,
geht aber dennoch von der temporären Identifikation (going
native) aus, die es ihm ermöglicht, die sozialen Hintergrundphänomene zu erfassen, die sich ihm in der Rolle des
Feldforschers verschließen würden (FREILICH 1970).

Die Rollenambiguität des marginal native schafft im For-
schungskontext Freiräume, denn die soziale Rollenattribuie-
rung des Forschers ist im Verständnis der Population den
Verhaltenserwartungen und -orientierungen nicht völlig un-

terworfen. Der Wissenschaftler sollte also nicht verkennen, daß teilnehmende Beobachtung in der Rolle des marginal native die Informationsaufnahme und Datensammlung nur erleichtert. Außerdem muß dies auf jene Sektoren eingeengt werden, in denen er interagieren kann und Interaktionen herstellen darf, denn die Struktur der teilnehmenden Beobachtung bleibt an Bedingungen gebunden, die die aufnehmende Gesellschaft dem Forscher als handlungsrelevant zuerkennt (PELTO/PELTO 1973, S. 248). Die kritische Phase für jede teilnehmende Beobachtung bildet neben der Kontaktaufnahme das Moment der "Demonstration der eigenen Zugänglichkeit" (BLAU 1967) sowohl als Person wie auch für die Population. Dabei sind Verzerrungen für die Verlaufsform der Feldforschung nicht zu umgehen, denn es macht einen Unterschied, ob die Aufnahme in die Population über die lokalen Autoritäten oder Personen mit rangniedrigerem Status erfolgt. Der Zugang zur Alltagswirklichkeit wird vorstrukturiert, die teilnehmende Beobachtung wird perspektivisch eingefärbt, denn der Forscher wird in Abhängigkeit zum aufnehmenden integrierenden Personenkreis sozial verortet, eine Interaktionsstruktur wird akzentuiert und Ritualisierungen unterworfen. Die Perzeption des Forschers durch die Mitglieder eines Ethnos schlägt auf alle Verhaltensbereiche durch, da jede Interaktion eine Statusfixierung im Gefüge der Gesellschaft voraussetzt, d.h. es entstehen Erwartungsnormen für das Verhalten, an dem der Forscher teilnimmt oder das er beobachtet. Die "soziale Definition der Situation" (W.T. THOMAS) strukturiert den Handlungsablauf, so berichtet G. BERREMAN (1962; 1968) über unterschiedliche Selbstdarstellungsformen von Familien im Alltag, je nach dem, wie sie ihn sozial im Kastensystem des Dorfes verorteten, mit dem Ausscheiden seines brahmanischen Assistenten und dessen moslemischem Nachfolger wechselten die Interaktionsformen und er konnte plötzlich an Zusammenkünften teilnehmen, die ihm vorher verschlossen geblieben waren. Insofern bildet die Kontaktaufnahme ein Initiationsritual, die zu einer informationssteuernden Größe wird.

Selbst wenn man Flexibilität, Sensibilität und eine ausge-
prägte soziale Selbsteinschätzung dem Forscher attestiert,
mit dem Schritt zur Rollenübernahme des marginal native kann
er nur die Bereitschaft signalisieren, er möge als "insider"
identifiziert werden. Um soziale Identität zu erwerben, bedarf es der Ratifizierung durch andere, Identitätsoptionen
müssen im Interaktionsprozeß eingelöst werden. Der Hinweis
auf die integrationssteigernde Funktion, wenn der Forscher
sich den Eß- und Trinkgewohnheiten der Population anpaßt, da
ihnen symbolische Gemeinsamkeitserfahrungen zukommen, kennzeichnet eine Situation, die in sich mehrdeutig ist. Tisch-
gemeinschaft steht auch für soziale Distanzierung, denn oft
sind nicht allen Populationsmitgliedern die selben Speisen
erlaubt bzw. Commensalität mit der einen Gruppe schließt
diese mit anderen Gruppen automatisch aus.

Für die teilnehmende Beobachtung gilt wie für jede For-
schungstechnik, ab einem bestimmten Zeitpunkt muß der Forscher sein Verhalten der sozialen Umwelt gegenüber legitimieren. Kontrovers wird die Frage behandelt, inwieweit das
Forschungsinteresse selbst offengelegt werden soll, und wenn
ja, welche Reaktionen werden bei den Betroffenen dadurch
freigesetzt, d.h. werden dem Forscher gegenüber Alltagsver-
halten oder dessen Idealisierungen produziert? Eine endgültige Beantwortung darf nicht erwartet werden, denn wie bei
jedem Interview gilt auch für die teilnehmende Beobachtung
die gesicherte Erkenntnis: die Motivationsstruktur der Teil-
nehmer ist asymmetrisch. "Es ist schwierig zu wissen, ob der
Befragte nicht das gleiche Spiel spielt wie der Interviewer
- Gefühle sowohl über den anderen als auch über den behandelten Gegenstand zurückhält" (CICOUREL 1975, S. 123).
Eine Grenzsituation für jede teilnehmende Beobachtung bildet
die praktizierte Religiosität. Der Forscher ist kein inner-
lich überzeugter Anhänger des Glaubenssystems wie die Betroffenen, das Insistieren auf sein in-group-Verhalten gerät

in eine Krise, wenn er in Prozesse der Realität und Wirksamkeit von Hexerei, Zauberei und schamanistischen Heilprakti-
ken involviert wird. Dies ist nicht nur ein forschungseth-
nisches Problem, er wird dabei auch mit der Belastbarkeit
und der Grenzsituation seiner individuellen Identität konfrontiert. Religiöse Verhaltensformen lassen sich nicht er-
lernen wie Web- oder Jagdtechniken, die innere Distanz setzt
sich um in eine begrenzte Mitgliedsrolle, in ihr manifestiert sich überprägnant die Rolle des Fremden, Außenstehen-
den.

Am Phänomen der Religion lassen sich die Schwierigkeiten der
Informationsgewinnung durch Schlüsselpersonen oder Dolmet-
scher aufzeigen. Die Techniken des standardisierten oder des
narrativen (offenen) Interviews kommen um das Problem der
Ich-Zentriertheit des Äußerungsfeldes nicht herum. Die selektive Aufmerksamkeit sowohl auf Seiten des Interviewers
wie des Interviewten wird verstärkt durch die Sprachhandlung
selbst, sie ist eine kreative Tätigkeit und folgt den grammatischen Systemen ebenso wie den Bedingungen der Konver-
sation, d.h. die Informationen werden normativ organisiert.
Weiterhin muß die Dimension berücksichtigt werden, inwieweit
die Schlüsselperson das kognitive Insgesamt der Gesellschaft
erfaßt und wie dieses von ihr verarbeitet und umgesetzt
wird. Wie hoch ist das Ausmaß an Deutungen, Neuinterpreta-
tionen oder das Ergebnis einer verklärenden Erinnerung? Der
Interviewer bringt zudem seine eigenen Interpretationsraster
mit ein. Sprachsoziologisch muß bei der Übertragung der
Sprechhandlungen im Interview auf die Ebene der Interpretationsraster die doppelte Kontingenz des Bewußtseins mitgedacht werden. Sowohl für die Schlüsselperson als auch für
den Interviewer stellt das Bewußtsein eine "primäre Realität" dar, das heißt, es enthält die Gegebenheiten der physischen Welt als notwendige Voraussetzung, kann aber auf sie
nicht reduziert werden (ECCLES 1970). Das bewußte Ich ist
auf beiden Interaktionsseiten Ausgangs- und Endpunkt des Ver-

stehensaktes. Die am Interview beteiligten Individuen deuten die in der Sprachhandlung ausgedrückte Situation nicht als prinzipiell zufällig, sondern setzen sie als sinnvoll voraus. Die sprachliche Übertragung der Äußerung von der Interview- auf die Interpretationsebene ist mehr als eine erfolgreiche Verarbeitung einer Mitteilung, denn die in ihr enthaltene Information wird auf die Horizontstruktur (HUSSERL) des allgemein Sinnvollen (Intelligiblen) bezogen, die dem Meinen des Interviewten noch gleichzeitig entsprechen soll. Dieser "click of unterstanding" (R. W. BROWN) bei der Auswertung setzt eine Sinnkonstanz bei der Sprechhandlung voraus, da der Interviewer von der begründeten Annahme des Verstandenhabens (introspectively discovered inward sense, DEESE 1970) ausgeht, die ihn in die Lage versetzt, die von der Schlüsselperson gemeinte Realisation zu vollziehen. Die situationsgebundene Sprachhandlung wird bei der Auswertung durch die Interpretationsleistung zu einer situationsentbundenen; die in der Situation vorhandenen Orientierungshilfen, die als Aufmerksamkeitsausrichter dienen, bleiben uninterpretiert, die "deiktischen Momente" der Sprache (K. BÜHLER) bei der Ich-Zentriertheit des Äußerungsfeldes bei der Schlüsselperson werden durch die Interpretationsraster möglicherweise verdeckt.

Die Ich-Zentriertheit des Äußerungsfeldes meint die psychosoziale Befindlichkeit bei der Schlüsselperson, die die Strukturen eines wahrnehmenden Bewußtseins bestimmt. Auf Rolle und Funktion des bewußten Ich als vereinheitlichendes agens unserer Erfahrung hat mit Nachdruck ECCLES (1970) verwiesen; außerdem läßt sich die sprachliche Äußerung in ihrer Wirkung nicht von der Handlung lösen. Bevor es jedoch zur Sprachhandlung kommt, laufen die sprachstrukturierenden Prozesse ab, die bei der Auswertung der Interviews beachtet werden müssen. OLSON (1970) artikuliert mit seiner cognitive theory of semantics das Ausmaß der Sensibilisierung der Schlüsselperson, die seine Äußerungen an seinen Vorstellungen über die augenblicklich kognitive Lage des Interviewers ausrichtet, d.h. die in ihrer Äußerung verwendeten Wörter werden vorwiegend im Hinblick auf ihre Wirkungen ausgewählt. Die Schlüsselperson versucht durch die Wortwahl Einfluß auf das Bewußtsein des Interviewers zu gewinnen, seine Vorannahmen bestimmen die Ausgangslage, von der aus die Sprachhandlung erfolgt und entsprechend aufgebaut wird. Die Vorannahmen werden dabei zu sinnstiftenden Momenten der sprachlichen Äußerung, denn in aller Regel geht die Schlüsselperson davon aus, daß der Interviewer "etwas Bestimmtes weiß und etwas Bestimmtes will" (HÖRMANN 1976, S. 415). Die sprachliche Äußerung wird dadurch entsprechend verankert und ausgerichtet.

Die Leistung des Sozialforschers bei der Auswertung darf nicht auf die Interpretationsraster begrenzt werden, denn durch "find-and-compare-operations" (CARPENTER/JUST 1975) geschieht bei der Analyse der sprachlich vermittelten Datenbasis weit mehr: der Wissenschaftler bündelt Informationen, die ihm z.B. bei der Transkription des Interviews als sprachlicher Input vorliegen, mit sozialwissenschaftlichen Hypothesen und Theorien zu einer erkenntnisleitenden "semantischen Beschreibung der Situation" (BRANDSFORD et.al. 1972). Die Interpretationsleistung beschränkt sich also nicht auf die Umkodierung des vorliegenden sprachlichen Inputs, sondern ist "ein Vorgang, in welchem und für welchen aus Anlaß des sprachlichen Input auch ins Bewußtsein tretenden schon vorhandenen Wissensbeständen und aus der einlaufenden 'sprachlichen Information' eine einheitliche, aber differenzierte semantische Beschreibung dessen aufgebaut wird, was sich uns als verstandener Text darstellt" (HÖRMANN 1976, S. 479 f.). Wenn sich unsere Vermutung als richtig erweisen sollte, daß beim Interview alle Strukturmerkmale vorhanden sind, die für Zweierbeziehungen als konstitutiv gelten, dann muß die doppelte Kontingenz zu einer dreifachen erweitert werden: an- und abwesende Dritte sind Bezugspersonen (Medizinmann, Priester, Dorfältester etc.) der Interviewpartner, deren Stellenwert für Verlauf und Struktur der

Interaktion der Interviewer mit Sicherheit nicht eindeutig sozial einordnen und interpretieren kann.

Das Hintergrundphänomen jeder Feldforschung bildet der Wissensaneignungsprozeß. In den Techniken werden die Wissensbestände gebündelt, die theoretischen Konstruktionen sind mehr als ein Vor-Wissen, sie erlauben dem Forscher erst Beobachtung bzw. zeichnen deren Zielorientierung vor. Hypothesen, Gesetze und Theorien umschreiben den Bezugsrahmen jener spezifizierten "emischen" Analyse unter Zuhilfenahme taxonomischer Kategorien. Das wissenschaftstheoretische Problem einer relevanten Beobachtungssprache sowie deren Rolle für den Aufbau erfahrungswissenschaftlicher Theorien kann nur knapp skizziert werden. Die Frage nach der Stabilität und Theorieunabhängigkeit der Beobachtungsdaten muß mit dem Hinweis beantwortet werden, daß jede Wahrnehmung das Ergebnis von Interpretationen ist. "Interpretationen aber sind wandelbar, weil sie in entscheidendem Maße von unserem theoretischen Wissen abhängen, das seinerseits tiefgreifenden Veränderungen unterliegt" (BOHNEN 1972, S. 190). Es ist also immer eine theorieabhängige Größe, was wir in einer konkreten Situation sehen und welchem Gesamtkomplex von Eigenschaften wir das Gesehene zuordnen. [3] Die normativ-deskriptive Doppelfunktion der Sprache (H. ALBERT) gerinnt zum Interpretationsraster, wenn der Forscher die soziale Realität bzw. Lebenswelt der Population in "seiner" Sprache beschreibt, dabei sei an Begriffe wie Promiskuität, Tempel, Heirat usw. erinnert. Die theoriegeleitete Interpretation wird unter der Hand zur Bewertung, indem etwa abweichendes Verhalten (als Kategorie des Forschers) von den lokalen kulturellen Normen her identifiziert wird (z.B. voreheliche sexuelle Freiheiten und das Verbot illegitimer Geburten). [4]

Im Kontext mit der Theorieabhängigkeit der Beobachtung muß das Problem der Verarbeitung des Kulturkontaktes durch den Forscher angesprochen werden. Die zu Beginn oft (rein sprachlich bedingte) Unfähigkeit zur Kommunikation mit den "Eingeborenen", die dadurch evozierte Erfahrung der sozialen

Isolation sowie eine wissenschaftlich wie menschlich bedingte Verwirrung, wie man die ungeordnete Konfrontation mit Um-
welteindrücken verarbeiten und strukturieren soll, kann zu
einer psychischen Belastung werden. Die eurozentrische
Sichtweise der Lebensbewältigung kann zum Kulturschock werden, ein Rundgang durch die Suburbs von Kalkutta oder Vara-
nasi bleibt nur "Eindruck", wenn man sich in die "Oase" Lu-
xushotel zurückziehen kann, in der konkreten Feldforschung
wird die Sozialwelt zur Lebenswelt. Die Perzeptionsmuster
bleiben davon nicht unberührt. Die psychischen und kognitiven Verarbeitungsprozesse der lebensweltlichen Bedingungen
lassen neben den wissenschaftsimmanenten Kriterien die von
vielen Ethnologen oft beschworene totale Integration zum
Forschungsmythos werden. A. YENGOYAN (1970) hält mit Recht
entgegen: ein Ethnologe, der von der Annahme ausgeht, er
würde als Persönlichkeit von allen Mitgliedern des Ethnos
voll akzeptiert und "geliebt", arbeitet mit völlig naiven
Annahmen und sitzt einem romantischen Mythos auf. Die Perzeptionsmuster werden auf dem Hintergrund der psycho-physischen Verarbeitungsformen der angetroffenen Lebenswelt einem
Filtereffekt unterworfen und bewirken Störmechanismen, die
sich auf die Forschungsstrategien auswirken. Die Anwesenheit
des Forschers ihrerseits hat Auswirkungen z.B. auf das Gemeinwesen, das er untersucht, ein Aspekt, der in diesem Zusammenhang nochmals betont werden soll.
Die Struktur der Forschungsrichtung und -intensität wird
weiterhin bestimmt durch die Art der Datenerhebung. Quanti-
fizierende Methoden bauen auf Zensusverfahren, standardisierten Interviews, Fragebögen und Tests auf, um so einen
möglichst umfassenden Überblick zu erhalten und um die Hypothesen zu testen. Diese Verfahren sind von einigem Erkenntnisinteresse, da Bevölkerungsaufbau, Haushaltsgrößen, Verwandtschaftsbeziehungen (-regeln), Heiratsregeln, Altersklassen usw. jene strukturellen Daten liefern, die einen
Einblick in die Verteilungsrelationen liefern. Darüber hinaus ist es notwendig, die Legitimitätsmuster, Weltanschau-

ungssysteme usw. ebenso zu erfassen wie die Herrschaftsformen und -techniken (Recht, Militär usw.). Diese Systeme der Daseinsfürsorge und -bewältigung (Wirtschaftshandeln, Distribution, Sozialsicherung usw.) geben jene Elemente wieder, an denen die Verteilung und das Ausmaß sozialer Ungleichheit mit erfaßt werden können. [5] Jedoch läßt sich eine Population nicht nur anhand quantifizierbarer Daten erfassen, offene Interviews z.B. eröffnen einen differenzierten Einblick in die Entfaltung und Verfestigung der Statusbiographie des Einzelnen, Sinnzusammenhänge und der Entwurf eines Lebensplanes (K. MANNHEIM) sind wichtige Daten für das Verständnis der Alltags- und Lebenswelt der Population. In der ethnosoziologischen Forschung überwiegt daher zur Zeit eine Kombination aus beiden Verfahren der Datengewinnung unter Einschluß ökologischer Gesichtspunkte.

Unter den Forschungstechniken wurde zu Beginn dieses Jahrhunderts die genealogische Methode favorisiert, da man in ihr einen Schlüssel zu einem umfassenden Verständnis des gesamten Sozialsystems erblickte (z.B. RIVERS 1910). Mit zunehmendem Komplexitätsgrad der Gesellschaft (Gemeinde) versagt die genealogische Forschungsstrategie, [6] da zunehmend soziale Interaktionen, Alltagshandlungen usw. nicht mehr über Verwandtschaftsbeziehungen geregelt werden. Die genealogische Methode hat bei sozialgeschichtlichen Fragestellungen wieder an Aktualität gewonnen, da über Heirat die Netzwerke sozialer Beziehungen rekonstruierbar sind. Die familiengeschichtliche Forschung rekonstruiert über die genealogische Methode das generative Verhalten und die Haushaltsformen, DURKHEIMs Kontraktionsgesetz konnte so als durchgängiges Prinzip der Entwicklung zur Kernfamilie falsifiziert werden. (FLANDRIN 1978, MITTERAUER 1979; 1982, ROSENBAUM 1982, SAUL et.al. 1982).

Mit einer Schwerpunktverlagerung auf ökologische Fragestellungen hat die Konzentration auf materielle Güter wieder verstärkt an Bedeutung gewonnen. Die systematische Erforschung der materiellen Kultur begünstigt nicht nur eine Erfassung der von technologischen Neuerungen ausgehenden Veränderungen auf die Sozialstruktur der Gesellschaft sowie des Interaktionsverhaltens. Über die Diffusion von Neuerungen lassen sich die Variationen in der kognitiven Orientierung und andere individuelle Charakteristika nachzeichnen. Die Erstellung eines Indexes über den materiellen Lebensstil begünstigt Langzeitstudien, die Querschnittuntersuchungen mit ihren problematischen Gewichtungsverfahren ersetzen (z.B. Zunahme des sich immer mehr differenzierenden handwerklichen Sektors, Verlängerung der Jugendphase in Abhängigkeit zu technologischen Veränderungen). Anhand der materiellen Ausstattung des Familienhaushaltes läßt sich rein quantitativ in Langzeitstudien die Veränderung des Lebensstandards rekonstruieren (MÜHLFELD 1982, S. 111 ff.).

Zu den klassischen Methoden zählen Erhebungen sozialstruktureller Daten, die Aufschluß über die quantitative Zusammensetzung der Population (Alter, Geschlecht usw.) geben. Die Datensammlung umschließt Haushaltsgrößen, Familienzusammensetzung (Generationen etc.), Beruf, Einkommens- und Besitzverhältnisse (Boden, Viehzucht usw.). In diesem Kontext darf von der ethnosoziologischen Forschung für die Zukunft eine noch differenziertere Aufschlüsselung erwartet werden, denn demographische Daten wie Geburten- und Sterbeziffern, Scheidungsraten, Wiederverheiratungsquoten, durchschnittliches Heiratsalter, Verwandtschaftskontakte, Einkommens- und Besitzverteilungsrelationen usw. bilden die Basis für Langzeitstudien, wenn etwa die Größen der Bevölkerungsentwicklung sowie Wandlungen in der Sozialstruktur untersucht werden sollen. Das Schichtungssystem einer Gesellschaft kann über sozialstrukturelle Meßziffern quantitativ erfaßt werden, das sollte jedoch nicht darüber hinwegtäuschen, daß Legitimitätsmuster so nicht erschließbar sind. Die Leistung ethnosoziologischer Forschung beruht bei der quantitativen Datenerhebung vor allem auf der Deskription von Gesellschaften in einer Phase des Übergangs, bei der sehr oft   deren

Identität zur Disposition steht. Die quantitative Erfassung von sozialen Verhaltensmustern zählt zu Bestandsaufnahmen von Populationen, die assimilativen Prozessen oder Marginalisierungen ausgesetzt sind: viele Ethnien Australiens sind heute in ihrer Lebenswelt nur noch über gespeicherte Daten rekonstruierbar, da sie zu Randgruppen im System der sozialen Sicherung wurden. Insofern gelingt oft oder auch nur manchmal eine Bestandsaufnahme einer Lebenswelt, die für das Ausmaß der Variabilität kultureller Verhaltensmöglichkeiten steht.

Die ethnolinguistische Forschung steht z.B. bei vorschriftlichen Kulturen vor dem schwierigen Problem: Morphologie (Wörter der Sprache), Syntax (Struktur der Sätze) und Semantik (Bedeutung von Wörtern und Sätzen) zu erschließen, aufzuarbeiten und in Schrift umzusetzen. [7] Die Feldarbeit des Ethnolinguisten ist zeitaufwendig, setzt stundenlange und äußerst sorgfältige Interviews mit Informanten voraus, um dann z.B. über Tonbandaufzeichnungen die Sprache im sozio-kulturellen Kontext zu erfassen. W. J. SAMARIN (1967) umschreibt die linguistische Forschungsintensität am Beispiel der Sango in Zentral-Afrika, er konnte sich nicht auf etwa sechs bis acht Schlüsselinformanten verlassen, da es sich um eine lingua franca handelt, die etwa von einer Million Menschen (überwiegend als Zweitsprache) gesprochen wird und die Kinder zweisprachig aufwachsen. Die Variationen der Sprache müssen in Abhängigkeit zu Alter, Geschlecht, Religion, sozialgeographischer Lage etc. erschlossen werden, über 56 Informanten gelangte er zur Rekonstruktion eines 37.000 Wörter umfassenden Vokabulars. Mit der Aufzeichnung allein ist es nicht getan, vielmehr ist der Ethnolinguist gut beraten, das z.B. auf Tonbänder gespeicherte Sprachmaterial mit Hilfe eines native speakers zu transkribieren, da mögicherweise seine eigene Phonetik zu Verzerrungen führen kann. Die Analyse der formalen Sprachstruktur ist für ethnosoziologische Forschungen keineswegs ausreichend, die Soziolinguistik oder Ethnographie des Sprechens konzentriert sich auf die kognitive, expressive oder direktive Rolle des sprachlichen Verhaltens, "eine 'ethologische' Analyse des Sprechens im sozialen Kontext" (HYMES 1973, S. 383), konkret: die kommunikative Kompetenz von Individuen steht im Zentrum der Forschung. Sprache als plurifunktionelles Führungssystem des Menschen eignet sich zur Herausarbeitung ihrer Weltbildfunktion sowie ihrer verhaltenssteuernden Komponente, die Reaktionen von Sprache und Bewußtsein sowie von Sprache und Gesellschaft müssen durch die Ethnolinguistik konkretisiert werden. Nur so ist es möglich: "to learn about the ways in which people use their language in different kinds of situations and with different kinds of people" (PELTO/PELTO 1976, S. 19). Die Rekonstruktion von Weltbildern folgt den Bedingungen der Interpretationsmuster der materiellen wie immateriellen Kultur, über narrative (offene) Interviews läßt sich das System der Werte und Normen ebenso erfassen wie über teilnehmende Beobachtung und Deutung etwa sakraler Räume, Zeremonien etc. Die Einzelfallstudie eignet sich zu einer Vertiefung der Exploration wie zum Testen von Hypothesen, über einige wenige Schlüsselinformanten werden die abstrakten Regeln und Verhaltensmuster zu eruieren versucht. Solange die Methode nicht zu einer Bestätigung von Prämissen gerinnt, kann eine Forschungsstrategie eingeschlagen werden, die sich hervorragend z.B. zur Erarbeitung der Rechtsvorstellung und -ordnung eines Ethnos eignet. L. POSPISIL (1964) hat anhand einer Datenbasis von 176 empirischen Einzelfällen die "Gesetze" und ihre Anwendung bei den Kapauku-Papuas rekonstruiert, die Rechtsordnung ermöglicht so einen Zugang zu weiterführenden Analysen der Regeln ökonomischer Transaktionen, Verbindlichkeit der Heirats- und Scheidungsregeln usw. Indirekt wird so empirisch ein Zugang zu den Legitimationsmustern eröffnet, die Ordnungsprinzipien und Systemimperative sind identifizierbar. Kritisch muß auf eine voreilige Generalisierung hingewiesen und vor einer zu schmalen Datenbasis beim induktiven Vorgehen gewarnt werden.

Die Vorteile der Einzelfallstudie kommen auch bei der Lebenslaufanalyse zum Tragen, die exemplarische Rekonstruktion und phasenspezifische Datenbündelung erlaubt die Konkretisierung und Typisierung mit dem Ziel einer sozialen Strukturierung von Lebensläufen. Die Phasierung der Biographie anhand biologischer (physiologischer) Merkmale wie Pubertät, Fruchtbarkeitsspanne von Mann und Frau aber auch soziale Ausprägungen wie Alter wird umgesetzt zu einer life-span--analysis, um so jenen hidden curriculum zu erarbeiten, der Aufschluß über die sozialisatorisch verfestigten Phasen und Übergangsmodalitäten in Lebensabläufen gibt. Initiationsriten wurden zunächst aufgrund ihrer Zäsurfunktion für die Statusbiographie hervorgehoben (VAN GENNEP 1904, GLUCKMAN 1962), den Stellenwert einer sozialen Altersschichtung hat RADCLIFFE-BROWN (1929) mit den Differenzierungsmerkmalen von age grades und ages groups hervorgehoben.
Bei der Thematisierung von lifeplots im Lebenslauf der balinesischen Population hat M. MEAD (1939) die kulturelle Selbstinterpretation als Merkmalseinheit hervorgehoben und damit indirekt eine Differenzierung nach emischen und etischen Kategorien angesprochen. Die kulturelle Interpretation von Sequenzen einzelner Altersstatus ist ein emischer Aspekt, wenn dieser sozialisatorisch verfestigt ist und zu den Bewußtseinselementen in der sozialen Phasierung des Lebenslaufes gerechnet wird.
Werden diese Sequenzen in Abhängigkeit zu sozialstrukturellen Merkmalen einer Population definiert, um etwa die kulturelle Variabilität der jeweiligen Phasen (z.B. Jugend in der BRD und in Papua-Neuguinea) herauszuarbeiten, so treten eindeutig etische Aspekte in den Vordergrund. Ethnosoziologisch hat S. EISENSTADT (1956, dt. 1966) diese Forschungsstrategie konsequent weiterentwickelt und den Altersstatus als die zentrale Vermittlungskategorie von Persönlichkeit und Gesellschaft herausgearbeitet, wobei er kinship-Gesellschaften mehr partikularistische und Industriegesellschaften mehr universalistische Kriterien der Verhaltensorganisation zu-

schrieb. Die Zusammenhänge zwischen Alter/Lebenslauf und Sozialstruktur wurden theoretisch durch Klassifikationssysteme aufgearbeitet, neben RADCLIFFE-BROWN zeichnet sich dabei besonders R. LINTON (1942) durch den Versuch aus, eine Altersschichtung zu entwickeln, um Individuen anhand unterschiedlicher sozialer Alterskategorien in der Gesellschaft zu verorten. Die Erforschung der Statusübergänge, der Diskontinuitäten im Lebenslauf und der daraus resultierenden gesellschaftlichen Bewältigungsmechanismen erweist sich als eine empirische Strategie, um die lebensweltlichen Bedingungen inhaltlich konkreter ausloten zu können und dabei die kulturell möglichen Identitätsrealisierungsmöglichkeiten aufzuarbeiten. Diese Forschungsmethode wurde unter Erweiterung mit theoretischen Ansätzen zu den Sinnstrukturen der Lebenswelt in Deutschland besonders von M. KOHLI (1978) erneut in die Diskussion eingebracht und im sozialisationstheoretischen Kontext spezifiziert. [8] Für die Ethnosoziologie erlaubt dieses Forschungsinstrumentarium besonders in vorschriftlichen Gesellschaften eine Fundierung sozial struktureller Daten, die Interpretationsraster beziehen soziale Phänomene mit ein, die für jede Gesellschaft Momente krisenhafter Erfahrung bilden, da sich in ihnen Spannungen manifestieren, denn die Teilhabe an der Tradition wirkt stets selektiv, nur die passenden Größen werden tradiert, am Lebenslauf als Statusbiographie lassen sich die Wirkungen der Selektionsmuster erfassen, "Selektion ist hier die entscheidende Kategorie, und zwar im Hinblick auf den Einzelnen wie auf das Kollektiv" (MÜHLMANN 1962, S. 99).

R. BENEDICT (1938) hat mit Hilfe des Lebenslaufkonzeptes eine vergleichende Studie über die Realisierungsmöglichkeiten von Freiräumen durch Individuen in den USA und Japan mit der Erkenntnis durchgeführt, daß in Japan Kindern und Greisen und in den USA Menschen im mittleren Lebensalter die größten sozialen Freiheiten zuerkannt werden. Die vergleichende Methode als Instrument der empirischen Sozialforschung hat in der Ethnosoziologie eine gewisse Faszination inne, denn auf den ersten Blick werden Strukturähnlichkeiten thematisierbar, die Entwicklungsabläufe nachzeichnen und Perspektiven eröffnen, um z.B. Universalien herausarbeiten zu können. Die vorliegenden Studien haben z.T. interessante Erkenntnisse über Verlaufsformen sozialer Bewegungen, Arbeitsteilung, Herrschaftsformen usw. erbracht. Man muß sich jedoch darüber im klaren sein, daß die Stimmigkeiten bzw. Widersprüche Ergebnis theoriegeleiteter Fragestellungen sind. Die vergleichende Methode nähert sich erkenntnistheoretisch oft der Bildung von Idealtypen, wobei die "vorhandenen Einzelerscheinungen, die sich jenen einseitig herausgehobenen Gesichtspunkten fügen, zu einem in sich einheitlichen Gedankengebilde" zusammengefaßt werden (M. WEBER 1968, S. 191). Die Tendenz zur Bildung von Forschungsartefakten ist ausgeprägt, ja sie wird geradezu gefördert, wenn bestimmte Merkmale für konstitutiv gehalten werden (z.B. Universalität der Kernfamilie). Das Aufzeigen von Gefahrenmomenten sollte jedoch die Vorteile der Methode nicht verdecken, denn diese können ja gerade darauf beruhen, daß sie die Grundzüge sozialer Phänomene herausarbeiten. Die Leistungen von E. DURKHEIM zur Religionssoziologie sowie zum Problem des Selbstmordes sind ohne die vergleichende Methode so wenig denkbar wie Max WEBERs Analyse der Wirtschaftsethik der Weltreligionen oder seine Bürokratietheorie. Andererseits zeigt WEBERs Rückgriff auf die idealtypische Methode die Begrenztheit des Verfahrens, entweder können nur Motivationsstränge herausgearbeitet oder Strukturmerkmale benannt werden, die rein formale Kategorien bilden. An DURKHEIMs Kontraktionsgesetz läßt sich das Negativum bestimmen: sobald die vergleichende Methode zu Entwicklungsstufen in Verbindung gebracht wird, kommt sie ohne kulturspezifische bzw. sozialstrukturelle Bewertungseinheiten nicht aus. Die Rede von der Evolution der Weltbilder unterstellt eine Stufenfolge, das Klassifikationsschema kommt über ein Grobraster nicht hinaus: archaische Gesellschaften - Hochkulturen - moderne Gesellschaften (N. LUHMANN), es bleibt das Unbehagen des Schubkastendenkens. Das Theorem der Modernisierung in der Entwicklungssoziologie steht für eine Absage an die vergleichende Methode, es hat sich als ein nicht mehr durchzuhaltendes Paradigma erwiesen (Goetze 1983). Das Arbeiten mit überprägnanten Modellen macht auf Strukturähnlichkeiten aufmerksam, Problemzonen sind präziser identifizierbar. Das Ausmaß der Abstraktion, die vereinheitlichende erkenntnisleitende Idee konzentriert die Forschung auf Merkmalseinheiten, die durchgängig als Phänomen konstituierend gelten, erlaubt eine vergleichende Deutung von Kulturen und Gesamtgesellschaften, so daß Teilbereiche bewußt in den Hintergrund treten. Familiensoziologisch lassen sich so die Grundfunktionen der Familie (Reproduktion, Statuszuweisung, Sozialisierung und soziale Kontrolle, biologische, emotionale und wirtschaftliche Erhaltung des Individuums) bestimmen, im Anschluß daran kann in vergleichenden Studien untersucht werden, welche Grundfunktionen der Familie entzogen, nur begrenzt zuerkannt werden oder völlig fehlen. Versucht man über die vergleichende Methode die Illegitimitätsrate bei Geburten zu erfassen, um die soziale Verankerung der Familie in der Sozialstruktur zu erfassen, hat man die begrenzte Tauglichkeit des Instrumentes sehr schnell erreicht, da man etwa einen bestimmten Typus der Familie (etwa Kernfamilie europäischer Ausprägung) unterstellen muß, um Illegitimität überhaupt identifizieren zu können. Das Strukturmerkmal "Legalität" von Ehe verkürzt die Problemanalyse und begünstigt die kulturpessimistische Rede vom Zerfall der Familie; familiengeschichtliche Forschungen zeigen für das 19. Jahrhundert einen hohen prozentualen Anteil der Konsensusehen und damit verbunden eine hohe illegitime Geburtenrate (durchschnittlich 30 %) für weite Teile Deutschlands auf, ohne daß es zum Zerfall der Familie gekommen ist. Für B. MALINOWSKI (1930) wurde die normative Konstruktion zum zentralen Moment der Sozialstruktur, denn er sah in der Forschung nach legitimer Geburt nicht primär eine soziale Regelung sexuellen Verhaltens, sondern eine Notwendigkeit zur Legitimierung von Elternschaft. Das Prinzip der Legitimität hatte für ihn universelle Geltung, wenn er auch zum Formalismus Zuflucht nahm: es wird als Norm nicht immer durchgängig befolgt, ist aber als Strukturprinzip ubiquitär. In einer gut fundierten Studie konnte W. J. GOODE (1959) den Nachweis erbringen, daß in der Sozialstruktur von vierzehn karibischen Gesellschaften bedingt durch matrifocale Institutionen Illegitimität auf dem 70 %-Niveau dann zum dominanten Verhalten wurde, wenn die Legitimitätsnorm zur erkenntnisleitenden Idee der Forschung gerinnt. Die empirischen Daten verdeutlichen exemplarisch die Grenzen der vergleichenden Forschung und unterstreichen die Gefahr einer indirekt wertenden bzw. moralisierenden Forschung. Solange die vergleichende Methode auf idealtypische Verfahren zurückgreifen muß, bleibt ihr die wichtige Funktion eines Hypothesenbildungsunternehmens, die empirische Forschungen anregen, aber nicht ersetzen kann. Mit zu den Schwerpunkten der Forschung zählen die qualitative wie quantitative Inhaltsanalyse, besonders bei Archivbenutzung. Die Methode selbst soll hier nicht dargestellt werden, ihre Brauchbarkeit wurde besonders von G. P. MURDOCK (1949) dokumentiert, seine Studie zählt zu den Klassikern der Forschung. Für die Ethnosoziologie gehört es mit zu den Voraussetzungen ihrer wissenschaftlichen Verfahren, daß Archivbenutzung zur Vorbereitung jeder Feldforschung zählt. Andererseits erlaubt die Dokumentenanalyse die Anwendung der vergleichenden Methode, auf deren Vor- und Nachteile bereits verwiesen wurde. Moderne Datenverarbeitungstechniken ermöglichen über Codierungsverfahren einen Überblick über laufende und abgeschlossene Projekte sowie deren Schwerpunktbildungen und Forschungsergebnisse, so daß transkulturelle Vergleichsmöglichkeiten anhand quantitativer Daten möglich sind, der Informationsgewinn aus unterschiedlichen Verlaufsformen z.B. von Entwicklungsprojekten beruht auf der raschen Erfassung von Nebenfolgen, Reibungswiderständen und struktureller Fehlanpassungen.

Die wissenschaftlich kontrovers verlaufende Diskussion über den erkenntnistheoretischen Stellenwert von Forschungsergebnissen, die durch die teilnehmende Beobachtung gewonnen werden, hat zu einer Reformulierung des Forschungsansatzes geführt. Mit der Methode des kontrollierten Fremdverstehens soll soziolinguistischen und kommunikationstheoretischen Überlegungen mehr Raum gegeben werden, um alltagsweltliche Bedingungen adäquater zu erfassen. "Der Forschungsgegenstand, nämlich der alltagsweltlich dahinlebende, seine tägliche Routine bewältigende Mensch, zwingt dem fragenden Soziologen seinen Stil der Kommunikation auf, sofern dieser den Objektbereich der Soziologie nicht verzerren, sondern das Denken und Handeln der Menschen so beschreiben will, wie es sich im natürlichen alltagsweltlichen Interaktionskontext der Gesellschaftsmitglieder abspielt" (SCHÜTZE et.al. 1973 II, S. 434). Die emische Analyse von Handlungen, ihre strukturierten Voraussetzungen sowie ihre Bedingungen und Folgen, geht von der Grundannahme der Geschlossenheit abgelaufener Handlungen aus, das heißt Planungs- sowie Auffassungs- und Erwartungsschemata über einen Gestaltschließungszwang zu exemplarischen "Geschichten" aus, die biographisch bedeutsam werden und die Ich-Identität des Handelnden stabilisieren. Über die Kenntnis alltagsweltlicher Handlungsfiguren, die sich über eine biographisch hergestellte Ich-Identität mit den Sozialstatuskonfigurationen verbinden, kann die gesellschaftliche Wirklichkeit ausgelotet werden. Die Relevanz sozialer Daten ergibt sich aus denjenigen Wissensbeständen, die von den Individuen in den Orientierungsdimensionen ihrer interaktiven Handlungen eingebracht werden. Die kommunikative Sozialforschung unterstellt eine gemeinsame Interaktionsbasis, Wissensbestände werden als näherungsweise identisch vorausgesetzt, das heißt, damit überhaupt Verständigung möglich ist, wird von der Existenz universaler Basisregeln der Kommunikation ausgegangen (z.B. Reziprozität, institutionsspezifische Interaktion). Theorie und Daten unterliegen dadurch einer doppelten interpretativen Vermittlung: die Erfahrungsfakten erhalten ihre Bedeutsamkeit durch alltagsweltlich eingespielte Interpretationsschemata und durch wissenschaftliche Typustheoreme über das orientierungswirksame Alltagswissen. Die Leistung des Forschers beruht bei der Methode des Fremdverstehens in der systematischen Erforschung der Basisregeln der Kommunikation, die erst Zugang zu den Wissensbeständen vermitteln, die ihrerseits als kommunikativ vermittelt vorausgesetzt werden. [9] Die mit viel intellektuellem Aufwand entworfene Methode kommt um die teilnehmende Beobachtung (mit sozialer Distanzierungsfunktion) sowie die Interpretation der als sozial in sich stimmigen "Geschichten" nicht herum. Die verfügbare verbale Datenbasis hat nur eine Funktion bei der Informationsgewinnung. Erst in Verbindung mit vorhandenen Wissensbeständen und neu erstellten Hypothesen entsteht eine einheitliche, wenn auch differenzierte semantische Beschreibung dessen, was vom Wissenschaftler als neu "gewonnene" Information (Erkenntnis) präsentiert wird.

1) Die Abhandlung über die Forschungsmethoden ist von der Überlegung bestimmt, kritische Anmerkungen zu geben und die Problematik der Feldforschung zu erhellen. Deshalb wird auf eine detaillierte Darstellung des Instrumentariums heutiger empirischer Sozialforschung bewußt verzichtet. Ein Hinweis auf die vorliegende einschlägige Literatur mag daher genügen. (vgl. R. KÖNIG, Hg. - Handbuch der empirischen Sozialforschung, 14 Bde., Stuttgart 1973 ff).

2) Damit ist nicht so sehr das Beziehungsverhältnis von Einstellungs- zur Verhaltensebene gemeint, sondern das Ausmaß von "Vertrauenskredit", das jeder Interaktion vorausgeht. Für den Forscher steht die Datengewinnung im Vordergrund seines interaktiven Verhaltens, die normative Konstruktion von Gesellschaft wird bewußt als Analysekategorie unterstellt (vgl. dazu POPITZ 1980, NEIDHARDT 1979, CLAESSENS 1977, BOUDON 1979).

3) Vgl. Kapitel 2 "Theorien und Schulen", durch Paradigmenwechsel ändert sich auch die Beobachtungsfolie, so daß "Realität" als Forschungsgegenstand über die Beobachtungssprache mit begründet wird. In der Verwandtschaftsforschung tritt dieser Aspekt immer wieder in den Vordergrund. So verdankt die These der Universalität der Kernfamilie ihre Geltung mehr dem Konstrukt Heiratsregeln als etischer Kategorie, als emische Kategorie ist sie nicht ubiquitär. ·

4) Die Verzerrung der Wahrnehmung durch theoriegeleitete Interpretation bzw. die Interessendominanz bei der Explikation der Daten muß erneut thematisiert werden, zumal fremdkulturelles "Verstehen" schnell zu einer positiven Projektion gegenüber der eigenen Gesellschaft und deren Verhaltensformen werden kann. (vgl. dazu z.B. die Studien von M. MEAD 1935 - 39) sowie die empirische Überprüfung ihrer Forschungsergebnisse durch FREEMANN 1983).
Der Einfluß der Studien von M. MEAD auf die Pädagogik und deren Erziehungspostulate unterstreicht nachdrücklich das angesprochene Projektionsverfahren und die damit verbundenen Legitimationsabsichten von Verhaltensänderungen.

5) Sozialstrukturelle Daten einschließlich ihrer Ungleichheitssemantik sind nur bedingt geeignet, über mentale Prozesse der Erfahrung und Legitimation sowie Verarbeitung von sozialer Ungleichheit Auskunft zu geben. Gerade bei vergleichenden Studien kann eine eurozentrische Sichtweise zur Problemverlagerung bzw. -verkürzung führen.(vgl. dazu die Diskussion über Forscnungsartefakte bei KRIZ 1981, S. 56 - 144).

6) Vgl. dazu das Kapitel "Familie, Inzest und Verwandtschaftsformen".

7) Der Einfluß der Ethnolinguistik auf die kommunikative Sozialforschung braucht hier nur betont zu werden, ebenso
   möchten wir auf die Leistungen der Ethnomethodologie für
   die Soziologie verweisen. Die Denkanstöße lassen sich
   grundlegend auf F. BOAS (1911, 1938, 1940) zurückverfolgen (vgl. dazu auch das Kapitel "Theorie und Schulen").

8) Die Methode der Statusbiographie bildet den Versuch,
   strukturelle mit individuellen Befindlichkeiten zu ver-
   knüpfen, um so makrosoziologische Erkenntnisse mit Stra-
   tegien der Lebensplanung zu verbinden und das Ausmaß le-
   benslanger Sozialisation zu verdeutlichen (vgl. LEVY
   1977), auch hier kamen die Denkanstöße von der Ethnosoziologie.

9) W. E. MÜHLMANN (1981) hat anhand des weiblichen Schamanismus das Problem des kulturellen Fremdverstehens spezifiziert und die Verzerrungen durch eurozentrische Sichtweisen in erkenntnistheoretischen Fragestellungen herausgearbeitet.

4. Ethnosoziologie der Wirtschaft

Mit diesem Kapitel zu ökonomischen Fragestellungen werden gleichzeitig die Grundlagen geschaffen für die nachfolgende Erörterung politischer, verwandtschaftlicher, religiöser und anderer Zusammenhänge, die fast alle in irgendeiner Form in Verbindung gebracht werden können mit dem Diskussionsstand, der sich um die ökonomischen Sachverhalte herausgebildet hat. Die grundlegende Bedeutung der wirtschaftlichen Prozesse in den hier behandelten Gesellschaften und deren kulturellen Regelungen ergibt sich zunächst aus dem stofflichen Inhalt dieser Prozesse, nämlich der Produktion und Verteilung der gesellschaftlich existenznotwendigen und kulturüblichen Lebensmittel. Damit ist vorerst die Subsistenz der betreffenden ethnischen Gruppe und deren Sicherung festgelegt als Ziel der ökonomischen Transaktionen, was allerdings nur als vorläufige Bestimmung dienen soll. [1]

Die Betrachtungsweise der ökonomischen Sachverhalte in der Ethnosoziologie muß notwendigerweise auf die soziologischen Aspekte im engeren Sinne besonderes Augenmerk richten, gleichzeitig aber auch die technologisch-materiellen Aspekte mitberücksichtigen, die lange Zeit als allein gültige Einteilungskriterien unterschiedlicher Wirtschaftsweisen gegolten haben. [2] Dementsprechend können idealtypisch fünf unterschiedliche (technologisch bestimmte) Wirtschaftsweisen auseinandergehalten werden, die typische Kennzeichen aufweisen und von diesen her auch auf die in diesem Rahmen möglichen sozialen Beziehungen einwirken.

Diese fünf unterschiedlichen Wirtschaftsweisen sind folglich als verschiedene Typen und   Anwendungsweisen von Subsistenztechnologien zu bezeichnen, da ihr jeweiliger Zweck eben Subsistenzsicherung ist. Es handelt sich dabei um:

a) Jagd- und Sammeltätigkeit;

b) Hack- und Pflanzbau;

c) Fischfang;

d) Ackerbau

4) Hirtennomadismus.

Bei den nachfolgenden Kurzbeschreibungen ist ihr idealtypischer Charakter unbedingt zu berücksichtigen, da die realen Abweichungen sehr groß sein können, ebenso wie auch die Koexistenz von zwei oder mehr unterschiedlichen Subsistenztechnologien bei einer ethnischen Gruppe durchaus die Regel ist.

a) Jagd- und Sammeltätigkeit:

Die Jagd-Sammel-Wirtschaftsweise ist von der technologischen Seite her wesentlich auf Gleichzeitigkeit und Ergänzung dieser beiden Tätigkeiten hin angelegt, wobei zumeist die Sammeltätigkeit (von Samen, Wurzeln, Früchten, Nüssen, Beeren usw.) den größeren Subsistenzanteil abdeckt. Jagd (von größerem und kleinerem Wild) erbringt den entsprechend geringeren Anteil und ist äußerst selten die alleinige Form der Subsistenzsicherung (z.B. bei den Eskimo, allerdings kombiniert mit Fischfang). Die technischen Mittel selbst sind meist einfach: in der Regel Behälter und Grabstöcke zum Sammeln, während die Jagd mit Bogen und Pfeil, Speer, Blasrohr, Netz, evtl. Fallen, manchmal auch Wurfhölzern ausgeübt wird. Das entscheidende, von der Technologie her gesetzte Merkmal dieser Wirtschaftsweise ist das besondere Verhältnis zu den Ressourcen, die ja nicht selbst produziert, sondern einfach wie vorgefunden konsumtiv angeeignet werden. Dieses besondere technologische Verhältnis setzt Gesellschaften, die vermittels Jagd und Sammeln ihre Subsistenz sichern, von nahezu allen anderen Gesellschaften ab. Gleichzeitig ergeben sich aus diesem Verhältnis auch zwei Grundforderungen, die alle diese Gesellschaften erfüllen müssen - die nahezu uneingeschränkte horizontale soziale Mobilität und eine relativ geringe Anzahl der auf Dauer zusammenlebenden Menschen. [3] Beide Merkmale werden der Notwendigkeit gerecht, den aneignenden Zugang zu den genutzten Ressourcen möglichst günstig zu gestalten, sei es dadurch, daß man häufig das Jagd- und Sammelgebiet wechselt, um die Überjagung einer Zone zu vermeiden, sei es, daß man die Anzahl der Menschen pro qkm recht niedrig hält, um eine Überlastung der Ressourcen zu vermeiden. Die spezifischen Bedingungen, die von der jeweiligen ökologischen Beschaffenheit der Zone gestellt werden, ermöglichen freilich ein hohes Maß an Variation bei diesen beiden Aspekten. Die überlebenswichtige Mobilität dieser Jäger/Sammlerinnen-Gruppen führt dazu, daß sie ein Minimum an mobilitätseinschränkenden Faktoren anstreben müssen, sowohl in sozialer, als auch in materieller Hinsicht. In sozialer Hinsicht führt das dazu, daß z.B. Grundbesitz faktisch nicht existiert, auch autonome Gruppen höchstens einen ungefähren Anspruch auf eine bestimmte Zone erheben, Einzelpersonen oder auch erweiterten Familien jedoch lediglich eine Nutzungsteilhabe möglich ist. Auf der technologisch relevanteren zweiten Ebene führt das zur sehr knappen Ausstattung mit materiellen Gütern, die alle auch unter dem Gesichtspunkt betrachtet werden müssen, daß sie möglicherweise mobilitätsbehindernder Ballast sind. Statusdifferenzen sind somit auf ein minimales Niveau begrenzt, da sie in keiner Weise auf der Verfügung über materielle Güter basieren können. Sie können weder gehortet noch umverteilt werden, und sie können nicht zum Ausbau von (nicht existierenden) Gefolgschaftsgruppen eingesetzt werden. Vielmehr ist es gerade die sofortige Verteilung aller über den unmittelbaren Bedarf hinausgehenden Ausstattungs- und Lebensmitteldie sowohl adäquates Handeln bedeutet, als auch funktional hinsichtlich der möglichst positiven Deutung und Nutzung des Zwanges zur Mobilität wirkt.

Gleichzeitig bilden Jäger und Sammler auch die Grundmuster der Arbeitsteilung nach Geschlecht und Alter, insofern als häufig die Jagd eine männliche, die Sammeltätigkeit eine Aufgabe der Frauen und Kinder ist. Die Gründe für diese Form der Arbeitsteilung sind pauschal kaum korrekt zu benennen, zumeist wird die Aufzucht der Kinder als ein relevanter Faktor angeführt [5]. Andererseits gilt das nicht für alle Lebensphasen einer Frau und von daher kann ohne weiteres auch die Beteiligung der Frauen an Jagdunternehmen angeführt werden, wenn die Bedingungen günstig sind, d.h. sie eben nicht durch Kinderversorgung oder sonstige Aufgaben an das Lager gebunden sind [6].

Jäger-/Sammlerinnen-Gesellschaften ergänzen die geschlechtliche Arbeitsteilung durch die zweite naturwüchsige Form, die nach dem Alterskriterium. Arbeitsteilung nach dem Alter beinhaltet dabei nicht nur eine relativ frühe Einbeziehung der Kinder beiderlei Geschlechts in subsistenzorientierte Aktivitäten (z. B. Nahrungssuche, -zubereitung), sondern auch eine besondere Stellung älterer Gruppenmitglieder, die vor allem aufgrund ihrer überlebenswichtigen Naturkenntnisse wichtige Informationen für die gesamte Gesellschaft bereitstellen können. Andererseits sind eben die Mobilitätserfordernisse ein Aspekt, der ältere Mitglieder diskriminieren kann, wenn sie so unbeweglich werden sollten, daß sie zu einem Mobilitätshindernis für die Gruppe werden. Das Gesamtgefüge der Alters- und Geschlechtsarbeitsteilung läuft gerade in Jäger-/Sammlerinnengesellschaften nicht in einem individualisierten Arbeitsvollzug ab, der - soweit Subsistenzaktivitäten betroffen sind - höchstens bei der weiblichen Sammeltätigkeit tatsächlich vereinzelt betrieben werden kann. Kooperation und systematisch ablaufende kollektive Arbeit sind eher die Regel und gerade bei der Jagd be-

sonders häufig, vor allem deshalb, weil die technisch
relativ einfache Jagdausstattung die Ergänzung des Einzelnen durch die Anderen notwendig macht. Treibjagden
z.B. sind u.U. so angelegt, daß die gesamte Gruppe daran beteiligt wird. Offenkundig wird damit auch, wie
eng wirtschaftliche Subsistenzaktivität, Tätigkeit des
Einzelnen, auf die enge Zusammenarbeit mit anderen Menschen, auf Gesellschaft, angewiesen ist, bzw. - umgekehrt - diese spezifische Arbeit gesellschaftliche Zusammenhänge erzeugt und nach sich zieht.

Diese Kurzkennzeichnung der Jäger-/Sammlerinnen-Techno-
logie soll abgeschlossen werden mit dem Hinweis auf einen Irrtum, der folgenschwere Fehleinschätzungen nach
sich gezogen hat: die Frage der relativen "Armut" von
Jäger-/Sammlerinnen-Gesellschaften. Deren sehr einfache
technische Ausstattung hat einerseits zu dem Urteil geführt, diese Gruppen seien einer extrem harten Auseinandersetzung mit der Natur ausgeliefert und durch diese
praktisch nie endende Subsistenzarbeit daran gehindert,
höhere kulturelle Leistungen zu erbringen, damit auch
ihre eigene Technologie zu überwinden. Sehr verkürzt
also: Mangel an "Freizeit" als Ursache für "Primiti-
vität". Andererseits wurden diese Gesellschaften
schlichtweg als "arm" eingeschätzt, und zwar nicht nur
im Hinblick auf materiellen Reichtum, sondern vor allem
auch insofern, als permanente Knappheit ihre Existenz
prägen sollte. Diese Auffassungen sind Fehlurteile, weil
die Subsistenzaktivitäten von Jäger-/Sammlerinnen-Ge-
sellschaften zwar konfrontiert sind mit nur sehr geringen Speicher- und Vorratshaltungsmöglichkeiten [7] und
daher beständig Nahrungsgewinnung betreiben müssen, diese aber mit einer so niedrigen Intensität betreiben können, daß "freie" Zeit [8] ihren Mitgliedern in einem
nicht wieder erreichbaren Maß zur Verfügung steht. Die
unterstellte Knappheit an Gütern ist objektiv richtig,

tatsächlich aber subjektiv falsch, denn diese Gesellschaften haben nicht nur relativ wenige Güter, sondern vor allem knappe Bedürfnisse und diese sind vor allem über die
gesicherte Mobilität zu befriedigen. Was diese Gesellschaften im Rahmen ihrer Wirtschaftsweise benötigen, können sie in der Regel in so ausreichendem Maß erhalten, daß
der amerikanische Ethnologe M.D. SAHLINS zu Recht von der
"ursprünglichen Wohlstandsgesellschaft" gesprochen hat,
als er diese Lebensweise analysierte [9]. Das mag seltsam
erscheinen angesichts der Tatsache, daß manche Gruppen [10]
wirklich unter sehr extremen Bedingungen existieren müssen, sollte aber auch vor dem Hintergrund gesehen werden,
daß die Jäger-/Sammlerinnen-Gesellschaften über die ethnographische Berichte vorliegen, zumeist in ihre jetzigen,
ökologisch eher marginalen Lebensräume von Gesellschaften
mit anderen, technologisch höherentwickelten und vor allem
seßhaften Wirtschaftsweisen verdrängt worden sind. Es besteht kein Grund anzunehmen, daß Jäger-/Sammlerinnen-Ge-
sellschaften in ökologisch günstigen Lebensräumen nicht
eine weitaus optimale Form der Ressourcennutzung betrieben
und diese über Tausende von Jahren aufrechterhalten haben.
Gleichzeitig zeigen diese Verdrängungsvorgänge, welch unterschiedliche Bewertungsraster vorliegen. Der überlebenswichtigen uneingeschränkten horizontalen Mobilität der Jä-
ger-/Sammlerinnen-Existenz steht die -mindestens potentiell - auf intensive Nutzung der Erde ausgerichtete Technologie des Bodenbaus gegenüber, die notwendigerweise bereits über die unterschiedliche Herangehensweise an die
zentralen Ressourcen zahlreiche Konfrontationsmöglichkei-
ten enthält.

b) Hack- und Pflanzbau; Gartenbau:

Mit dem Garten- und Hackbau ist eine Subsistenztechnologie
erfaßt, die sich von der des Jagens und Sammelns grundsätzlich durch die Selbstproduktion der Subsistenzgrundlage unterscheidet. Die erforderlichen Nahrungsmittel werden

in Gärten oder gerodeten Flächen systematisch angepflanzt, ergänzt durch Tierhaltung oder Jagd und Sammeln. Damit ist ein auf Dauer gestellter und geplanter Eingriff in die natürlichen Bedingungen gegeben, die dadurch zunehmend zu einer kulturell transformierten Natur werden und die demzufolge der menschlichen Nutzung selbst erzeugte Grenzen setzen können. Ein Sonderfall des Garten- und Hackbaus macht das besonders deutlich: der sog. Schwend- oder Brandrodungsbau [11]. Er erfolgt durch Brandrodung der Primärvegetation und die Verwendung der Asche als Dünger. Nach einem relativ kurzen Zeitraum - abhängig von klimatischen und Bodenverhältnissen, meist nach ca. 3 - 4 Jahren- muß ein neues Gebiet brandgerodet werden, weil die Erträge der ersten Felder zu stark abgesunken sind. Eine erneute Nutzung durch Brandrodung ist erst möglich, nachdem eine hinreichende Sekundärvegetation entstanden ist. Demzufolge benötigt eine Lokalgruppe, die Schwendbau betreibt, stets ein Mehrfaches des jeweils aktuell kultivierten Bodens als Reserve, um ihre Subsistenz zu sichern [12].

Technologisch ist ein einfaches Gartenbausystem kaum anspruchsvoller als ein Jagd-/Sammelsystem, im Hinblick auf die Werkzeuge sogar weniger. Das wichtigste Mittel ist der Grab- oder Pflanzstock, mit dessen Hilfe die Pflanzungen nach der Rodung angelegt werden. Typische Erzeugnisse sind dementsprechend relativ anspruchslose Knollenpflanzen (Süßkartoffeln, Maniok, Yams, Taro, u.a.). Technologisch anspruchsvoller ist die kurzstielige Holz- oder Eisenhakke, die auch weitergehende Formen des Gartenbaus erlaubt.

In zweifacher Hinsicht sind Gartenbausysteme, vor allem einfache, den Jäger-/Sammlersystemen eher verwandt, als den weiter ausgebauten Ackerbausystemen, mit denen sie doch die Selbstproduktion der Subsistenzgrundlage gemeinsam haben. Diese beiden Aspekte betreffen die Mobilität und die Vergrößerung der Subsistenzgrundlage durch Expansion. Die Mobilität von z. B. Schwendbaugruppen ist wegen des landaufwendigen Verfahrens lebensnotwendig, die Seßhaftigkeit daher nur relativ. Mobilitätsbeschränkungen (durch politische oder ökologische Faktoren) wirken auf die Existenzperspektive dieser Wirtschaftsweise ähnlich negativ, wie auf Jäger/Sammlerinnen. Eine Vergrößerung der Subsistenzgrundlage ist wiederum nur möglich durch Ausdehnung der Grenzen des eigenen Bewirtschaftungsraums, also durch Expansion, um dadurch eine höhere Produktivität sicherzustellen. Jagd/Sammeltätigkeit und Schwendbau eignen sich aber nur begrenzt für eine Intensivierung der Produktion, unter Verzicht auf Expansion, da sonst die jeweiligen Ressourcen übermäßig verschlissen werden [13].

Im Hinblick auf die soziale Teilung der Arbeit führen Hack- und Gartenbausysteme z.T. bekannte Muster fort (Alters- und Geschlechtsarbeitsteilung), z.T. entwickeln sie neue. Die Variationen können allerdings sehr groß sein z.B. Anbau bestimmter Früchte durch Männer, anderer durch Frauen. Auch bei der Kombination mit anderen Formen (etwa Jagd oder Viehhaltung) [14] sind auch die Arbeitsteilungsmuster sehr vielfältig. Gleichzeitig wird auch eine schon durch die Subsistenztechnologie präformierte leichte Verschiebung der jeweiligen Geschlechterpositionen erkennbar, denn der Pflanzbau ist sehr oft eine stark von Frauen dominierte Tätigkeit, die damit auch einen beträchtlichen Teil der subsistenzrelevanten Arbeit tragen und dementsprechend relativ starke Positionen innehaben. [15]

Technologisch ermöglicht Pflanzbau nicht nur eine relativ größere Seßhaftigkeit, die sich dann auch in stabileren Ansiedlungsformen und größeren Gruppen ausdrückt, sondern auch einen sozialen Niederschlag in der zunehmenden Bedeutung der Lokalgruppe findet. Gartenbaugesellschaften präferieren oft eine tribale oder eine Dorforganisation, auf starken Lokalgruppen basierend und wichtiger Rolle der Verwandtschaftszurechnung. Auf diese Aspekte ist noch an anderer Stelle einzugehen. [16] Die größere Seßhaftigkeit und Bedeutung der fixen Kontrolle von (aktuell oder potentiell) nutzbarem Grund und Boden sind auch wichtig für die größere Aufmerksamkeit, die der Kontrolle der notwendigen Ressourcen gewidmet wird. Nicht nur streben die jeweils gemeinsam produzierenden Lokalgruppen die Verfügung über hinreichendes Land an, auch die Verwandtschaftsgruppen versuchen, die zunehmend wichtigen Arbeitskräfte nur gegen entsprechende Gegenleistungen abzugeben (z.B. bei Heirat), was bedeutsam wird für Verwandtschaftsregelungen und Gruppenallianzen und entsprechende politische Folgen hat. Da die technologischen Merkmale des Garten- und Pflanzbaus eine höhere Arbeitsintensität und einen regelmäßigen Arbeitseinsatz erfordern, können die Kooperationsformen weniger Zufällen überlassen bleiben, müssen vielmehr einer Systematik unterworfen werden: manche Arbeiten (z.B. Rodung) setzen hohen berechenbaren Arbeitseinsatz voraus, der unbedingt sichergestellt werden muß und daher wechselseitige Verpflichtungen auf der Basis von Arbeitshilfe fördert.

c) Fischfang:

Der Fischfang ist fast nie alleinig dominante Technologie, sondern wird in der Regel ergänzt durch andere Varianten (z.B. Jagd oder Pflanzbau). Er muß hier aber erwähnt werden, weil er als Subsistenzweise eine relativ stabile und ergiebige Grundlage für komplexere soziale Strukturen abgeben kann. Die Einordnung nach dem Gartenbau ergibt sich aus zwei Gründen: einerseits der relativ komplexen technischen Ausstattung, andererseits der zumeist fehlenden weitergehenden Transformation des natürlichen Milieus. Die vielseitige technologische Ausstattung (von verschiedenen Formen von Fischhaken bis zu besonderen Wasserfahrzeugen) erfordert ein z.T. hochgradig spezialisiertes Wissen, bzw.

eine ausgebildete Arbeitsteilung mit entsprechenden Koordinationsfunktionen. Da ist nun entweder eine reibungslose Bildung von Konsensus in kleineren Arbeitsgruppen, oder eine durchsetzungsfähige, herrschaftsanaloge Führungsposition vonnöten, um in vielen abstimmungsbedürftigen Fischereiaktivitäten die erwünschten Erfolge zu erzielen. Auch die teilweise erheblichen Vorweg-Investitionen in Form von Arbeit, bevor der erste Ertrag erzielt werden kann, machen sorgfältige Koordination der Nahrungsreserven, Rückgriff auf andere Nahrungsquellen und/oder umfangreiche Planungstätigkeit erforderlich, die oft ebenfalls zentralisierte und koordinierte Entscheidungsfindungsprozesse voraussetzen. Fischfang bedeutet häufig auch Jagd von Seesäugern oder das Ausnutzen von Fischwanderungen, wie im Fall der amerikanischen Nordwestküste, und ist nicht zu Unrecht wegen seines saisonalen Charakters als eine regelrechte Erntetätigkeit eingestuft worden. [17] Voreilige Verallgemeinerungen sind allerdings fehl am Platze, denn das Beispiel der Eskimo zeigt auch die Möglichkeit der Einzel- oder Kleinstgruppenjagd und die Abwesenheit jeglicher Koordinations- und Führungsleistungen im großen Maßstab. Schließlich setzt die oft gegebene Möglichkeit, durch Konservierungsmaßnahmen die gewonnenen Nahrungsmittel mittelfristig haltbar zu machen und damit zu speichern (Vorratshaltung) , den Fischfang ab von Jäger-/Sammlerinnen- und Gartenbautechnologien, denen diese Möglichkeit fehlt. Solche Konservierungs- und Vorratstechniken können unter Umständen entscheidende Mittel zur Festschreibung und Legitimierung von zentralisierten Führungsinstanzen durch die Ausübung von erworbenen oder usurpierten Koordinations- und Distributionsleistungen sein.

d) Ackerbau:

Die Möglichkeit der Speicherung und damit der Vorratshaltung unterscheidet im Rahmen der Bodenbautechnologien die Ackerbau- von den Gartenbausystemen. Die Produkte von Ackerbauern sind in der Regel besser lagerfähig, denn zumeist handelt es sich um Körnerfrüchte, die angebaut werden. Als weiteres Unterscheidungsmerkmal tritt die Verwendung des Pfluges hinzu, sei es als einfacher Holzpflug oder als Metallpflug, die von menschlichen oderer tierischen Kräften angetrieben werden. Beide Aspekte haben wichtige sozialstrukturelle Korrelate, denn die Verwendung des Pfluges steigert die Produktivität beträchtlich und diese größeren Erträge können einer Vorratshaltung zugeführt werden, die über die unmittelbaren existenziellen Bedürfnisse der Produzenten hinausgeht und somit Subsistenzgrundlage sein kann für die Erhaltung von Personen oder Gruppen, die nicht selbst am Produktionsprozeß teilhaben. Wie dieses dann geregelt wird - verwandtschaftlich, politisch oder ökonomisch - ist Sache der jeweiligen gesellschaftlichen Verhältnisse. Sozialstrukturell bedeutet das eine weitere Differenzierung, die sich zuerst in einer Verschiebung der Arbeitsteilungsmuster ausdrückt: das Kennzeichen von Ackerbautechnologien ist die umfassende Überschreitung der "biosozialen" Grenzen der Arbeitsteilung, also die Arbeitsteilung innerhalb von Altersgruppen und Geschlechtern.

Ethnosoziologisch bedeutsam ist weiterhin die viel größere Seßhaftigkeit, die diese Wirtschaftsweise einschließt. Die relative Mobilität des Schwendbaus wird abgelöst durch die dauerhafte Bodenbindung, infolge der Bearbeitung permanenter Felder und die örtlich fixierbaren technologischen Verbesserungen und Verfeinerungen. Nun wird auch die massive Intensivierung der Produktion möglich, entweder durch rein technische Veränderungen oder durch unmittelbar erhöhten Arbeitseinsatz, ohne daß dafür die Produktionseinheiten expandieren müßten. Welche Mittel dann allerdings diese Intensivierung der Produktion wirklich herbeiführen und durchsetzen, ist eine Frage der entsprechenden gesellschaftlichen Regelungen.

Schließlich muß auch noch auf die korrelierenden Veränderungen im Geschlechterverhältnis hingewiesen werden, denn der Ackerbau ist in wichtigen Teilbereichen Aufgabe der Männer, während die Tätigkeit der Frauen - vor allem im Vergleich zum Gartenbau - reduziert wird auf subsidiäre Mithilfe. [18] Die Gründe dafür sind z.T. rein technischer Natur (z.B. Gewicht des Pfluges), z.T. aber auch sozialstruktureller Prägung. Der auf Dauer gestellte Anbau festgelegter Felder ist eine günstige Bedingung für die Herausbildung entsprechend lokalisierter Organisationsformen; entsprechend findet sich eine starke Tendenz zur Patrilinearität der Deszendenzgruppen und eine Zuordnung des Bodeneigentums zur patrilokalen Gruppe. Allein schon diese Verhältnisse wirken sich eher einschränkend auf die Betätigungsmöglichkeiten der Frauen, auch im ökonomischen Bereich, aus.

e) Hirtennomadismus:

Ähnlich wie Jäger-/Sammlerinnen-Technologien ist der Vollnomadismus der Viehhirten auf erhebliche Mobilität angewiesen. [19] Von daher ist das Verhältnis zwischen Hirtennomadismus und Ackerbau nicht selten ausgesprochen ambivalent. Wenn einerseits Ackerbauer von Hirtennomaden häufig Ernteschäden und kriegerische Eingriffe, somit also Feindschaft, zu befürchten hatten, so bestand andererseits über den Handel sehr oft ein intensiver Austausch zwischen beiden Formen von Subsistenztechnologien. In Bezug auf den Hirtennomadismus ist jedenfalls behauptet worden, daß er ohne solche Versorgung mit Gütern, die außerhalb seiner Wirtschaftsweise erzeugt worden sind (insbesondere Bodenbauerzeugnisse, handwerkliche Produkte) nicht existenzfähig wäre. Die Behauptung mag übertrieben sein, Tatsache ist, daß Hirtennomaden regelmäßig durch Handel/Raub einen Güteraustausch mit seßhaften Gruppen betreiben. Andererseits ist ihnen vor allem seitens der historischen Ethnologie ein besonderes politisches Potential zugeschrieben worden, insofern als Staatsgründungen vermittels Überlagerung der seßhaften Bodenbauer auf die politisch-organisatorischen Fähigkeiten der Hirtennomaden zurückgeführt worden sind. [20] Diese Betrachtungsweise muß inzwischen als weit überzogen abgelehnt werden, auch wenn solche Überschichtungen tatsächlich feststellbar sind.

Hirtennomadismus ist besonders vorfindbar im transkontinentalen Trockengürtel Asiens und Afrikas, also: Mandschurei, Mongolei, Tibet, Turkestan, Iran, Arabien, Sahara und Randzonen. Daneben finden sich verwandte Formen im nordeurasischen Wald- und Tundragürtel (v.a. als Rentiernomadismus), und im afrikanischen Grasland um das Kongo-Becken herum, also den Fulani in Westafrika, den Turkana und Massai in Ostafrika und im Südwesten bei den Hottentotten, Herero, u.a. als Variationen der ostafrikanischen Viehhaltung. Bei vollausgebildetem Hirtennomadismus (wie in Zentralasien) umfaßt die Viehhaltung verschiedene Tierarten gleichzeitig, entsprechend den klimatischen und Bodenverhältnissen, in arideren Zonen hingegen dominiert oft eine einzige Spezies (z. B. Nordeurasien: Rentier, SW-Afrika: Rinder, Nordarabien: Kamel). Immer aber ist Hirtennomadismus durch seinen hochextensiven Charakter und die langen, zielgerichteten Wanderungen zu Wasserlöchern und Weidegründen eine Wirtschaftsweise, die nur eine relativ geringe Bevölkerungsdichte trägt. Gleichzeitig enthält der Hirtennomadismus auch einen bereits bekannten Widerspruch: ähnlich wie bei den Jäger-/Sammlerinnen kann "Reichtum" zur Last werden, denn zuviel Vieh kann zur Übergrasung führen und damit zu einer unmittelbaren Gefährdung der Subsistenz. Überhaupt ist Hirtennomadismus eine

stets gefährdete Wirtschaftsweise, denn Trockenheit, Vieh-
krankheiten, u.a. machen sie besonders labil. [21]

Auf die notwendigen regelmäßigen Austauschbeziehungen mit
seßhaften Bevölkerungen ist schon hingewiesen worden, denn
die Hauptressource der Hirtennomaden - das Vieh - bietet
meist nur Produkte (Häute und Wolle für Kleidung und Be-
hausung, Mist als Brennstoff, Milch, Blut - sehr selten
Fleisch), die der Ergänzung bedürfen. Der intergesellschaftlichen entspricht eine intragesellschaftliche Arbeitsteilung. Häufig ist die Betreuung und Bewachung des
Viehs auf den Weiden Männerarbeit, während Melken und Pro-
duktverarbeitung als Frauenarbeit gilt. Ein zusätzliches
Merkmal sind die nicht selten erheblichen Reichtumsdiffe-
renzen zwischen einzelnen Gruppen und/oder Haushalten, die
sich in der relativen Größe der Herden ausdrücken. Vor allem durch regelmäßige Raubzüge mit dem ausdrücklichen
Zweck der Aneignung von fremdem Vieh, oder auch durch
unter günstigeren Bedingungen hohe, bzw. unterschiedliche
Reproduktionsraten der Herden kann es in verhältnismäßig
kurzer Zeit zu beachtlichen Unterschieden im Wohlstand
kommen, die entsprechende Schichtungsverhältnisse nach
sich ziehen können und dann die Deszendenz- und/oder Lokalgruppen in eine deutlich erkennbare soziale Hierarchie
aufgliedern. Institutionelle Regelungen verschiedenster
Art setzen diese Verhältnisse um in politisch relevante
Ordnungen, die durch entsprechende Verteilungsmechanismen
gestützt werden. Die Verteilung von überzähligem Vieh auf
weniger wohlhabende benachbarte Lokal- oder
Deszendenzgruppen bewirkt so z.B. nicht nur eine Entlastung der eigenen Weidegründe, sondern beugt auch plötz-
lichem totalem Viehverlust durch Raubzüge von dritter Seite, klimatische Schwankungen oder epidemischen Katastrophen vor. Gleichzeitig hat die Überlassung eines Teils der
jeweilig geborenen Jungtiere die Zementierung evtl. bestehender Klientelverhältnisse zur Folge. Möglicherweise

sich herausbildende soziale Abhängigkeiten werden in dieser Weise auch durch die Bildung größerer Sicherheitsgemeinschaften kompensiert und verbinden sich zu einem weitverflochtenen, vielfältigen Netz wechselseitiger Berechtigungen und Verpflichtungen. Wie sich solche Mechanismen der Abhängigkeit und der Wechselseitigkeit im einzelnen gestalten wird freilich wesentlich von den vorhandenen politischen Regelungen bestimmt, nicht allein von den Potentialen dieser Technologie. Insofern ist die in der älteren deutschen Ethnologie (P.W. SCHMIDT, P.W. KOPPERS, R. THURNWALD) häufige Rede vom "Viehkapitalismus" der Hirtennomaden eine durchaus irreführende Begrifflichkeit, weil sie eine bestimmte Subsistenztechnologie unzulässigerweise mit der Vorstellung der Bedingungen einer entfalteten Warenökonomie verbindet.

Damit kann diese kurze Übersicht über die verschiedenen Wirtschaftsweisen in ihrer technologischen Hinsicht abgeschlossen werden. Es hat sich deutlich ihre jeweilige Spezifizität gezeigt, die auf der differenzierten Nutzungsweise unterschiedlicher Ressourcen beruht und die diese Technologien für jeweils verschiedene ökologische Bedingungen geeignet macht. Dieser Aspekt wird noch wichtig werden für die Erörterung der ökologischen Interpretationen wirtschaftlicher Verhältnisse.

Diese Wirtschaftsweisen sind somit vergleichbar und unvergleichbar zugleich. Sie sind unvergleichbar wegen der jeweils spezifischen Besonderheit, sie sind vergleichbar nach dem Umfang, in dem sie einerseits die qualitative und quantitative Ausnutzung und Umformung der Natur vollziehen, andererseits auch die Erwirtschaftung eines unterschiedlichen Überschusses ermöglichen. Nun allerdings werden differenziertere theoretische Reflektionen notwendig, ohne die diese Überlegungen haltlos werden. Der unterschied-

liche Grad der Beherrschung der Natur ist am konsequentesten interpretiert worden auf der Basis des Kriteriums der
Energieeffizienz der Wirtschaftsweisen, oder - in den Begriffen eines Vertreters dieser Sicht, M. HARRIS [22] - der
Ökosysteme. HARRIS geht aus von diesen Ökosystemen [23],
deren wichtigster Aspekt das charakteristische Muster des
Energieflusses seiner lebendigen und nichtlebendigen Komponenten ist. Bei der Untersuchung der Ökosysteme, in
denen der Mensch dominante lebendige Komponente ist, geht
es nun um die Feststellung, welche ökologischen Beziehungen zwischen Menschen, ihren Kulturen und dem Rest der organischen und nichtorganischen Umgebung besteht. [24] Der
Schlüssel zum Verständnis dieser Beziehungen ist nach
HARRIS die Produktion und der Austausch von Energie, die
von Menschen in solchen Ökosystemen erschlossen, ausgetauscht und verwendet wird. Da die Erschließung vermittels
der technologischen Ausstattung erfolgt, sind Fortschritte
in diesem Bereich wichtig, denn sie "have steadily
increased the average amount of energy available per human
being from Paleolithic times to the present" (HARRIS,
1980, S. 185), wobei nach Auffassung des Autors weder notwendigerweise das Ausmaß der Naturbeherrschung zugenommen,
noch auch die Effizienz, mit der die jeweils erschlossene
Energie genutzt wird, größer geworden ist.

Die verfügbare absolute Energiemenge nimmt aber im Vergleich der Ökosysteme zu, wobei HARRIS sich bei seinem
Vergleich [25] auf die Produktion und Konsumtion von Nah-
rungsenergie konzentriert, was ihm auch als Kriterium für
die Unterscheidung der oben skizzierten Subsistenztechnologien gilt. Maßstab des Vergleichs ist dann die Bilanz
zwischen der Energie, die während der Nahrungsproduktion
verausgabt wird, und der Energie, die als Ergebnis erhalten wird, was also eine Bemessung der Arbeitsmenge und der
Zeit, die bei der Nahrungsproduktion aufgewendet wird, be-
inhalten muß. Mit einer gegebenen Technologie kann inner-

halb der Grenzen bestimmter Rahmenbedingungen (z.B. Nieder-
schlagsmenge, Vegetation, Bodenqualität) eine maximale
Energiemenge gewonnen werden, die gleichzeitig die maximale
Menschenanzahl festlegt, die in diesem Milieu existieren
kann. Diese Zahl bezeichnet die Tragfähigkeit des jeweiligen Milieus. Hier ist nun wichtig, daß die vorindustriellen
Systeme, mit denen wir uns hier befassen, ihre Milieus regelmäßig "unter-nutzen", d.h. eine systematische Unterproduktion betreiben, die lediglich ein gutes Drittel dessen
erreicht, was bei maximaler Anwendung der jeweils verfügbaren Technologie erreicht werden könnte. [26] Den Grund dafür
sieht HARRIS in der Differenz zwischen der Tragfähigkeit
eines Milieus und dem Punkt der abnehmenden Erträge, wobei
letzterer dann erreicht ist, wenn bei weiterer Steigerung
des Energieeinsatzes zwar noch eine absolute Zunahme der
gesamten gewonnenen Energiemenge möglich ist, aber im Verhältnis zu den eingesetzten Energieeinheiten eine relative
Abnahme stattfindet, die Folge der zunehmenden Knappheit
oder Verarmung eines oder mehrerer Milieufaktoren ist
(HARRIS, 1980, S. 191).

Zunehmender Bevölkerungsdruck ist eine wichtige Ursache für
die regelmäßige Überschreitung dieses Punktes der abnehmenden Erträge und - zumindest wenn man HARRIS folgt - eine
entscheidende Ursache auch für die weitere Entwicklung im
ökonomischen und auch im politischen Bereich. Hier interessiert aber nur der Aspekt der relativen Beurteilung von
Subsistenztechnologien und dabei spielt das Kriterium der
Expansion und der Intensivierung eine wichtige Rolle, um
den Wechsel der Technologien zu begreifen. Expansion i.S.
der räumlichen Ausdehnung ist stets Grenzen unterworfen, so
daß Intensivierung die Regel ist. Bei gleichbleibender
Technologie bedeutet Intensivierung, daß entweder mehr Menschen arbeiten oder aber schneller, bzw. länger arbeiten
müssen. Das führt zum Erreichen des Punkts abnehmender Erträge, was den Übergang zu einer neuen Technologie fördert.

130

Diese Verschiebungen von einem Typus der Subsistenztechnologie zu einem anderen bedeuten nicht nur einen zunehmenden
Energieeinsatz pro Arbeitseinheit (z.B. pro Hektar),
sondern münden gleichzeitig in eine Steigerung der sog.
"technologischen Milieueffizienz", also des Input/Output-
Verhältnisses von Energieeinheiten ein.

Damit können - allerdings auf einer technologisch reduzier-
ten Grundlage - die älteren "Maßstäbe" zur vergleichenden
"Messung" und damit relativen Evaluierung von Subsistenztechnologien als überwunden gelten, die noch auf der Annahme der Überwindung von angenommenen Mangelsituationen,
Knappheitsverhältnissen oder einfach "Armut" argumentiert
haben. [27] In eine ähnliche Argumentationslinie gehören
Überlegungen, die die jeweilige relative "Überschuß-Produk-
tion" zu einem Kriterium erheben wollen. Um diese "Über-
schuß-Kategorie" hat sich gerade in der Ethnosoziologie der
Ökonomie eine Debatte entwickelt,[28] die im wesentlichen den
Mangel aufweist, daß sie mit einem ungeklärten und vor
allem unsoziologischen "Überschuß"-Begriff arbeitet. Die
verschiedenen - meist englischen -Beiträge legen dabei den
Terminus "Surplus" zugrunde und ergehen sich dann in Überlegungen bezüglich der gesellschaftlich notwendigen Produktion, der darüber hinausgehenden Produktionsmenge, der kulturellen Bedingungen für deren Anstieg, usw. Meist beruhen
diese Debatten auf einem unhistorischen Formalismus und
nehmen die Mittel und Zwecke nicht zur Kenntnis, die einer
Mehrprodukt-Erzeugung und -Aneignung zugrundeliegen, ebenso
wie sie die Unterscheidung zwischen "Mehrprodukt" und
"Mehrwert" ignorieren. [29] Trotz aller Mängel hat diese Debatte aber gerade die ethnosoziologische Perspektive gefördert, insofern die Aufmerksamkeit auf die gesellschaftlichen Bedingungen gelenkt worden ist, unter denen Produktion
und damit auch "Mehr"-Produktion stattfindet. Bloß
technologische Argumente erweisen sich dann als zu kurzat-

mig, wenn festgestellt werden kann, daß bestimmte Formen
der sozialen und politischen Organisation eben auch unterschiedliche Mittel aufwenden, um die Produktion über das
unmittelbar existenznotwendige Minimum hinaus sicherzustellen und dieses "Mehrprodukt" eben auch unterschiedlichen
Zwecken zuführen. Auf einige dieser Zusammenhänge wird in
diesem und im folgenden Kapitel noch näher einzugehen sein.

Formale Kriterien sind aber nicht nur im Zusammenhang mit
der Produktionsebene, sondern auch mit der Austauschebene
entwickelt worden und haben da zur Auseinandersetzung zwischen dem sog. "Formalismus" und dem sog. "Substantivismus"
geführt, auf die hier knapp eingegangen werden muß. Eigent-
licher Ausgangspunkt dieser Auseinandersetzung, die sich
auf die angelsächsische Ethnologie und Anthropologie beschränkt, deren Folgen aber ethnosoziologischen Zuschnitts
sind, ist die Konfrontation zwischen den klassischen Annahmen über den sog. "homo oeconomicus", den rational-maximie-
rend wirtschaftenden Idealmenschen der Ökonomie, und den
Beobachtungen, die MALINOWSKI seinerzeit auf den
Trobriand-Inseln über das wirtschaftliche Verhalten der
Einheimischen machte, und die jenen Annahmen eben nicht
entsprachen. [30)] Daraus hat sich eine Debatte entwickelt,
deren Kern in der Frage besteht, ob die formalen, vorwiegend mikroökonomischen Maximierungsmodelle als universell
geltend angenommen und daher auch auf nicht-westliche,
nicht-kapitalistische Gesellschaftsverhältnisse angewendet
werden können, oder ob statt dessen ein anderes Modell aus
dem kulturwissenschaftlichen Bestand der Ethnologie und
Soziologie entwickelt werden muß. Während die erste, die
formalistische Vorgehensweise, einheimische Ökonomien vorwiegend als unentwickelte Formen der westlich-kapitalisti-
schen Ökonomie behandelt, versucht die zweite, die substan-
tivistische Vorgehensweise, die spezifischen historischen
Merkmale des Gegenstandes als Mittel der Analyse zu verwenden und so dessen Eigenständigkeit hervorzuheben.

Zunächst gilt es, die formalistische Position zu klären. Sie muß grundsätzlich als eine extrem individualistische Perspektive angesehen werden, denn ihr liegt die Anschauung von der strikten Trennung zwischen Individuum und Gesellschaft zugrunde; das Individuum tritt völlig autonom gesellschaftlichen Sachverhalten gegenüber und versucht, diese als Mittel zur Erreichung seiner persönlichen Zwecke maximierend einzusetzen und zu instrumentalisieren. Kulturelle und soziale Bedingungen gewinnen dadurch den Status von Randbedingungen, während der entscheidende Akteur das Individuum ist, das die naturgemäß knappen vorhandenen Mittel rational unterschiedlichen, u.U. sich wechselseitig ausschließenden Zwecken so zuzuordnen versucht, so daß eine Erfolgsmaximierung für ihn das Ergebnis ist. [31] Es geht also wesentlich um individuelle Entscheidungen und sich daran anschließendes Verhalten, woraus auch folgt, daß diese Entscheidungen nicht nur auf Sachverhalte beschränkt sind, in denen Produktions- und Reproduktionsprobleme, bzw. Verteilung von (ökonomischen) Gütern betroffen sind, sondern auch in Situationen stattfinden, in denen die "knappen" Güter andere sind, wie z.B. Sozialprestige, sexuelle Befriedigung, usw. Dabei wird allgemein einem Menschenbild gehuldigt, das eurozentrisch ist, und dessen Merkmale (vor allem im Sinne vollständiger und transparenter Zweck-Mittel-Rationalität) die Bewertungskriterien für die Beurteilung fremdkultureller Handlungsweisen abgibt - gleichgültig, ob bewußt oder unbewußt. Bei genauerer Betrachtung ist das angenommene Individuum, dem diese formalen Entscheidungsprozesse unterstellt werden, im Kern allerdings ein unhistorisches, nicht-kulturelles und getrennt von jeder Gesellschaftlichkeit gedachtes Wesen. Dieses Bild ist nur möglich durch die völlig einseitige Einstufung europäischen formalen Maximierungsverhaltens als "natürlich" und als anthropologische Konstante mit transkultureller Geltung. Nur deswegen ist auch das Universalitätspostulat des Formalismus möglich: "The notion of economizing and the calculus

of maximization used by (...) economic anthropologists
assumed that people make decisions and choices in a rational manner between known alternatives and furthermore that
choices are made according to determinable principles. The
cross-cultural applicability of this analytic framework
was thought to be possible because in relating wants to
resources through economizing and maximizing assumptions,
the axioms used by an economist to account for behavior
are sufficiently abstract to be applicable to any human
society. The theory of maximization says nothing about
what is to be maximized. It is generally assumed that
monetary profit is maximized, but this is simply one
application of the theory and not maximization theory itself" (PRATTIS, 1982, S. 20/).

Die Gegenposition der Substantivisten ist tatsächlich
nichts anderes als eine Punkt-für-Punkt-Kritik an den Annahmen des Formalismus. Schon das Menschenbild ist ein anderes, denn der Mensch gilt dem Substantivismus nicht als
ein der Gesellschaft gegenüberstehendes Wesen sondern als
ein in diese "verflochtenes", kurzum: ein gesellschaftlicher Mensch. Das geht sogar soweit, daß nun die sozialen
Kräfte ihrerseits eine autonome Dynamik, unabhängig vom
Individuum, gewinnen und das als Ausdruck institutioneller
Regelungen gesehen wird.

Am deutlichsten wird diese Sicht bei K. POLANYI, der eine
formal-logische und eine sachlich-materiale Bedeutung von
"wirtschaftlich" unterscheidet, sich dabei für die Untersuchung der letzteren entscheidet. [32] Dementsprechend ist
Wirtschaft für ihn "ein in Einrichtungen gefaßter Prozeß
gegenseitiger Einwirkungen von Mensch und Umgebung (...)
sofern dieser Prozeß der materiellen Bedürfnisbefriedigung
dient" (1979, S. 215). Diese beiden Aspekte, der Prozeß-
charakter und die Tatsache, daß dieser Prozeß "in Einrichtungen gefaßt" ("instituted") ist, sind die Grundlage für

POLANYIs charakteristische Unterscheidung verschiedener Formen der Integration von empirischen Ökonomien [33]. Solche Formen der Integration stellen gewissermaßen idealtypische Prinzipien dar, die auf verschiedenen Ebenen und in verschiedenen Bereichen einer Ökonomie wirksam sein können und dort die einschlägigen Transaktionen regeln. Für diese verschiedenen Bereiche kann dann jeweils eines dieser Prinzipien als dominant angesehen werden, womit sich eine gewisse Ordnung in den vielfältigen Variationsmöglichkeiten empirischer Ökonomien herausbildet. Diese Grundmuster sind: Reziprozität, Redistribution und Marktaustausch. Dabei heißt Reziprozität: "Bewegungen zwischen einander entsprechenden Punkten symmetrischer Gruppierungen", Redistribution: "übernehmende Bewegungen auf ein Zentrum hin und wieder heraus", Marktaustausch: "hin- und hergehende Bewegungen, so wie zwischen 'Händen' in einem Marktsystem" (POLANYI, 1979, S. 219). Jedes dieser Prinzipien benötigt eine soziale Grundlage, also entsprechend der obigen Reihe: symmetrisch zueinander stehende soziale Gruppen; eine minimale Zentrizität in der sozialen Gruppe; ein System preisbildender Märkte. POLANYI legt größten Wert darauf, daß diese Verhältnisse und Integrationsformen nicht aufgrund einer Addition von individuellen Verhaltensweisen quasi selbsttätig entstehen, sondern abhängig sind "vom Vorhandensein bestimmter institutioneller Verhältnisse" (1979, S. 220 f.), also eines gesellschaftlichen Regelungsprinzips, das dem Individualhandeln überhaupt erst den adäquaten Rahmen zur Verfügung stellt.

Von besonderem ethnosoziologischem Interesse sind die beiden ersten Ordnungsprinzipien: Reziprozität und Redistribution, nicht nur, weil sie - nach POLANYI - in "marktlosen Gesellschaften" zumeist gemeinsam auftreten, sondern weil sie sich theoretisch als besonders fruchtbar erwiesen haben. Das Reziprozitäts- oder Gegenseitigkeitsprinzip ist nicht auf duale Verhältnisse (z.B. Gruppe/Individuum A vs.

Gruppe/Individuum B) beschränkt, sondern kann mehrere Gruppen/Personen in ein vielfaches, allerdings symmetrisches Gegenseitigkeitsverhältnis bringen, in dem als gleichwertig geltende Austauschbeziehungen (von Leistungen, Gütern usw.) bestehen. Reziprozität verteilt daher nicht nur Dinge, sondern ist selbst ein soziales Verhältnis in dem Sinn, daß Abhängigkeiten, Verpflichtungen und Allianzen sich daraus ergeben, die gerade auch im Bereich der gesellschaftlichen Organisation höchst bedeutsam sein können. [34)]

Entscheidend für die Regelungsweise der Redistribution ist die Existenz einer Instanz, die als Zentrum angesehen wird und über die alle Verteilungsprozesse vorgenommen werden, die die einschlägigen Entscheidungen trifft und entweder örtlich oder bloß verfügungsmäßig wirksam wird: "Das Prinzip bleibt stets dasselbe - das Einbringen in ein Zentrum und die Verteilung aus diesem" (POLANYI, 1979, S. 224). Allerdings verfährt gerade bei diesem Prinzip POLANYI recht unhistorisch, indem er dieses Modell gleichmäßig sowohl im zentralafrikanischen Kraal, als auch im modernen Wohlfahrtsstaat gelten sieht. Entsprechend vielfältig ist das Integrationspotential der Redistribution, das vom Staat bis zu nur vorübergehend existierenden sozialen Gruppen reicht. Soziologisch entscheidend und auch theoretisch fruchtbar ist dabei die Prädominanz der Zentralinstanz, die eben nicht nur ökonomischen, sondern politischen Stellenwert hat oder haben muß, damit Redistributionsprozesse tatsächlich ablaufen können.

Der Marktaustausch schließlich benötigt eben die Existenz von Märkten, die die Preise von Gütern und Dienstleistungen regeln und systematisch so zusammengefaßt sind, daß die Preiseffekte auch auf andere Märkte ausgedehnt werden. Hervorzuheben ist dabei das "antagonistische Element, das, wie schwach auch immer, diese Form des Austausches begleitet, (es) ist unausrottbar" (POLANYI, 1979, S. 225). Dieser Antagonismus zwischen den Tauschpartnern in einem Marktverhältnis ist nach POLANYI potentiell sozial so disruptiv, daß das Marktaustauschprinzip in primitiven und archaischen Gesellschaften nicht auf die für die physische Existenz der Gesellschaftsmitglieder unverzichtbaren Dinge, wie z.B. Lebensmittel, ausgedehnt wurde. Im Vergleich zu den Postulaten der Formalisten bedeutet das also, daß für die Substantivisten die Maximalisierungs-Tendenz des "homo oeconomicus" und die Entscheidung bezüglich der Verteilung knapper Mittel auf verschiedene Ziele in einer Präferenzhierarchie eben lediglich unter den Bedingungen des geltenden Marktaustausches möglich ist, nicht jedoch die institutionelle Integrationsweise für Reziprozitäts- und Redistributionsverhältnisse ist.

Abschließend soll noch darauf verwiesen werden, daß POLANYI durchaus so etwas wie eine Prädominanz eines dieser Integrationsprinzipien in konkreten Ökonomien gelten lassen will: als Kriterium nennt er dabei das Ausmaß, in dem Boden und Arbeit in einer bestimmten Gesellschaft diesem jeweiligen Prinzip unterworfen sind. Eine marktwirtschaftliche Ökonomie ist demzufolge durch die Einbeziehung des Bodens und der Ware Arbeitskraft in den Marktaustausch gekennzeichnet.

Die Kritik der Formalisten an der Vorgehensweise der Substantivisten ist im wesentlichen auf drei Punkte bezogen: zunächst, der Vorwurf die Substantivisten verträten eine marktfeindliche Ideologie, die die Solidarität und den Altruismus der primitiven Gesellschaften romantisierend übertreibe, ohne vorhandene soziale Konflikte zu berücksichtigen, die formale Ökonomie jedoch verdamme, ohne ihr Geltung für diese Ökonomien zuzugestehen. Sodann, der Vorwurf die Substantivisten hätten die Logik wirtschaftlicher Erklärungen, insbesondere der formalen ökonomischen

Theorie, völlig falsch eingeschätzt und betrieben tatsächlich einen Pseudo- Induktionismus . Schließlich wirft man
den Substantivisten tatsächliche Gegenstandslosigkeit insofern vor, als die Subsistenz-Ökonomien ohne Markt im
Verschwinden begriffen seien und daher der Substantivismus
sich mit etwas befasse, was eigentlich nicht mehr anzutreffen sei. Auf diese Kritikpunkte im einzelnen hier einzugehen ist nicht möglich, [35] es mag daher der Hinweis
ausreichen, daß die beiden Gegenpositionen zum einen tatsächlich kaum vereinbar scheinen, zum anderen gar nicht so
unähnlich sind. Die mangelnde Vereinbarkeit ergibt sich
aus der diametralen Gegensätzlichkeit der Grundannahmen
über die Verhältnisse Mensch-Gesellschaft, also das Men-
schen- und Gesellschaftsbild der zwei Ansätze, die im
einen Fall schrankenlose Souveränität eines sehr eindimen-
sionalen und kulturlosen Individuums, im anderen Fall
Selbsttätigkeit kultureller und sozialer Verhältnisse und
deren determinierenden Einfluß auf den Menschen in den
Mittelpunkt stellen. Die (relative) Ähnlichkeit der beiden
Ansätze liegt in der nur scheinbaren Historizität des Substantivismus, der tatsächlich eine abstrakte Integration
und Ordnung eines (ökonomischen) Systems behauptet, die so
formal und schematisch ist, wie die von den Formalisten
behauptete Selbstregulation der Verhältnisse durch markt-
orientiertes Maximierungsstreben der Individuen.

Für ethnosoziologische Zwecke ist aber zweifellos der sub-
stantivistische Ansatz der fruchtbarere, nicht zuletzt
auch deswegen, weil seine Behandlung von Reziprozität und
Redistribution auf entsprechende soziologische Vorarbeiten
zurückgreifen kann. Der französische DURKHEIM-Schüler M.
MAUSS hatte schon in seinem Essay über die "Gabe" (1968,
orig. 1923/24) das allgemeine Thema des Sozialkontrakts in
sog. primitiven Gesellschaften anhand des Begriffs "hau"
der Maori (Neuseeland) behandelt. [36] "Hau" ist für MAUSS
der "Geist" der Gabe, dieser innewohnend, der den Empfän-

ger der Gabe veranlaßt, dieser Gabe Gleichwertiges zurück-
zuerstatten - somit eine klassische Behandlung des Rezi-
prozitätsthemas, das von MAUSS im Hinblick auf seine
beiden Phasen (die der Verpflichtung, zuerst zu geben und
der Verpflichtung zu empfangen) analysiert wird. Während
"hau" von MAUSS zum allgemeinen Erklärungsprinzip von Re-
ziprozitätsverhältnissen in "primitiven" oder "archaischen" Gesellschaften (Melanesiens, Polynesiens und der
amerikanischen Nordwest-Küste) erhoben worden ist, hat
SAHLINS diesem Thema eine andere, weiterführende Behandlung angedeihen lassen. [37] Er macht deutlich, daß es bei
dieser Reziprozitätsbeziehung zwischen dem Geber und dem
Empfänger eines Dinges nicht nur um ein religiös-zeremo-
nielles Verhältnis geht, sondern um eine ökonomische Maß-
regel: eine Gesellschaft, in der die Austauschverhältnisse
und -formen nicht die Möglichkeit des Gewinns auf Kosten
anderer vorsehen, bzw. nicht nur Gaben pflichtgemäß
zurückerstattet werden müssen, sondern auch die Resultate,
die die Nutzung dieser Gabe erbracht hat. [38] Gleichzeitig
verweist SAHLINS, im Gefolge von MAUSS, auch auf die politische Seite dieser Reziprozitätsbeziehung, die darin besteht, daß "hau" den Stellenwert eines allgemeinen Prinzips der Gegenseitigkeit und damit der Schaffung von Ordnung, von Frieden, bei gleichzeitiger Abwesenheit eines
regelnden Staates zum Inhalt hat - daher die religiös-öko-
nomisch-politische Diffusität des Begriffes. Sehr wichtig
ist aber die Differenz: die so hergestellte Regelung ist
keine der Unterordnung der beteiligten Gruppen in Bezug
auf eine Ordnung (wie bei der staatlich durchgesetzten
Ordnung), sondern eine Regelung, die die gleichwertigen,
unabhängigen Parteien als solche erhält und sie in eine
Beziehung zueinander bringt, bei Bewahrung ihrer Autonomie. Es wird also eine Allianz zwischen Partnergruppen gebildet, die aber keine Auflösung potentieller Gegensätze
nach sich zieht, sondern diese nur einbindet - Konflikte
sind durchaus möglich und lediglich aufgehoben. [39]

Im Vorgriff auf noch im folgenden Kapitel zu behandelnde Fragen muß schon hier auf die enge Verflechtung ökonomischer und politischer Sachverhalte in den hier interessierenden Gesellschaften hingewiesen werden. Was von der strukturfunktionalistischen Soziologie häufig oberflächlich als einfaches Fehlen von Differenzierungsvorgängen diagnostiziert wird, [40] stellt sich bei Heranziehung der substantivistischen Diskussionsbeiträge zur ökonomischen Problematik als strukturelle Sonderlage dar. Wie SAHLINS (1972, S. 185 ff.) deutlich herausgearbeitet hat, stellen "primitive", d. h. hier vor allem vorstaatliche und vorkapitalistische, Gesellschaften über materielle Austauschbeziehungen der Gegenseitigkeit zwischen den verschiedenen Ebenen die existentiell notwendigen friedlichen innergesellschaftlichen Beziehungen her. Eine ordnende Zentralinstanz ist da nicht von vorneherein erforderlich. [41] Wesentlicher Zweck der Austauschprozesse in Gesellschaften, in denen Verwandtschaft die maßgeblichen Ordnungsprinzipien liefert, ist in dieser Sichtweise das Schaffen und Erweitern von Friedenszonen zwischen Gruppen, die ansonsten sehr wohl das Recht und die Chance hätten, ihre Ziele durch undiskriminierte Anwendung von Gewalt erreichen zu wollen. Nicht "knappe Güter" in einem abstrakten Sinn sind die hier angestrebten Transaktionsziele, sondern die Sicherung schwieriger Existenzbedingungen bei gleichzeitiger höchstmöglicher Autonomie der Lokal- und Deszendenzgruppen, die deshalb in diese Austauschbeziehungen vor allem die Dinge einfließen lassen, die musterhaft die Lebensgrundlage bilden und auch symbolisieren: Lebensmittel, die geschlechts- und altersarbeitsteilig in den Haushaltseinheiten produziert worden sind. Sie sind dementsprechend auch die Grundlage, auf der sich der Anspruch auf und die Anerkennung von Sozialprestige gründet (neben den fast überall auftauchenden Symbolgaben zeremonialen Charakters) und die legitimatorischen Muster von Führungspersonen entfalten.

Die schon angesprochene fundamentale Rolle der Reziprozität ist auch Anlaß zu Überlegungen, die sie noch vor expliziten gesellschaftlichen Regelungen ansiedeln wollen. So betont z.B. THURNWALD in einer der ersten ethnosoziologischen Diskussionen der Problematik: "Das Prinzip der Vergeltung und des Gebens und Nehmens ist zweifellos tief in der Menschennatur verankert" (1932, S. 117), womit die Reziprozitätstendenz in den Rang einer anthropologischen Konstante erhoben wird. In ähnlicher Weise verfährt J.A. PRICE (1975), der diese von ihm "sharing" genannte Tendenz ebenfalls anthropologisiert [42], und dazu noch als von Regelungen unabhängige Neigung auch von Reziprozität absetzt, indem er sie als dieser vorangehend einstuft . [43] Die dabei stattfindende Betonung des emotionalen Charakters und der solidaritätsstiftenden Funktionen des "Teilens" verschiebt allerdings die Perzeption entscheidend und erklärt dieses "Teilen" zum vorkulturellen Phänomen, wodurch der ethnosoziologische Zugang beeinträchtigt wird. Die Inkonsequenz dieser Verfahrensweise wird dann deutlich, wenn PRICE dann dem sozialen, aber vorkulturellen Phänomen des "Teilens" vorwiegend soziokulturell geprägte Regelungsweisen aufbürdet, die eindeutig dem zuvor ausgegrenzten Reziprozitätsbereich zuzuordnen sind. [44]

Während die Anthropologisierung in dieser Weise also ethnosoziologisch nicht weiterführt, ist die von SAHLINS vorgenommene Differenzierung von Reziprozitätsregelungen äußerst fruchtbar. Hier wird - anders als bei POLANYI - Reziprozität als sozioökonomisches Strukturprinzip in eine Kontinuitätslinie hin bis zu Redistribution und Marktaustausch gebracht. [45] Ausgangspunkt ist allerdings die bekannte Scheidung von Reziprozität (als Wechselseitigkeitsbeziehung zwischen Gruppen/Personen) und Redistribution (als zentralisierte Konzentration von den Mitgliedern einer Gruppe in einer Hand und folgender Wiederaufteilung). Auch wenn die letztere Form als ein System von Reziprozitäten erscheint, [46] ist doch dieses Verfahren der Zentralisierung des Ressourcenflusses (SAHLINS nennt es "pooling") sozialstrukturell deutlich unterschieden von der Reziprozität. Während die letztere Organisationsform eine Beziehung zwischen Parteien, ihrer wechselseitigen Aktion und Reaktion ist, stellt Redistribution ("pooling") eine soziale Binnenbeziehung dar, kollektive Aktion einer Gruppe, die - wie POLANYI schon gezeigt hatte - ein soziales Zentrum voraussetzt, somit nicht nur einer sozioökonomischen, sondern vor allem einer soziopolitischen Diskussion zugänglich ist. Reziprozität ist dagegen grundsätzlich ein Verhältnis, das eine Interessen-, mindestens aber eine Parteiendifferenz zwischen Partnern voraussetzt, und deshalb mehr erforderlich macht, als eine simple Geben-Nehmen-Beziehung. Daher entwickelt SAHLINS ein Formenkontinuum der Reziprozitäten, dessen Klassifikationskriterium die zunehmende soziale Distanz der beteiligten Gruppen ist. Ein Extrem der Reziprozität ist somit das der "generalisierten Reziprozität" ("generalized reciprocity"), in der die Transaktionen als völlig selbstlos unterstellt werden, [47] und ein Äquivalent für die Gabe nicht gefordert wird, ja schon die Erwartung desselben nicht angebracht ist. Eine wechselseitige Verpflichtung ergibt sich aus der generalisierten Reziprozität schon, allerdings bleibt sie offen, rein abstrakt sozialen Charakters, ohne ein materielles Substrat und ohne zeitliche oder mengenmäßige Begrenzung. Generalisierte Reziprozität ist daher eine unbestimmte, auf Dauer offene Beziehung, die auch keinerlei wechselseitiger Aufrechnung von Leistungen zugänglich ist.

Demgegenüber ist die "ausgeglichene Reziprozität" ("balanced reciprocity") auf direkten, unmittelbaren und ohne Verzögerung durchgeführten Austausch bezogen, in dem die Güter oder Dinge tatsächlich als "gleichwertig" oder gleich nützlich angesehen werden. Im Gegensatz zum ersten Extrem ist bei dieser Form die ökonomische Seite der Transaktion mindestens so wichtig, wie die solidaritätsstiftende soziale Seite und die beteiligten Partner treten einander nicht nur als deutlich unterschiedene, sondern auch als mit verschiedenen Interessen versehene gegenüber. Das drückt sich sowohl in einem recht präzisen Aufrechnungsverfahren aus, als auch in der Abhängigkeit der Beziehung von Gegenleistungen, weil bei zu einseitiger Beanspruchung des einen Partners diese Beziehung abgebrochen wird: der ausgeglichene Güterfluß ist Voraussetzung der Stabilität dieser sozialen Beziehung.

Schließlich weist das andere Extrem der "negativen Reziprozität" ("negative reciprocity") auf die Durchsetzung der partikularen Interessen der beteiligten Parteien auf Kosten der anderen hin - es geht darum, etwas ohne Gegenleistung zu erhalten, also um definitive Nettovorteile ohne Nachteile. Die Interessen sind nicht nur unterschiedlich, sondern sogar gegensätzlich und die tatsächliche Reziprozität ist beschlossen in der Fähigkeit des jeweils anderen, sein Interesse auch wirklich durchzusetzen.

Für die hier interessierenden Gesellschaften stellt SAHLINS auf der Basis dieser drei typischen Reziprozitätsformen fest, daß in ihnen die jeweils bevorzugte Variante abhängig ist von der sozialen Distanz, ausgedrückt in den Verwandtschaftsverhältnissen, die die beteiligten Personen/Gruppen zueinander aufweisen. So kann die Reziprozitätsform abhängen von der genealogischen Distanz, also vom Verwandtschaftsstatus auf interpersonaler Basis, sie kann aber auch abhängen von der segmentären Distanz, also vom Staatus der Abstammungs- oder Deszendenzgruppe, der die Beteiligten angehören. Zur Veranschaulichung dieser Sachverhalte ist SAHLINS von verwandtschaftsorientierten Residenzgruppen ausgegangen und hat festgestellt, daß bei einer z.B. gegebenen Reihung von Haushalt, lokaler Lineage, Dorf, Unterstamm, Stamm, andere Stämme, die durch eine ständige Erweiterung des Mitgliederkreises gekennzeichnet ist, sich auch die Reziprozitätsformen verschieben. Während im innersten Kreis des Haushalts die generalisierte Reziprozität gilt, ist negative Reziprozität die Norm für das Verhalten gegenüber den Angehörigen fremder Stämme. Damit ist aber auch klar, daß die Determinanten des Charakters der jeweiligen Beziehungen außerhalb ihrer selbst liegen. Ähnliches gilt für Umstände, die eine scharfe Einschränkung vor allem der generalisierten Reziprozität herbeiführen können und außerhalb der Kontrolle der Beteiligten liegen, wie z.B. die Reaktionen auf eine Hungersnot zeigen [48] und auf deren Folgen für soziale Regelungen auch SAHLINS verweist (1972, S. 204). Den Austausch von Nahrungsmitteln umgeben ohnehin besondere Bedingungen, nicht nur weil er offenbar interkulturell als solidaritätsstiftendes Moment eigener Art begriffen wird, sondern auch, weil die sozialen Verwendungszwecke von Nahrungsmitteln unter technologisch eingeschränkten Bevorratungsmöglichkeiten ohnehin weitgehend auf deren Verteilung, Weitergabe und Austausch beschränkt sind (SAHLINS, 1972, S. 217 ff.).

Schließlich ist noch auf einen anderen Aspekt der Reziprozitätsformen hinzuweisen, der zwar ethnosoziologisch höchst bedeutsam ist, aber im nächsten Kapitel zu behandeln ist: das politische Verhältnis zwischen Reziprozität und Rangabstufungen, die verknüpft sind mit Möglichkeiten der Machtausübung und der Gefolgschaftsbildung.

Im Zusammenhang mit der negativen Reziprozität, bzw. der Integrationsform des Marktaustausches bei POLANYI ist schon kursorisch auf Markt und Marktbeziehungen hingewiesen worden. Hier ist nun der Ort hervorzuheben, daß deutlich zu unterscheiden ist zwischen dem oben diskutierten Verteilungsprinzip des Marktaustausches über Geld, bzw. Geldäquivalente ("Marktprinzip") und dem Ort des Austausches, dem Marktplatz und seinen ethnosoziologischen Merkmalen. Auf den ersten Aspekt braucht hier nicht eingegangen zu werden, da er schon angesprochen worden ist und mit allen seinen Besonderheiten Gegenstand ökonomischer Theorien i.e.S. ist, die auch und gerade im Zusammenhang mit marktwirtschaftlich orientierten Ökonomien entwickelt worden sind.

Der Marktplatz als physischer Ort und soziale Institution verdient allerdings noch Aufmerksamkeit.Die Kombination der beiden Faktoren (Marktprinzip/Marktplatz) ist von P. BOHANNAN und G. DALTON (1962) verwendet worden, um anhand afrikanischen Materials drei sozioökonomische Grundformen zu unterscheiden: - Gesellschaften, die Marktplätze nicht ausgebildet haben und wo das Marktprinzip nur wenige Transaktionen betrifft; - Gesellschaften, in denen der Marktplatz existiert und das Marktprinzip nur peripher wirksam ist, d.h. die beiden zentralen Produktionsfaktoren Boden und Arbeit nicht erfaßt hat; - Gesellschaften, die völlig vom Preismechanismus und vom Marktprinzip beherrscht sind. Eine solche Klassifikation ist grundsätzlich von nur formaler Bedeutung und relativ geringem Erklärungswert. Sie erlaubt es aber immerhin deutlich zu machen, daß Reziprozität (als ausgeglichene und als generalisierte Reziprozität), wie auch Redistribution vorwiegend den beiden ersten Grundformen zuzuordnen sind, die konkreten Abläufe aber bestimmt sind von sozialstrukturellen und historischen Besonderheiten. Im zweiten Grundtypus sind dementsprechend formal die "zielgebundenen" gelegentlichen Marktteilnehmer ("target marketeers") dominant, für die der Marktplatz lediglich Mittel zum Erwerb spezifischer Gegenstände ist, Marktverkäufe aber nicht bei der Lebensmittelbeschaffung dominieren. [49]

Von Bedeutung sind schließlich auch die - hier wiederum für Afrika analysierten - nicht-ökonomischen Aspekte des Marktplatzes, der von den beiden Autoren von vorneherein als eine multi-funktionale Institution begriffen wird. Marktplätze sind dabei Knotenpunkte in einem weitverzweigten Kommunikationsnetzwerk, wo offizielle Ankündigungen vollzogen, aber auch private Neuigkeiten ausgetauscht werden. [50] Als Agglomeration von Menschen unterschiedlicher Herkunft können Marktplätze auch als Rekrutierungsfelder potentieller Sexualpartner dienen. Noch größer ist allerdings die Bedeutung in politischer und religiöser Hinsicht: die Kontrolle des Marktplatzes bedeutet Kontrolle der anwesenden Menschen und Produkte, wie auch die Aufrechterhaltung des Marktfriedens durch eine entsprechende Instanz. Der Marktplatz und -ort ist so auch Vollzugsplatz von Rechtsprechung und zahlreichen, mit den entsprechenden Transaktionen verknüpften religiösen Aktivitäten. Von besonderer Bedeutung werden diese nicht-ökonomischen Funktionen dort, wo politische Zentralinstanzen nur begrenzt allgemein durchsetzungsfähig sind und verwandtschaftliche Kriterien eine überragende Rolle spielen: "In a land in which collections of people on non-kindship bases or non--age-set bases may prove difficult, the market provides the skeleton for a very wide range of social usages" (BOHANNAN und DALTON, 1962, S. 18).

Während nun Marktaustausch und Marktorte ethnosoziologisch selten besondere Erklärungsprobleme aufgeworfen haben, verhält es sich völlig anders mit dem reziprozitäts-orientierten sog. Zeremonialtausch oder den sog. Prestigeökonomien. Die Auseinandersetzung mit diesen Momenten gehört zu den klassischen Debatten der Ethnosoziologie, kann hier allerdings nur in Ansätzen aufgezeigt werden. Als Beispiele können die "Ringtauschsysteme" Kula in Melanesien, Tee und Moka auf Neuguinea, und die "Prestigeökonomie" des Potlatch an der anerikanischen Nordwestküste genannt werden. Zu Einzelheiten muß auf die einschlägige Literatur verwiesen werden. [51] Bemerkenswert an diesen Systemen ist, daß sie wegen ihrer Eigenarten, die sie in

Widerspruch zum unmittelbar maximierungsorientierten individuellen Vorteilskalkül europäischer Vorstellungen vom Wirtschaften setzen, besondere Aufmerksamkeit der Ethnologen und Soziologen erregten. Das Kula - zuerst von B. MALINOWSKI beschrieben - ist ein zeremonialer Ringtauschhandel, der über feste Tauschpartnerschaften, die Individuen hohen sozialen Ranges und sog. Kula-Gemeinschaften umfassen, verschiedene Inseln an und vor der Ostspitze Neuguineas verbindet. Als Besonderheit gilt, daß die Wertgegenstände, die in diese Zirkulation einfließen, einen hohen zeremonialen und Prestigewert haben, aber keine i.e.S. ökonomischen Gebrauchsnutzen. [52] Ihre Übergabe an den Tauschpartner erfolgt öffentlich nach elaborierten Regeln, die sorgfältig einzuhalten und mit einer umfassenden Kula-Tradition der magisch orientierten Vor- und Nachbereitung der Tauschaktionen verknüpft sind. [53] Neben diesem aufwendigen Kula findet parallel dazu ein Handel mit Gebrauchsgütern statt, der keinerlei zeremoniale Umrahmung aufweist und von "normalem" Maximierungsverhalten geprägt ist. [54] Die anderen Beispiele eines zeremonialen Ringtauschhandels - Moka und Tee - sind vor allem unter den Gruppen am Mt. Hagen auf Neuguinea vorzufinden, aber auf dieser großen Insel in anderer Form auch sonst verbreitet. Ihr Kennzeichen ist die Transaktion von Lebensmitteln und vor allem Schweinen, sowie den Stoßzähnen der Keiler, ebenfalls in einem Kreislauf, der verschiedene Gruppen aneinander bindet. Hier ist das auffälligste Kennzeichen die Haltung dieser Schweine innerhalb einer Schwendbau-Technologie, wobei diese Schweine periodisch in großen Zahlen und mit aufwendigem Zeremoniell geschlachtet werden.

Schließlich ist die Institution des Potlatch bei den indianischen Gruppen an der amerikanisch-kanadischen Nordwestküste (mit einer Jäger- und Fischfangtechnologie) seit ihrer ersten genaueren ethnographischen Erfassung durch F.

BOAS vor allem bekannt geworden durch die damit verbundenen Festlichkeiten, auf denen ein Wettbewerb um soziale Rangpositionen stattfand. Diese Wettbewerbe hatten einen ebenfalls zeremonialen Charakter, waren aber besonders auffällig durch die damit verbundene Ansammlung großer Mengen von Lebensmitteln und Gütern und deren herausfordernde Verteilung. Die Herausforderung des Gegners konnte auch die Vernichtung der angesammelten Güter bedeuten. Dementsprechend ist Potlatch von den älteren Autoren als eine Form der Prestige- und Rivalitätsökonomie begriffen worden, in der der Kampf um knappe prestigeträchtige Rangpositionen vor dem Hintergrund von materiellen Überflußverhältnissen stattfindet. Reziprozität bestünde dann in der Verpflichtung des durch eine Gabe Herausgeforderten, diese Gabe durch eine verdoppelte Gegengabe zu erwidern, wobei die so entstandene Eskalation ein ganzes "Zins"-, "Kredit"- und "Investitionssystem" erforderlich machen würde, damit die bei diesen Rangauseinandersetzungen eingegangenen Verpflichtungen auch eingelöst werden können.

Nun ist es verständlich, daß diese drei klassischen Fälle entsprechende ethnosoziologisch gerichtete Erklärungsversuche in Gang gesetzt haben, die nur auf dem Hintergrund der jeweiligen theoretischen Position nachvollziehbar sind. So interpretierte B. MALINOWSKI das Kula auf der Basis seines funktionalistischen Modells, das von der Gleichwertigkeit kultureller und natürlicher Bedürfnisse und der institutionellen Ausprägung von Mitteln zu deren Befriedigung ausging; die angelsächsischen Anthropologen, die sich mit Moka und Tee konfrontiert sahen, knüpften an die bekannten Ringtauschzeremonien an und sahen vor allem die prestigeträchtige Vernichtung von wertvollen Schweinen; die amerikanischen BOAS-Schüler bewerteten das Potlatch als eine kulturelle Besonderheit mit eigenen, nicht weiter reduzierbaren Gesetzmäßigkeiten, entsprechend ihren kulturrelativistischen Ausgangspositionen. Diese Diskussionen können hier

nicht weiterverfolgt werden. Statt dessen soll knapp hingewiesen werden auf neuere Interpretationsvarianten dieser bekannten Phänomene, die auf der Berücksichtigung ökologischer
und politischer Faktoren und interkulturellem Vergleich aufbauen.

Im Zusammenhang mit Kula ist festgestellt worden, daß über
die besonderen institutionellen Aspekte hinaus durch den
zeremonialen Ringtausch auch eine weitere Integrationswir-
kung auf verwandtschaftlicher und politischer Ebene
hervorgerufen wird. [56] Als Zeremonialtausch unter besonderen Regelungen schafft Kula eine erweiterte Friedenszone,
die durch keine andere politische Instanz gewährleistet
wird, und die bedeutsam ist für die Abwicklung des von MALI-
NOWSKI relativ unterbewerteten Nebenhandels mit lebenswichtigen Gütern. Diese lebenswichtigen Produkte, die neben dem
Zeremonialtausch in die Handelstransaktionen einfließen,
sind in einzelnen Kula-Gemeinschaften spezialisiert produziert worden zwecks Eintausch mit anderen, fehlenden Produkten (Töpferwaren, Holz, rote Ockerfarbe, etc.). Kula schafft
somit die Bedingungen für die Abwicklung dieses lebenswichtigen "Neben"-Handels. [57] Hier zeigt sich allerdings auch
die Abhängigkeit von der zugrundeglegten theoretischen Position, denn die "Entdeckung" des Nebenhandels ist nur möglich
auf der Grundlage der Scheidung von emischen und etischen
Sichtweisen. MALINOWSKI hatte bewußt die totalisierende Perspektive der Trobriander eingenommen, von der aus der Neben-
handel unwichtig war gegenüber der Kula-Transaktion. Erst
die politisch gerichtete Analyse der Wirkungen des Kula
vollzieht den Schritt darüber hinaus, entfernt sich aber
entsprechend von der subjektiven Interpretation dieser Regelungen durch die Einheimischen. [58]

Eine solche Betrachtung hängt z.T. aber auch ab von der Berücksichtigung der unterschiedlichen Milieuausstattung der
am Kula beteiligten Inseln. Desgleichen ist die Diskussion

um die Rolle des Potlatch geprägt von der "Entdeckung" der ökologischen Variablen durch die Kulturökologie und der Einbeziehung der historischen Dimension, denn es steht außer Zweifel, daß die besonders aufwendigen, güterzerstörenden Aspekte des Potlatch erst nach längerem Kontakt mit den Europäern und deren Produkten auftraten. Das herausfordernde Verschenken von Gütern trägt unverkennbare Kennzeichen eines Redistributions-Systems, während der destruktive Potlatch erst Ende des 19. Jhdts. auftrat und seine Ursache im Zugang zu neuen, externen Reichtumsquellen über den Pelzhandel hatte (HARRIS, 1980, S. 237), während die Bevölkerungszahl gleichzeitig rapide abnahm. [59]
Die alten, redistributiven Formen des Potlatch werden von diesen Autoren als Elemente eines ökologischen Anpassungssystems betrachtet, um die Folgen von örtlichen Ausfällen in der Nahrungsmittelversorgung (z.B. Fischfang) auszugleichen. Voraussetzung für das Funktionieren eines solchen Anpassungssystems war das Streben nach hohem sozialem Status, das dazu führte, daß erfolgreiche Verwandtschaftsgruppen (Klans) ihren Nahrungsmittelvorrat durch Verschenken in Prestige umwandelten und die ärmeren oder kurzfristig erfolglosen Gruppen durch diesen Verteilungsmechanismus die Möglichkeit bekanten zu überleben - sie "zahlten" quasi durch die Anerkennung des überlegenen sozialen Status der erfolgreicheren Gruppen. [60]

Schließlich ist auch die Rolle der Schweine in den "Prestigeökonomien" Neuguineas unter dem Einfluß kulturökologischer Sichtweisen einer Revision unterzogen worden. Das periodische Schlachten der angesammelten Schweine nach Jahren geringeren Fleischverzehrs stellt sich nach dieser Sicht nun nicht mehr dar als unökonomische, irrationale Vergeudung von Ressourcen zugunsten sozialen Prestiges, sondern als kalkulierte Beziehung zwischen Nahrungszusammensetzung, Bevölkerungsdruck, Kriegführung und sozialer Anerkennung, die rituell geregelt ist. [61] Auch hier sind aber durch europäische Einwirkung deutliche Veränderungen erkennbar, die zusammen mit den Veränderungen bei Kula und Potlatch durch G. DALTON einer zusammenfassenden Diskussion unterzogen worden ist. Mit einem Blick auf diese Vergleichsmöglichkeiten soll dieses Kapitel abgeschlossen werden.

DALTON (1978, S. 159 ff.) hat zwischen zwei Grundformen des zeremonialen Tausches unterschieden: einer Form, die friedliche Allianzen zwischen korporativen Gruppen herstellen bzw. aufrechterhalten soll, und einer Form, die Streitigkeiten zwischen Verwandten oder durch Heirat verbundenen Gruppen unter Vermeidung tödlicher Auseinandersetzungen regeln soll, so daß die Beziehung zwischen den Gruppen nicht zerbricht. Bei der ersten Form des Zeremonialtausches treten so z.B. vier gleichzeitige Prozesse auf: - unterschiedliche korporative Gruppen stellen durch die friedliche Transaktion materieller Güter ihre besondere Beziehung her; - die Führer dieser Gruppen verwenden die erworbenen wertvollen Dinge und sozialen Beziehungen, um in ihren eigenen Gruppen ihre Position, Macht und materiellen Mittel zu verbessern; - die verzögerte Reziprozität bei den zeremonialen Austauschvorgängen ist als Regel auch Voraussetzung, um die friedliche Beziehung aufrechtzuerhalten, denn verzögerte Reziprozität schafft Kontinuität in der Beziehung, ihre Nichteinlösung durch einen Partner beendet die Allianz; - solange der zeremoniale Austausch stattfindet, können die dadurch verbundenen Gruppen andere wechselseitig vorteilhafte Tätigkeiten durchführen.

Unter den Bedingungen vor dem europäischen Kontakt waren daher Veranstaltungen wie Potlatch außerordentlich komplexe Sachverhalte: - als Festlichkeit kennzeichneten sie wichtige Lebensabschnitte (Geburt, Heirat, Tod, usw.) und fanden dementsprechend relativ selten statt; - sie dienten dazu, öffentlich die Nachfolgerechte auf Titel, Eigentum, usw. darzustellen; - bei manchen Gruppen an der Nordwestkü-

ste diente der Potlatch auch als nichttödliche Auseinandersetzung zwischen Genossen der gleichen Lineage um die Nachfolge in einer höheren Lineage-Position und der damit verknüpften Prärogativen; - Initiator und Gastgeber war ein
anerkannter Lineage-Ältester, der als "big-man" [62] innerhalb der Lineage das Recht hatte, ein Potlatch zu veran-
stalten; - verwendet wurden zweierlei Güter: Nahrungsmittel
für das Fest und Wertgegenstände (Pelze, Sklaven, Kanus,
Muscheln usw.), die an die Gäste verteilt wurden; geringere
Mitglieder der Lineage trugen zum Gabenvorrat des
veranstaltenden "big-man" bei, und teilten mit ihm den Ruhm
des Potlatch, sowie die Geschenke von späteren Teilnahmen
an anderen Potlatch; - Gäste waren der veranstaltenden Lineage durch Heirat oder militärisch-politische Allianzen
verbunden, sie verteilten die erhaltenen Gaben unter ihren
eigenen Klan- und Lineage-Genossen; - Feste und Geschenke
mußten sehr aufwendig sein, denn sie waren Anzeichen für
Reichtum, Macht und Wohlstand und zeigten an, welch wün-
schenswerter Partner der Gastgeber war (ökonomisch und mi-
litärisch); - die Gäste mußten entsprechende Gegenleistungen (durch Potlatch) erbringen, um die Verbindung aufrechtzuerhalten, widrigenfalls die friedlichen Beziehungen in
feindliche umschlagen konnten. Gab eine Lineage oder ein
Klansegment, das dazu berechtigt war, kein Potlatch, so
verlor sie dadurch Prestige und Verbündete; - Initiatoren
eines Potlatch waren "big-men" in dominanten Lineages, nur
sie konnten die für die Veranstaltung notwendigen Güter und
die erforderliche Kooperation der Gruppengenossen erhalten;
- Potlatch-Güter, wie auch Kula-Wertgegenstände, konnten
auch in anderen Transaktionen Verwendung finden, soweit damit besondere Beziehungen und Sachverhalte abgedeckt wurden, die besonders prestigebezogen waren (Entschädigungs-
gaben an Verbündete, Gaben an Feinde bei Friedensschluß,
u.a.); - Potlatch, Kula und Moka waren gebunden an das Fehlen einer Zentralgewalt, umgekehrt wurden keine solchen
Zeremonialgüter verwendet, wo eine solche zentrale Instanz

existierte.

Andere Anthropologen haben einen regelrechten Strukturtypus der "Potlatch-Gesellschaft" als Modell entwickelt, der in verschiedenen empirisch existierenden Gesellschaften nachweisbar ist. Aus dem ethnosoziologischen Material der Nordwestküste und dem Vergleich verschiedener Gruppen (Tlingit, Haida, Kwakuitl, Nootka) ergeben sich drei Elemente einer solchen Potlatch-Struktur: Diese Gesellschaften haben ein Rangsystem, das aus Positionen besteht, die mit besonderen Namen, Eigentumsrecht, zeremonialen Attributen und der politischen Kontrollmacht gegenüber anderen Positionen ausgestattet sind. Weiterhin werden Zeremonien durchgeführt, wenn es darum geht, durch Distributionen in großem Maßstab Rangpositionen zu bestätigen, bzw. zu erweitern. Schließlich werden solche Feierlichkeiten stets gegenüber den angeheirateten Verwandten vollzogen. Daraus schließen diese Autoren auf einen Zusammenhang zwischen dem Auftreten von Potlatch und "System-Krisen": Potlatch findet statt anläßlich eines Rearrangements der sozialen Struktur, das - weil keine feste Regeln für dieses Rearrangement vorliegen - von der Manipulation durch Individuen abhängt: "Critical junctures occur when rules are absent, thus the two are in complementary distribution" (ROSMAN und RUBEL, 1978, S. 113).

Diese Feststellung dient ROSMAN und RUBEL dazu, eine Ebene der Potlatch-ähnlichen Transaktionen auszumachen - auf der vor allem der Tausch von Lebensmitteln stattfindet -, die parallel zu den Mustern des Austausches von Frauen zwischen Gruppen verlaufen und die deutlich von der Ebene des Kula abgesetzt sind. Kula sichert nämlich die Außenverbindungen von Trobriand mit den Bewohnern anderer Inseln und ist eben nicht - wie der interne Potlatch-Austausch - an kritische Situationen der Strukturgefährdung geknüpft. [63] Die weitere Analyse anderer Gruppen (Maori, Abelam auf Neuguinea) zeigt nach den Verfassern, daß Variationen des Modells sich aus den Variationen der Elemente der sozialen Struktur ergeben. Dementsprechend nehmen auch die anderen Gesellschaften des Potlatch-Typs einen Zeremonialtausch von Gütern in großem Maßstab anläßlich der Neuordnung der Sozialstruktur vor. Diese Überlegungen sind denen der Kulturökologen durchaus entgegengesetzt: der These von der Güterverteilung durch Potlatch von den Gruppen, die Überfluß genießen zu denen, die Mangel leiden, wird die These von den Ordnungsbedürfnissen der Sozialstruktur gegenübergestellt, deren Neuregelung das Auftreten von Potlatch bestimmt.

Solche ökonomisch-politischen Sachverhalte können externe Einflüsse kaum unverändert überstehen und dementsprechend gilt z.B. DALTON der Potlatch, den seinerzeit BOAS beobachtete, als ein deformiertes und kolonial überlagertes Phänomen, in dem die massenhafte Gütervernichtung ein Ausdruck der Intensivierung des Potlatch ist. Hervorgerufen durch die Unterdrückung kriegerischer Auseinandersetzungen, werden frühere Feinde mit den Mitteln des Potlatch herausgefordert; die "big-men" sind z.T. wichtiger Funktionen beraubt worden (koloniale Administration und Friedenszwang berauben sie sozialer und militärischer Zuständigkeiten) und verlegen sich auf die Ausdehnung/Intensivierung des Zeremonialtausches als verbliebenem Tätigkeitsfeld; schließlich haben sowohl die verfügbaren Güter als auch die für diese Zeremonien disponiblen Personen an Zahl zugenommen; nicht nur die Ranghohen, sondern auch die Rangniedrigeren können sich bei neuen (europäischen) Prestigegütern und gestiegenem (Geld-) Einkommen (z.B. aus Pelzhandel) an solchen zeremonialen Transaktionen beteiligen, ohne die Sanktionen befürchten zu müssen, die sich bei intakter Sozialstruktur ergeben hätten.

An solchen Fällen wird vor allem deutlich, wie sehr eine hinreichende Erörterung "ökonomischer" Phänomene in diesen Gesellschaften abhängig ist von der gleichzeitigen Berücksichtigung der jeweils geltenden "politischen" Regelungen und deren Wirkungen. Eine Betrachtungsweise, die im Kontext staatlich organisierter, hochindustrialisierter und kapitalistischer Ordnungskriterien unterworfenen Gesellschaften möglicherweise analytisch hilfreich ist, wird in vorstaatlichen und vorkapitalistischen Gesellschaften zu einer konzeptuellen Sackgasse, weil sie von falschen Voraussetzungen (z.B. Trennung von privatem Wirtschaftsbereich und öffentlichem Politikbereich) ausgeht. Insofern ist dieser Fragenkomplex auch exemplarisch geeignet, die besonderen Konsequenzen theoretischer Interpretationsperspektiven aufzuzeigen, die sich ausschließlich auf formale Kriterien von Interaktionsgruppen funktionalen Charakters beschränken. Die Inhalte und die Formen der Transaktion von materiellen Gütern und nicht-materiellen Leistungen sind nur dann in ihrem Stellenwert hinreichend zu erfassen, wenn man auch in Betracht zieht, welche Gruppen, Instanzen, usw. diese Interaktionen regeln, kontrollieren und in Gang setzen. Das nächste Kapitel wird sich daher vorrangig darum zu bemühen haben, diese Instanzen und Gruppen und ihre Wirkungen aufzuzeigen, sowie die Merkmale theoretischer Erklärungsansätze zu deren Analyse zu kennzeichnen.

1) SAHLINS hat Ökonomie generell definiert als "the process of provisioning society. (...) Any institution, say a family or a lineage order, if it has material consequence for provisioning society can be placed in an economic context and considered part of the economic process" (SAHLINS, 1972, S. 185). Eine ähnliche Sichtweise ist hier zugrundegelegt, wenn auch die Annäherung über die unmittelbare materielle Grundlage dieser "Bevorratung" erfolgt, und die institutionsorientierte Diskussion erst im zweiten Teil des Kapitels erfolgt.

2) Der klassische Evolutionist L. H. MORGAN verfährt in dieser Weise, die über die technologische auch die gesellschaftliche Entwicklung zu erfassen glaubt (vgl. MORGAN 1974). Die Verknüpfung unterschiedlicher Technologien mit verschiedenen sozialstrukturellen Ordnungsweisen als Erweiterung der rein technischen Stufenleiter hat ebenfalls ethnosoziologische Tradition (vgl. z.B. THURNWALD 1932, S. 44 ff.). Für die folgende Unterteilung ist vorwiegend zurückgegriffen worden auf: FORDE 1971, SPIER 1968, LUSTIG-ARECCO 1975.

3) SERVICE (1966) stellt eine Reihe von exemplarischen Jäger-/Sammlerinnen-Gesellschaften vor, aus deren Analyse gerade auch die Abhängigkeit der Bevölkerungszusammenballungen von der jeweiligen Milieubeschaffenheit und der konkreten Tätigkeit deutlich wird: die australischen Aborigines z.B. bewegen sich in Horden von 200 und mehr Menschen in den Küstenregionen und kleineren Gruppen von 20 bis 30 Personen in den ariden inneraustralischen Gebieten (vgl. auch HARRIS, 1980, S. 188).

4) Was aber ein gruppengebundenes Nutzungsrecht an bestimmten Zonen nicht ausschließt, das auch von anderen Gruppen anerkannt wird.

5) Vgl. dazu THIEL, 1980, S. 48 ff.

6) Informationen dazu finden sich bei E. REED (1975), insbesondere im 5. Kapitel: "The productive record of primitive women". Zu einer Diskussion der Zusammenhänge mit dem Status der Frau siehe bes. E. LEACOCK (1978) und E. FRIEDL (1975).

7) Eine Ausnahme sind die Eskimo, die allerdings Jagd mit Fischfang kombinieren und sehr effiziente Lager- und Konservierungstechniken entwickelt haben. Allerdings hat sich neuerdings eine Debatte um die Frage entwickelt, ob zwischen zwei Grundformen von Jäger-/Sammlerinnen-Gesellschaften unterschieden werden muß: Nahrung speichernden und solchen, die keine solche Speicherung vornehmen können. Mit wenigen Ausnahmen (z.B. kalifornische Indianer) handelt es sich bei den Gruppen, die der ersten (speicherhaltenden) Form zuzuordnen sind, meist um Grenzfäl-

le, die Jagd-/Sammeltätigkeit mit Fischfang kombinieren (z.B. Nordwestküsten-Indianer), und daher eine breitere Subsistenzgrundlage als 'reine' Jäger-Sammler aufweisen (vgl. dazu v.a. A. TESTART, 1982).

8) Der Begriff "freie Zeit" ("leisure time") ist in diesem Zusammenhang falsch verwendet, weil er i.d.R. eine konsistent abgesonderte "Zeit der Arbeit" voraussetzt, die erst dann vorliegt, wenn für andere gearbeitet wird, also tatsächlich erst mit der Produktion von Waren gegeben ist, und am deutlichsten mit Lohnarbeiterverhältnissen und der Trennung von Arbeitsplatz und Wohnstätte gegeben ist.

9) Vgl. v.a. das Kapitel "the original affluent society" in M. SAHLINS, 1972, S. 1 - 39.

10) Dazu gehören vor allem die !Kung - Gruppe der Buschmänner in der Kalahari und die Arunta-Gruppe der Australier.

11) In der angelsächsischen Literatur bezeichnet als "shifting cultivation" oder "swidden cultivation".

12) Die optimale Regeneration einer Sekundärvegetation kann zwischen 10 und mehr als 20 Jahren dauern, je nach Klima- und Bodenverhältnissen. Allerdings ist i.d.R. nicht mehr als jeweils 5 % des insgesamt anbaufähigen Landes in einem bestimmten Jahr tatsächlich angepflanzt. Bei den Tsembaga (Neuguinea) wurden z.B. 1962/63 nur 42 acres bebaut von insgesamt 864 acres, die als Gartenland genutzt wurden (vgl. M. HARRIS, 1980, S. 194, R. RAPPAPORT, 1968).

13) Vgl. M. HARRIS, 1980, S. 188 ff., der allerdings die Expansion-Intensivierung-Sequenz auf alle Subsistenztechnologien ausdehnt. Hier soll vor allem die geringe Intensivierungstoleranz der beiden Fälle hervorgehoben werden.

14) Ein gut dokumentierter Fall sind die sudanesischen Nuer, die von E.E. EVANS-PRITCHARD (1940) untersucht worden sind, und deren Wirtschaftsweise gemäß den Jahreszeiten (Regen-, bzw. Trockenzeit) zyklisch zwischen den Schwerpunkten Viehhaltung (Rinder) und Gartenbau variiert.

15) "In der Pflanzenkultur gilt die Frau im Gegensatz zum Mann als das Kulturelement. Sie schafft Kultur, sie gebiert Leben, sie pflanzt, sie ist die Seßhafte (...). Wenn man überhaupt von einer weiblich orientierten Weltanschauung reden kann, so hier bei den einfachen Pflanzern..." (J. THIEL, 1980, S. 58). Es gibt allerdings Gegenbeispiele, die deutlich machen,

daß diese zentrale Position der Frau zusammengeht mit einer äußerst frauenfeindlichen, ja - mißachtenden Handlungsweise, wie z.B. bei den Yanomama im brasilianischen Regenwald die allerdings zum Untersuchungszeitpunkt in einer prekären Situation der relativen Überbevölkerung gewesen zu sein scheinen (vgl. N. CHAGNON, 1977, M. HARRIS, 1974, S. 83 ff., und 1977, S. 56 ff.).

16) Vgl. unten S.129f und S.140 f.

17) Im Fall der Nordwestküsten-Indianer bezieht sich das vor allem auf den Lachsfang anläßlich der Lachswanderung ("It might be said of these people that they practice a 'natural agriculture'" (M. SAHLINS, 1968, S. 39).

18) Die aber sehr wichtig sind (Unkrautbekämpfung, Ernte, usw.).

19) Wenn auch diese Mobilität in den meisten Fällen die Hirtennomaden zwischen abgrenzbaren Gebieten pendeln läßt (etwa: Winter- und Sommerweiden).

20) Vgl. vor allem W. SCHMIDT und W. KOPPERS (1924) für eine ethnologische Version dieser Auffassung; zur Kritik v.a. W. MÜHLMANN, 1964, S. 253 ff. und 262 ff., D. GOETZE, 1969, S. 89 ff.

21) Die Gefährdung ergibt sich nicht zuletzt aus den wechselseitigen Beziehungen der Hirtennomaden untereinander, die oft geprägt sind von wechselseitigen Viehraubzügen. SAHLINS spricht daher vom "endemic cattle-raiding of nomad life", das er einerseits auf die natürliche Gefährdung der Viehhaltung zurückführt, andererseits mit den Konflikten und Allianzen zwischen verschiedenen Gruppen von Hirtennomaden in Verbindung bringt: "Cattle-raiding is of course divisive as well as self-perpetuating. But at the same time it encourages offensive and defensive alliances between communities, and allegiances to powerful men in a position to extend security and distribute booty" (M. SAHLINS, 1968, S. 37). Hier sind deutlich die ethnosoziologisch relevanten Folgen einer Subsistenztechnologie angesprochen, die von J. THIEL, der ebenfalls von der "starken kriegerischen Note der Hirtenvölker" schreibt, recht unsoziologisch gesehen wird ("Ihren großen Besitz kann man leicht stehlen, da er beweglich ist", J. THIEL, 1980, S. 68).

22) Vgl. zum folgenden v.a. M. HARRIS, 1980, S. 184 ff., aber auch ders., 1974, 1977 und 1979.

23) "The system of relationships among the organisms in an

environment is known as an ecosystem" (M. HARRIS, 1980, S. 184).

24) Die Einbeziehung der Kultur ist die entscheidende Variable, um Ökosysteme, in denen der Mensch die wichtigste Komponente ist, von anderen Ökosystemen zu unterscheiden. Kultur ist für HARRIS damit vor allem eine spezifische "Anpassungsweise" ("mode of adaptation"), die besonders durch ihre vielfältige Flexibilität dem Menschen seine wichtige Position sichert.

25) M. HARRIS (1980, S. 186 ff.) vergleicht als solche Nahrungsenergie-Systeme: Jäger-/Sammlerinnen, Regenfall-Hackbau, Bewässerungs-Ackerbau, Hirtennomadismus und industrielle Systeme.

26) Die Diskussion der "Struktur der Unterproduktion" ist am ausführlichsten von M. D. SAHLINS (1972, S. 1 - 100) geführt worden. Er stellt fest, daß "there are indications of underproduction from many parts of the primitive world (...). Underproduction is in the nature of the economies at issue; that is, economies organized by domestic groups and kinship relations" (SAHLINS, 1972, S. 41).

27) Diese vereinfachenden Sichtweisen gehen noch zurück auf die Überlegungen, die im Rahmen der "klassischen" evolutionistischen Theorien des 19. Jahrhunderts formuliert worden sind (v.a. H. SPENCCER und L. H. MORGAN). MORGAN schreibt z.B.: "Die Inferiorität des Wilden in geistiger und sittlicher Beziehung der unentwickelt, unerfahren, durch seine niedrigen tierischen Begierden und Leidenschaften niedergehalten wurde, ist, wenn auch widerstrebend anerkannt, tatsächlich festgestellt..." (L. H. MORGAN, 1976, S. 35).

28) Vgl. L. PEARSON 1957, M. HARRIS, 1959, M. ORANS, 1966, G. DALTON, 1960 und 1963.

29) Vgl. zur Kritik z.B. E. MANDEL 1970, S. 42 - 45. Die Unterscheidung zwischen "Mehrprodukt" und "Mehrwert" liegt bekanntlich seit MARX der Absetzung kapitalistischer Warenökonomie von vorkapitalistischen Produktionsweisen zugrunde.

30) B. MALINOWSKI spricht von der "Vorstellung vom imaginären, primitiven Menschen oder Wilden, der in allen seinen Handlungen von einer rationalistischen Idee des Eigennutzes getrieben wird und seine Ziele direkt und mit dem geringsten Aufwand erreicht. Schon ein einziges gut gewähltes Beispiel (d.h. also: Trobriand, D.G.) wird beweisen können, wie widersinnig die Unterstellung ist, daß der Mensch, insbesondere der auf einer niedrigeren Stufe der kulturellen Entwick-

lung stehende, sich von den rein ökonomischen Motiven
eines aufgeklärten Eigennutzes leiten ließe" (B. MALI-
NOWSKI, 1979, S. 88 f.).

31) So schreibt der amerikanische Anthropologe R. BURLING:
"If we now focus upon the individual who is caught in
the web of society and who is trying to maximize his
satisfactions, we are led to the investigation of his
actual behavior in situations of choice. This is the
crucial economic question" (R. BURLING, 1962, S. 818).
Vgl. dazu auch die Beiträge in E. LE CLAIR und H.
SCHNEIDER 1968.

32) "In seiner sachlich-materiellen Bedeutung ist das Wort
"wirtschaftlich" von der Abhängigkeit hergeleitet, in
welcher wir Menschen in Bezug auf unseren Lebensunter-
halt von Natur und Mitmensch stehen. Der Hinweis ist
dabei auf die gegenseitigen Einwirkungen zwischen dem
Menschen einerseits und seiner naturhaften und gesellschaftlichen Umgebung andererseits, insofern diese
Einwirkungen mit seiner materiellen Bedürfnisbefriedigung zusammenhängen" (K. POLANYI, 1979, S. 209 f.).

33) Hier wird der funktionalistische Charakter des POLA-
NYI-Modells deutlich, das im übrigen auf frühere Formulierungen zurückgreifen kann, die als Bausteine wie-
derkehren und sich bereits bei den Arbeiten von THURN-
WALD, MALINOWSKI, DURKHEIM und MAUSS nachweisen lassen.

34) M. MAUSS hatte das seinerzeit (1968, S. 176) noch im
Anschluß an DURKHEIM als "totale gesellschaftliche
Tatsachen" bezeichnet. als "Tatsachen, die in einigen
Fällen die Gesellschaft und ihre Institutionen in ih-
rer Totalität in Gang halten (...), in anderen Fällen
eine große Zahl von Institutionen".

35) Vgl. dazu im einzelnen: S. COOK 1973, D. KAPLAN 1968,
M. SAHLINS 1969, S. COOK 1966, G. DALTON 1969, R. BUR-
LING 1962 und mehrere Aufsätze in E. LE CLAIR und D.
SCHNEIDER 1968.

36) "Hau" ist der Geist" der Sachen und insbesondere des
Waldes und des darin lebenden Wilds". Somit bezeichnet
der Begriff "zugleich Wind und Seele, oder genauer,
zumindest in einigen Fällen, die Seele und die Macht
der unbelebten und der pflanzlichen Dinge" (M. MAUSS
1968, S. 32 und Fn. 26 ebda.).

37) Vgl. zum folgenden M. SAHLINS 1972, S. 150 ff.

38) Der von MAUSS zugrundegelegte und von SAHLINS reinter-
pretierte überlieferte Maori-Text behandelt den zeremoniellen Austausch zwischen Priestern und Jägern. Er-

stere veranlassen durch "hau", daß der Wald viele
jagdbare Vögel enthält, die von den Jägern eingefangen
werden können und von denen die Jäger einige den Priestern zum zeremonialen Verzehr übergeben, um so die
Fruchtbarkeit des Waldes wiederherzustellen (Vgl. M.
MAUSS 1968, S. 31 ff. und M. SAHLINS 1972, S. 158
ff.).

39) "Except for the honor accorded to generosity, the gift
is no sacrifice of equality and never of liberty. The
groups allied by exchange each retain his strength, if
not the inclination to use it" (M. SAHLINS 1972, S.
170).

40) Vgl. z.B. N. SMELSER 1972, S. 178 und T. PARSONS 1976,
S. 192 f.

41) "If friends make gifts, gifts make friends. A great
proportion of primitive exchange (...) has as its de-
cisive function this latter, instrumental one: the
material flow underwrites or initiates social relations" (M. SAHLINS, 1972, S. 186). Als eine scheinbare
Gegenform zu dieser Struktur ist lange Zeit der sog.
"stumme Handel" (oder: Depothandel) angesehen worden,
der " namentlich mit scheuen und sich inferior fühlen-
den Völkern unterhalten" worden ist (R. THURNWALD,
1932, S. 123). Er besteht darin, "daß Gegenstände an
einem Ort niedergelegt werden, die Geber sich hierauf
zurückziehen, sodann nach einer traditionellen Verein-
barung oder gewissen Zeichen die Handelspartner erscheinen, die Waren abholen und nach einer Weile die
Entgeltung, die sie für diese Gegenstände bereit
haben, und von denen die ersten Geber in herkömmlicher
Weise wissen, an dem vereinbarten Platz niederlegen
und sich nun ihrerseits zurückziehen" (R. THURNWALD
1932, S. 122 f.). Die Annahmen über die sozialen und
kulturellen Implikationen von "stummem" Handel sind in
letzter Zeit erneut kritisch diskutiert worden: vgl.
dazu P. GRIERSON 1980 und J. PRICE 1980.

42) "Sharing is an allocation system that is closely
related to man's biological nature. It is particulary
dependent upon such bio-social attributes as the divi-
sion of labor according to sex, age and differing physical propensities among people who are intimately associated over a long period of time" (J. PRICE 1975,
S. 5).

43) Von seiner Untersuchung schreibt PRICE z.B.: "This is
an examination of the economic behavior that is most
characteristic of households and other intimate economies, (...). It is called sharing here and is seen as
the most universal form of human economic behavior,
distinct from and more fundamental than reciprocity"

(J. PRICE, 1975, S. 3; Hervorhebungen im Original).

44) Heirat, Inzesttabus und Verwandtschaftssysteme (also soziale Regelungen) werden systematisch mit "Teilen" verknüpft: "In fact, marriage in primitive societies is a sharing contract, asymmetrical, an unequal exchange of incomparables" (J. PRICE, 1975, S. 13).

45) Vgl. dazu M. SAHLINS 1972, S. 188 ff. und die vorzügliche vergleichende Studie von J. VAN BAAL 1975, S. 11 - 69.

46) Nämlich Reziprozität zwischen der Zentralinstanz und den jeweils einzelnen übrigen Mitgliedern der Gruppe, die an diese Instanz Güter/Dienstleistungen abgeben und später von dieser wieder empfangen. Diese Notwendigkeit einer Zentralinstanz ist auch der Grund, weshalb in diesem einführenden Text die wesentlichen Merkmale der zentralisierten Redistribution im Kapitel über Politik diskutiert werden.

47) SAHLINS führt als Prototyp der "generalisierten Reziprozität" die von B. MALINOWSKI geprägte Kategorie der "reinen Gabe" an: "...eine Handlung, bei der ein einzelner einen Gegenstand gibt oder einen Dienst erbringt, ohne eine Erwiderung zu erhalten oder zu erwarten" (B. MALINOWSKI 1979, S. 218).

48) Vgl. dazu den Beitrag von R. DIRKS (1980) und dort gegebene Literaturhinweise.

49) Wie wichtig diese besonderen Bedingungen sind, wird schon daraus deutlich, daß gerade die spezifischen Zwecksetzungen der "zielgebundenen" gelegentlichen Marktteilnehmer in der zweiten Grundform weitgehend bestimmt wird vom z.B. Einzug von Geldsteuern durch (koloniale/postkoloniale) Zentralinstanzen oder auch infrastrukturellen Kommunikationsbedingungen (etwa: beim Fahrradkauf). Vgl. P. BOHANNAN und G. DALTON 1962, S. 7 f.

50) Vgl. dazu und zum folgenden schon: R. THURNWALD, 1932, S. 137 ff.

51) Vgl. zum Kula B. MALINOWSKI 1979 und 1978, J. UBEROI 1962, zu Tee und Moka R. BULMER 1960, A. STRATHERN 1971 und 1976, M. MEGGITT 1974, zu Potlatch: P. DRUKKER 1967, H. CODERE 1950, S. PIDDOCKE 1965, W. SUTTLES 1960, A. ROSMAN und P. RUBEL 1971, wobei die ersten ethnologisch fundierten Aufzeichnungen über Potlatch von F. BOAS vorgenommen wurden.

52) Diese Kula-Wertgegenstände sind Armreifen und Muschelketten, zirkulieren im Kula-Ring jeweils nur in eine

Richtung (Armreifen in südlicher, Muschelketten in nördlicher) und verbleiben immer nur kurze Zeit im Besitz eines Kula-Teilnehmers.

53) Diese Magie ist besonders gegeben bei den großen Über-see-Kula-Expeditionen, die mit großen Hochsee-Kanus zwischen Februar und April durchgeführt werden und Trobriand z.B. mit den Inseln Dobu und Amphletts ver-binden.

54) Dieser gewöhnliche Tauschhandel ("gimwali") ist deut-lich abgesetzt von Kula-Transaktionen und ausschließ-lich auf benötigte Gebrauchsgegenstände und Rohstoffe beschränkt.

55) Solche Interpretationen finden sich vor allem bei frü-heren Arbeiten über Potlatch, so vor allem bei H. CO-DERE (1950), aber auch bei R. BENEDICT (1955). Die in der Spätphase des Potlatch (gegen Ende des 19. Jhdts.) aufgetretene Massenvernichtung von Gütern (z.B. Ver-brennen von einfachen Wolldecken, Walöl, Zerbrechen von Kupferplatten, Töten von Sklaven) setzte bei den Beteiligten eine beträchtliche Ansammlung solcher Din-ge voraus, die nur durch entsprechende Mithilfe und Gaben von Deszendenzgruppenangehörigen bewerkstelligt werden konnte. Diese extrem destruktive Form des Riva-litätspotlatch scheint aber tatsächlich eine "deka-dente" Spätform gewesen zu sein.

56) Für UBEROI Kula "symbolizes, in fact, the reciprocity which sustains a society at home, as well as that which maintains its vital alliances abroad". Kula-Aus-tauschtransaktionen "symbolize the prime organizing principle of small-scale societies which lack govern-ment and are composed of homologous segments" (J. UBE-ROI, 1962, S. 159).

57) Vgl. M. HARRIS 1980, S. 330 ff. und J. UBEROI 1962, S. 148 ff.

58) M. HARRIS betont zu recht: "As is often the case, the etic aspects of the Kula are different from the emic aspects (...). As long as everyone agrees that the ex-pedition is not really concerned with such mundane ne-cessities as coconuts, sago palm flour, fish, yams, baskets, mats, wooden swords and clubs, greenstone for tools, mussel shells for knives, creepers and lianas for lashings, these items can be bargained over with impunity. Although no Trobriander would admit it, or even conceive how it could be true, the vaygu'a (d.h. die zeremonialen Wertgegenstände, D.G.) are valuable not for their qualities as heirlooms but for their truly priceless gift of trade" (M. HARRIS, 1980, S. 232).

59) 1836 scheinen beispielsweise die Kwakiutl, eine der
Gruppen, über deren Potlatch vor allem berichtet worden
ist, noch ca. 10.000 Personen gezählt zu haben, während Ende des 19. Jhdts. vor allem durch die Verbreitung von Krankheiten europäischer Provenienz nur noch
ca. 2.000 Kwakiutl lebten, was eine starke Entvölkerung
bedeutete und Folgen hatte für die Intensität, mit der
sich erfolgreiche Personen um eine ausreichende Anzahl
von Gefolgsleuten bemühen mußten.

60) Die Abnahme von kriegerischen Konflikten im Zuge der
Kolonisierung ist dabei gleichlaufend mit der Zunahme
der (unblutigen) Austragung von Konflikten durch die
herausfordernde Vergabe und Zerstörung von Gütern. Vgl.
dazu: S. PIDDOCKE 1965 und W. SUTTLES 1960.

61) Hier sind besonders die Arbeiten von R. RAPPAPORT
(1967, 1969) und A. VAYDA (1961) bedeutsam.

62) Der Begriff des "big-man" muß hier vorläufig eingeführt
werden, obwohl er erst im folgenden Kapitel voll entwickelt werden kann. Er bezeichnet einen politisch-öko-
nomischen Typus der Herrschaftsregelung, die auf dem
Selbsterwerb durch persönliche Qualifikation und Anstrengung eines Führungsanspruchs beruht, der nicht als
Amt fixiert und nicht vererbbar ist.

63) Zu diesem Aspekt ist auch die Studie von A. WEINER
(1976) hinzuzuziehen. Die Verfasserin untersucht, welchen Stellenwert in der matrilinearen Gesellschaft Tro-
briands unterhalb und neben dem von Männern getragenen
Kula-Austausch der von Frauen selbständig praktizierte
Austausch von Lebensmitteln und anderen Gütern einnimmt
und gründet ihre empirische Arbeit z.T. auf weiterführende theoretische Überlegungen zum Austausch in der
Trobriand-Gesellschaft.

5. Ethnosoziologie der Politik

Im Zusammenhang mit der Diskussion ökonomischer Phänomene, insbesondere auf der Ebene der Austauschbeziehungen, ist schon auf die Bedeutung der relevanten politischen Regelungen hingewiesen worden. Damit ist auch die intensive Verflechtung von "Politik" und "Ökonomie" in den hier behandelten Gesellschaften deutlich geworden, die nicht nur den besonderen Charakter derselben deutlich macht, sondern auch erhebliche analytische Schwierigkeiten bereitet hat. An mindestens drei Stellen wird die wechselseitige Funktionalität von "Ökonomie" und "Politik" erkennbar: zum einen machen die über entsprechende Subsistenztechnologie und soziale Austauschbeziehungen gewonnenen "Überschüsse" in der Produktion die Freisetzung und Spezialisierung von Personen für soziale Positionen möglich, deren Geschäft explizit "Politik", bzw. entsprechende Tätigkeit, ist. Zum anderen tragen diese sozialen Positionen und deren explizite Sanktionsbefugnisse entscheidend dazu bei, die genaue Verwendung dieser "Überschüsse" festzulegen und zusätzliche auf Dauer erbringen zu lassen. Schließlich sichern alle Maßnahmen, die im Zuge dieser Reglementierungen vorgenommen werden, auch die Weiterexistenz der gesellschaftlichen Gruppe, die von ihnen betroffen ist nach außen, d.h. im Verhältnis zu anderen analogen oder übergeordneten, bzw. fremden Gruppen. Eine solche Veranschaulichung der Funktionsverflechtungen ist - obwohl Bestimmungen eines Gegenstandes über seine Wirkungen eigentlich nicht sehr hilfreich sind - geeignet, aufzuzeigen, wie schwierig es ist, sinnvoll "Politik" in Gesellschaften abzugrenzen, in denen es einen solchen besonderen "politischen" Bereich nicht gibt. Für unsere Zwecke mag er vorläufig festgelegt werden, als die Gesamtheit aller Regelungen und Ordnungen in einer sozialen Gruppe (Gesellschaft), die nach innen hin die sozialen Beziehungen, nach außen hin die Existenzbedingungen gegenüber anderen Gruppen gewährleisten sollen.

Es ist charakteristischer Ausfluß dieser Abgrenzungsschwie-
rigkeiten, daß die Ethnosoziologie der Politik, vor allem in
ihren Anfängen, versucht hat, solche Regelungen in diesen
vorstaatlichen und vorkapitalistischen Gesellschaften analog
zu denen in staatlich organisierten europäischen Gesellschaften als mangelhafte Exemplare dieser letzteren zu begreifen, also als Gesellschaften, die eben "noch nicht"
staatlich organisiert sind - ohne allerdings zu begreifen,
daß es sich um völlig andere Organisationsprinzipien handel-
te. [1] Faktischen Schwierigkeiten gesellen sich also er-
kenntnistheoretische hinzu, wie allein schon daraus erhellt,
daß diese alleinige Kontrastperzeption zu staatlichen europäischen Gesellschaften auch überlagert wurde von einer moralischen Bewertung, die auch die politischen Aspekte als
durch einen vorzivilisatorischen "Naturzustand" geprägt begreifen wollte.

Dementsprechend ist eine der ersten Fragestellungen der Ethnologie der Politik eben die nach der Möglichkeit zur Aufhe-
bung der Differenzen, oder - anders ausgedrückt - die Frage
nach der Genese des Staates. Zwei wichtige Argumentationsstränge sind hier zu nennen, die beide in typischer Weise
diese Frage zu beantworten versuchten: Zum einen, die Position der sog. Überlagerungstheorie, zum anderen die Position, die die Entstehung des Staates aus Assoziationen zu
erklären versuchte. Die Überlagerungstheorie gewann gerade
im Zwischenbereich von Ethnologie und Soziologie viele
Anhänger. [2] Sie behauptete, daß Hirtennomaden besondere Fähigkeiten zur Bildung von Staaten hätten und daher die Über-
schichtung seßhafter Bodenbauer durch diese Nomaden i.d.R.
zur Genese von Staaten geführt hätte. Heutzutage muß diese
Position als widerlegt gelten. [3] Die Auffassung, die die
Zusammenhänge von Staatsgenese und Assoziationen untersuchte, ist verbunden mit dem amerikanischen Anthropologen
R.H. LOWIE (1927), der die Bedingungen untersuchen wollte,
unter denen eigentlich politische Organisation anhand ausge-

wählter kritischer Variablen (Bevölkerungszahl, Schichtung, Herrschaft, Territorialität) sich herausbilden kann, und zum Schluß kam, daß eine einfache Progression von verwandt- schaftsgebundenen zu nicht-verwandtschaftsgebundenen Asso- ziationen die Staatsgenese nicht erklären kann (wenn er auch eine positive Korrelation zwischen Territorialität und nicht-verwandtschaftlichen Assoziationen feststellte). Im Gegensatz zur stark ideologisch überformten Überlagerungs- theorie kann daher LOWIEs interkulturell vergleichende Stu- die als der Beginn einer genuinen Ethnosoziolgie der Politik angesehen werden, da hier tatsächlich politische Regelungen als ein eigenständiger Untersuchungsbereich gelten, die ana- lytisch herausgelöst werden können aus der Gesamtheit der jeweils untersuchten Gesellschaften.

Die sich in den dreißiger und vierziger Jahren durchsetzende strukturfunktionalistische Theorietradition wirkte sich in diesem Fall zunächst in einem zweiten Analyseschritt aus: der taxonomischen Unterscheidung von "Typen" politischer Sy- steme, die durch ähnliche funktionale Strukturen gekenn- zeichnet sind. Hier ist der theoretische Ort eines "Klassi- kers" der Ethnosoziologie der Politik, dem Sammelband von M. FORTES und E.E. EVANS-PRITCHARD (1940) über afrikanische po- litische Systeme. Die dort verwendete simple Dichotomie von Staaten vs. Nicht-Staaten diente dabei als Raster, um poli- tische Funktionen und ihre Wahrnehmung aufzuzeigen, wobei wichtige theoretische Entscheidungen fielen, wie etwa die, auch Deszendenzgruppen körperschaftlichen Charakters (Line- ages, Klans) politische Funktionen zuzuerkennen. Das grobe Raster wurde noch in der gleichen Theorietradition aufgege- ben zugunsten einer differenzierteren Betrachtung gerade ei- nes Teils der nicht-staatlichen Systeme, sog. "akephale" Ge- sellschaften, wie sie im Sammelband von J. MIDDLETON und D. TAIT (1958) vorgenommen wurde. [4] Es ist festzuhalten, daß gerade aus dieser strukturfunktionalistischen Orientierung, die von der britischen "social anthropology" gespeist worden ist, eine wichtige Abgrenzung des Gegenstandes einer Ethnosoziologie der Politik hervorgegangen ist, die z.T. bis in die jüngste Zeit die Diskussionen beherrscht hat. Diese Abgrenzung ist RADCLIFFE-BROWN zu verdanken, der als Modell politischer Analyse die Untersuchung der sozialen Handlungsfelder vorsieht, die mit der Aufrechterhaltung von Ordnung, legitimer Gewaltanwendung und der Regelung der Rechte auf Land (Territorialität) befaßt sind. [5]

Neben diesem fortwirkenden Beitrag ist vor allem ein anderer Aspekt hervorzuheben, der die Überlegungen der strukturfunktionalistischen britischen "social anthropology" zur Ethnosoziologie der Politik charakterisiert: die Aufdeckung der eigenen und eigenständigen Rationalität auch im Bereich der politischen Regelungen sog. "primitiver" Gesellschaften, abgesetzt von den staatsgebundenen Rationalitätskriterien des europäischen politischen Horizonts. Dieser Rationalitätsanspruch und seine internen Kriterien sind ein zentrales Thema der Beiträge in den eben erwähnten "klassischen" Sammelbänden und formulieren trotz - oder gerade wegen - der Fixierung dieser Theorietradition auf die abstrakten politischen Regelungen, die normative und quasi-konstitutionelle Seite von Politik in vorstaatlichen Gesellschaften. Auch wenn die Kritik an diesen Beiträgen gerade diesen Aspekt in den Vordergrund gerückt hat, [6] so bedeutet doch die Überwindung der bloßen Einschätzung vorstaatlicher Vergesellschaftungsweisen als irrationale Konstrukte und undurchschaubare Mangelphänomene einen bleibenden Gewinn für die ethnosoziologische Politikanalyse.

Freilich wird auf der so erreichten Ebene festzustellen sein, daß Klassifikationen keinen hinreichenden Ersatz für adäquate Theorie darstellen und somit gerade auch die Gründungsväter der Ethnosoziologie der Politik so wichtige Fragen nicht zu beantworten vermochten, wie etwa die Frage danach, auf welche Weise solche politischen Regelungssysteme tatsächlich operieren, oder auch, wie sie sich entwickelt haben. Neuere Ansätze versuchen gerade zu diesen Fragen entsprechend theoriegeleitete Aussagen zu machen. Im folgenden soll nun diesen Aspekten durch die Behandlung zunächst der politischen Formen und sodann der politischen Prozesse nähergekommen werden.

Politische Formen können nach verschiedenen Kriterien unterschieden werden. Eines der wichtigsten wird bei einer ethnosoziologischen Herangehensweise sicherlich bei jeder Gesellschaft das Kriterium der internen Ordnung sein, durch die das Verhalten der Gesellschaftsmitglieder zueinander geregelt wird und zwar auf der Basis von jeweils formspezifischen Bestimmungen. Ein weiteres Kriterium wird das der Regelung der gesellschaftsexternen Beziehungen sein, die ebenfalls formspezifisch wahrgenommen wird. Schließlich ist auch das Kriterium der legitimen Verfahrensweise [7] bezüglich der im Zusammenhang mit diesen Regelungen zu treffenden Entscheidungen zu nennen. [8]

Entsprechend diesen Formkriterien kann man grundsätzlich zwischen zentralisierten und nicht-zentralisierten politischen Formen unterscheiden. Diese Unterscheidung hat weitgehend den Charakter einer idealtypischen Dichotomie, bei der zahlreiche Zwischenformen die Regel sind, die real Kombinationen von Zentralisation und Nicht-Zentralisation bilden. Zentralisation heißt zunächst nichts anderes, als die Ausrichtung der gesellschaftsinternen Ordnung auf eine Zentralinstanz, die durchaus noch vorstaatlichen, aber auch schon prostaatlichen Charakter haben kann. Extremfall der Zentralisation ist der ausgebaute staatliche Regelungsapparat. Die Zentralinstanz ist dann auch zuständig für die Kontrolle der Außenbeziehungen. Ihre Anordnungen und Verfahrensweisen treffen auf Gehorsam, ohne daß regelmäßig unmittelbarer Zwang angewendet werden müßte, vor allem wegen der Geltung von Legitimitätsmustern, die die Durchsetzung entsprechender

Maßnahmen erleichtern. Nicht-zentralisierte Formen können ebenso die verschiedensten Varianten aufweisen, allgemein ist ihnen aber gemeinsam, daß die Ordnung über die gegenseitigen Beziehungen von jeweils mindestens teilautonomen formalen Komponenten hergestellt und aufrechterhalten wird. Folglich beinhaltet das eine viel größere Abhängigkeit nicht-zentralisierter Formen von der Gegenseitigkeit und Solidarität der Komponenten. Übergangsformen zwischen zentralisierten und nicht-zentralisierten Formen weisen entsprechend einen Querschnitt zwischen den Kennzeichen der beiden Extreme auf.

Am eindeutigsten sind sehr einfache Jagd- und Sammel-Gruppen der nicht-zentralisierten Form zuzurechnen. Größte Einheit sind dabei die kooperierenden Familien oder Familiengruppen, deren Mitglieder eng miteinander verwandt sind und denen keine weitere formale Ordnung zu eigen ist. Die Führungserfordernisse im Hinblick auf zu fällende Entscheidungen sind recht vielfältig und unterliegen doch keiner formalen Regelung, sondern sind häufig Privileg der älteren - und daher erfahreneren - Gruppenmitglieder, wobei der Rat dieser Personen sich i.d.R. mindestens ebensosehr auf ökonomisch-technische (z.B. Jagd), wie auf rituell-religiöse Fragen bezieht. Dabei herrscht durchaus Gegenseitigkeit in "Geben" und "Nehmen" - was oben als Reziprozität im ökonomischen Bereich angesprochen worden ist - in den geregelten sozialen Transaktionen vor, durchweg als Gegenleistungsverpflichtung und wechselseitiges Aufeinander-Angewiesen-Sein. [9] In Fragen der Durchsetzung der sozialen Kontrolle bedeutet das, daß die wichtigste anwendbare negative Sanktion die Aufkündigung der Gegenseitigkeit - der Ostrazismus - ist, weil er dem davon betroffenen Einzelnen die soziale Existenz - über die bloß physische hinaus - unmöglich macht. [10] Führung ist in diesem Kontext stets eine solche der Bewährung, der Mehr-Leistung gegenüber und für die anderen, weshalb sie den Führung Ausübenden einen erheblichen Einsatz abverlangt, wie

C. LÉVI-STRAUSS drastisch geschildert hat (1967). Wo sie auf Dauer gestellt werden kann, ist das allein persönliches Verdienst , weshalb SERVICE etwa auf ihren "charismatischen" Charakter verweist (1966, S. 52), damit allerdings auch ihre Labilität kennzeichnend. Überragend bleibt die Informalität von Führung, was sich auch im durchdringenden Egalitarismus ausdrückt, denn jeglicher Versuch, die anerkannten und zugesprochenen Führungsqualitäten in einen generalisierten Führungsanspruch auszuweiten, wird mit der egalisierenden Gefolgschaftsverweigerung beantwortet. [11]

Solche Horden, in denen tatsächlich weniger "Herrschaft", als vielmehr "Einfluß" ausgeübt wird, [12] finden sich am ehesten bei den Buschmännern der Kalahari, den pygmoiden Gruppen in Zentralafrika und Südost-Asien und den Eingeborenen Australiens. Auf diesen Typus einer nicht-zentralisierten Form von Politik ist deshalb relativ ausführlich eingegangen worden, weil hier zahlreiche Merkmale, die diese Formen von zentralisierten unterscheiden, besonders deutlich werden.

Ein anderer Typ nicht-zentralisierter Politik findet sich vor allem dort, wo die Räte in unabhängigen Dorfgemeinschaften maßgebend sind. Die Mitgliedschaft in solchen Dorfräten kann relativ formalisiert sein und in ihrem Rahmen ist durchaus eine gewisse Arbeitsteilung denkbar, die Regel ist jedoch, daß wiederum persönliche Qualitäten den Ausschlag geben, sei es als individueller Reichtum, oder als besondere Fähigkeiten. Grundlage in ökonomischer Hinsicht ist zumeist in irgendeiner Form der Bodenbau, der gleichzeitig die Ansiedlung in solchen Dorfgemeinschaften möglich macht. In diesem Typus - organisatorisch komplexer als die eben beschriebene Horde - tritt denn auch erstmals der sog. "big-man" - der "große Mann" - auf, der generalisierten Führungsanspruch als Folge persönlicher Verdienste und Eigenschaften erheben kann. M. SAHLINS ordnet diese "big-men" eindeutig dem "soziokulturellen Integrationsniveau" [13] des Stammes zu, und zwar dessen segmentärer Variante. Die Stellung und genaue Rolle eines solchen "big-man" ist abhängig von den Beziehungen des Stammes zu anderen und seiner internen Struktur. Als vorläufige Charakterisierung mag genügen, daß er "does not come into an existing position of leadership over a certain group but personally acquires dominance over certain fellows, a man who rises above the common herd (...) who makes himself a leader by making others followers" (M. SAHLINS 1968, S. 22). Da besonders die Bedeutung der persönlichen Qualität und Anstrengung des "big-man" und das Fehlen jeglicher quasi-amtlichen Verfestigung kennzeichnend sind, wird man diesen "big-man" als weiteren Ausbau des zufälligen Hordenführers ansehen müssen - mit dem wesentlichen Unterschied allerdings, daß er tatsächlich seinen Führungsanspruch durchsetzen will und kann. Auf Einzelheiten wird unten, bei der Betrachtung einiger politischer Prozesse, noch näher einzugehen sein.

Ein dritter Typ, in dem ebenfalls Zentralisation fehlt, ist die Kontrolle von Politik durch sog. Altersklassen-Systeme. Vor allem afrikanische Gesellschaften sind stark durch dieses Modell geprägt, in dem die Existenz von Altersklassen kombiniert ist mit dem Senioritätsprinzip als Grundlage anerkannter Herrschaftsausübung. Da Altersklassen über die engeren Verwandtschafts- und Deszendenzgruppen hinausgreifen, bieten sie eine relativ einfache, aber effektive Form der Erzeugung von Kooperation über größere soziale Zusammenhänge hinweg. Solche Altersklassen umfassen alle Männer, die innerhalb einer bestimmten Jahresspanne in eine solche Klasse aufgenommen werden (meist um die Zeit der Pubertät) und erfaßt in unterschiedlicher Länge verschiedene Jahrgänge (sechs/sieben bis zu fünfzehn Jahrgängen). Ein Initiationsritual kennzeichnet die Aufnahme und die Mitglieder einer Altersklasse sind durch starke Reziprozitätsregeln aneinandergebunden. Die Mitglieder einer Altersklasse er-

reichen oft gemeinsam einen allgemeinen sozialen Status,
d.h. die ganze Altersklasse wird gemeinsam Krieger, jüngere
Älteste, usw. Oft hat diese Geschlossenheit eine beträchtliche Steigerung der Effizienz militärischer Organisation
zur Folge, vor allem dann, wenn solche Altersklassenrege-
lungen in zentralisierte politische Formen hinüberreichen.
Altersklassen können z.B. körperschaftlichen Charakter an-
nehmen, wobei dann auch die so entstandene zusätzliche Ko-
härenz eine annähernde Sanktionsmacht von daraus hervorge-
henden Ältestenräten möglich wird, deren rituell-religiöse
Verbindung zu den Ahnen als besonders wichtig gelten kann.
Damit ist auch deutlich erkennbar, daß Altersklassen zumeist eben nicht das dominante System der Verwandtschafts-
und Deszendenzregeln außer Kraft setzen, sondern eher ergänzen, wie schon die Behandlung der Altersklassenmitglie-
der als Angehörige einer "Bruderschaft" nahelegt. [14] Dies
zu berücksichtigen ist wichtig, weil auch die Altersklas-
senorganisation der Politik ein Kennzeichen der tribalen
Form ist, die allerdings in ihren strukturellen Besonderheiten diesbezüglich erst beim nächsten Typus ganz deutlich
wird.

Bei diesem vierten Fall handelt es sich um die politische
Ordnung durch unilineare Deszendenzgruppen, die in einer
besonders typischen Ausprägung in den sog. segmentären Gesellschaften erkennbar ist. Unter bestimmten Bedingungen
können sich daraus die Merkmale von Ansätzen zentralisierter Ordnungen herausbilden, in Form von Häuptlingen mit einem fixierten Amt. Das Grundelement einer solchen Regelung
nach unilinearen Deszendenzgruppen (entweder Patri- oder
Matrilinien) ist deren Verhältnis zueinander. Im typischen
Fall der segmentären Gesellschaft ist dieses Verhältnis
charakterisiert worden als eines des "ausgeglichenen Gegen-
satzes" ("balanced opposition"), da die Mitglieder einer
Gruppe auf einem gegebenen Niveau der Segmentation ihre jeweilige Zusammengehörigkeit und Gruppenidentität in einer

bestimmten sozialen Situation durch die Bezugnahme auf einen oder mehrere andere Segmente auf demselben Segmentationsniveau gewinnen und verstehen. Das bedeutet, daß die größeren Einheiten einer Gesellschaft (evtl. sogar die ganze Gesellschaft selbst) sich als Lineages darstellen und auf verschiedenen Niveaus die Aufgliederung dieser Lineages in größere, bzw. kleinere Segmente erfolgt, die jeweils gemeinsam die nächsthöhere Ordnungsklasse ausmachen. Zwischen den Einzelelementen (kleinere, größere Segmente, Lineages) besteht ein tatsächliches oder potentielles Oppositionsverhältnis, das im Falle des Konflikts zwischen ihnen zutage tritt. Dann verbinden sich die in der Reihe einer Lineage stehenden größeren Segmente z.B. gegen die größeren Segmente einer anderen Lineage, während beim Konflikt zwischen zwei kleineren Segmenten innerhalb eines größeren Segments der Rest der gleichrangigen Lineages durchaus unbeteiligt bleiben kann, und nur eine Ausweitung des Konflikts auf eine höhere Ordnungsklasse ihre Einbeziehung zur Folge haben müßte. Entscheidend bei diesem Arrangement ist die strukturelle Äquivalenz der Elemente (Lineagesegmente, bzw. Lineages) auf der jeweiligen Rangordnungsstufe, die für sich selbst alles leisten können (ökonomisch, politisch, rituell, usw.) was auch die jeweils anderen Elemente für sich selbst leisten - sie sind also "funktional äquivalent" und befinden sich damit auch zueinander in einem (dem klassischen DURKHEIMschen Sinne nach) segmentären Verhältnis.[15]

M. SAHLINS (1968) behandelt diesen Fall der segmentären Lineage-Organisation als einen Unterfall der tribalen Organisation überhaupt, hier soll dagegen zunächst sein Gegensatz zu den drei anderen Typen nicht-zentralisierter Politik hervorgehoben werden. Zwar sind auch hier "big-men" durchaus häufig und einflußreich, entscheidend aber bleibt die kollektive Selbst-Ordnung der Politik durch den Gegensatz der segmentären Abteilungen. Die Tatsache, daß diese "ausgeglichene Opposition" der Segmente tatsächlich auch ordnungsfördernd wirken kann, wird durch die häufigen Fehden zwischen Segmenten und Subsegmenten deutlich, die dann eintreten, wenn einem Mitglied der einen segmentären Abteilung ein Schaden durch ein Mitglied einer anderen Abteilung zugefügt wird. Dann erfolgt eine Solidarisierung weiterer Subsegmente auf den beiden Seiten, die zu einem Ausgleich des Schadens durch eine entsprechende Maßnahme führen soll, worauf die Fehde als beigelegt gilt. Manche Gesellschaften haben für die Möglichkeit weitergehender Konflikte friedensstiftende institutionelle Regelungen ausgebildet, so die Nuer im Sudan den sog. "Leopardenfell-Häuptling". [16]

Die segmentäre Organisatiion der unilinearen Deszendenzgruppen als Typus der Politik verkörpert somit in besonderer Weise die Merkmale der nicht-zentralisierten Form: die Tendenz zur Selbstregelung der politischen Probleme durch die Gesellschaft, die schon auf dem niedrigsten Niveau des Haushaltes beginnt; die sorgfältige Abstimmung der Solidaritäten, die am stärksten ausgeprägt ist auf dieser Haushaltsebene und am schwächsten auf der Ebene des gesamten Stammes, bzw. der ganzen ethnischen Gruppe; und schließlich die sich daraus ergebenden Herrschaftssperren, die die Herausbildung eines Anspruches auf Gesamtführung und von Tendenzen zu Unterordnungsregelungen wirksam blockieren. [17] Extreme Bedrohung macht die Flexibilität dieser Regelungsweise deutlich, ist aber auch notwendig, um nicht die internen Oppositionsbeziehungen übermächtig werden zu lassen. C. SIGRIST (1967) hat diese Form in Anlehnung an E.E. EVANS-PRITCHARD als "regulierte Anarchie" bezeichnet, dabei die Freiheit von Unterordnung hervorhebend, allerdings auch die recht effektive Klammer unterbetonend, die Verwandtschaftsorganisation, Deszendenzregelungen und stammesweite Organisationen (wie etwa: Altersklassen [18] darstellen.

Aus dem Stamm und dessen Lineage-Struktur kann der am Schnittpunkt zur zentralisierten Form von Politik angesie-

delte Typus des kleinen lokalen Häuptlings hervorgehen.
Sein Kennzeichen ist die Amtsautorität, auch wenn sie noch
so rudimentär ausgebildet sein mag. Dieser Amtscharakter
macht die entscheidende Differenz in der Begründung der Ge-
horsamspflicht aus, denn die Dorfgenossen, die diesem kleinen Häuptling folgen, sind keine persönlichen Gefolgsleute
(wie im Fall des "big-man"), sondern sie gehorchen dem Anspruch des Amtes. Die äußerst starke persönliche Einfärbung
des Amtes, z.B. eines "Dorfältesten" oder "headman", seine
Funktion als Sprecher der Dorf- oder Lineagegenossen macht
diesen wesentlichen Unterschied empirisch kaum wahrnehmbar,
ebenso wie auch seine Sanktionsgewalt recht gering ist. Sie
reicht aber hin, um hier von einer erkennbaren Zentralisie-
rungstendenz zu sprechen. Wesentliche Aspekte der tribalen
Organisation von Politik bleiben jedoch erhalten, vor allem
die Möglichkeit des Zerfalls, der Zentrifugalität des politischen Einflußfeldes durch Absplitterung von Lineages und
Segmenten, bzw. Lokalgruppen. Die Zentralisierungsmöglich-
keit, die an dieser Schnittstelle zwischen zentralisierten
und nicht-zentralisierten politischen Formen gegeben ist,
erweist sich denn auch als eine beschränkte Option, die bei
Fortdauer der Dynamik segmentärer Stammesgliederung aufgehoben wird. [19)]

Eine charakteristische Form der Zentralisierung von Politik
findet bei den sog. "Häuptlingtümern" ("chiefdoms") statt,
die freilich noch auf dem Grundmodell der Lineagestruktur
aufbauen, innerhalb desselben aber die hierarchische Ranggliederung der Deszendenzlinien als Ordnungsprinzip einfüh-
ren. Die Ranggliederung bezieht sich auf die jeweilige Höherbewertung der Lineages, die als von überlegener Deszendenz angesehen werden, entsprechend der relativen genealogischen Nähe zu den Gründungsahnen, oft mit Hilfe des Pri-
mogeniturprinzips. Der Differenzierungsvorgang, der hier
abläuft, spaltet auf unmerkliche Weise "Gemeine" von
"Häuptlings"-Lineages, wobei die letzteren auf Dauer die

Herrschaftspositionen monopolisieren, allerdings in der Weise, daß stets die gemeinsame Zugehörigkeit der beiden Lineageränge zur gemeinsamen Deszendenz bekannt und bewußt ist. SAHLINS (1968, S. 24 ff.) schildert mit dem "conical clan" (vgl. KIRCHHOFF 1959) eine solche Organisationsweise, die mit Hilfe der Patrilinearität und der Segmentation entlang genealogischer Linien durch die Primogenitur eine ständig ablaufende Verankerung der Höherwertigkeit bei der Deszendenzlinie der jeweils Erstgeborenen erreicht. In diesem Fall gibt der konisch aufgebaute Klan die (verwandtschaftliche) Grundstruktur für das gesamte Häuptlingtum ab, die auch abstammungsmythologisch-rituell legitimiert wird: "The paramount of the chiefdom is the direct descendant of the clan ancestor - and the latter is exalted in status to the major deity of the political group (...). Political organization is thus established above and beyond the community level" (SAHLINS, 1968, S. 25).

Freilich bleiben auch Häuptlingtümer im Grad der Zentralisation der Politik und der Fixierung überlokaler, gesamttribaler Interessenlagen prekär. Dazu führt nicht nur der Konflikt zwischen den verschiedenen Klans und Lineages unterschiedlicher lokaler Herkunft um die Vorrangsposition innerhalb der Ordnung als ungleich behaupteter Gleicher. Auch die nur begrenzte Automatik der Zuteilung von Führungspositionen, die die verwandtschaftliche Struktur, wegen ihrer Diskrepanz zwischen Modell und Realität, zur Verfügung stellt, macht die Stabilisierung der Zentralität solange fragwürdig, als ihr Ausmaß stets auch von der Person und dem jeweiligen Erfolg der um die Führungspositionen wetteifernden Berechtigten abhängig bleibt. Auf dieser Grundlage ist nicht nur der Unterschied zwischen Stämmen ohne Häuptlingen und solchen mit Häuptlingen nicht so groß, wie er scheint (GLUCKMANN, 1965, S. 85), sondern es können sich auch in komplexer organisierten gesellschaftlichen Zusammenhängen regelrechte strukturelle Zyklen herausbilden,

die dadurch gekennzeichnet sind, daß Ansätze zur Zentralisierung wieder aufgelöst werden und die jeweiligen Gemein-
schaften zeitweilig zu weniger zentralisierten Formen zu-
rückkehren. [20] Auch SAHLINS (1968, S. 93) spricht ausdrücklich von solchen Zyklen.

Von der Klassifikation her sind also Häuptlingtümer durchaus nicht stets und auf Dauer zentralisierten Formen der
Politik zuzuordnen. Es empfiehlt sich aber trotzdem, sie
unter diesem Blickwinkel zu betrachten, weil nicht nur die
betroffenen Personen tatsächlich Zentralisation hier als
ein wichtiges Thema zumindest in Ausschnitten des Alltags-
lebens empfinden (z.B. in ritueller oder ökonomischer Hinsicht), sondern auch die im Rahmen von Häuptlingtümern ablaufenden Prozesse, auf die noch einzugehen sein wird, tatsächlich die relative Prädominanz von Zentralisationschan-
cen offenlegen. Zusätzlich zeigt sich bei den Häuptlingtümern deutlich die Rolle der rituell-magisch-religiösen Legitimation der Zentralisierung. Die Behauptung von der größeren genealogischen Nähe der dominanten Lineages zu den
Ahnen ist nicht nur die Behauptung eines hierarchisierenden
Prinzips, sondern auch eine rudimentäre "politische" Ideologie, die sich aus dem verwandtschaftlichen Strukturprinzip heraus ergibt. Es ist sogar feststellbar, daß dort, wo
wohlorganisierte korporative Gruppen (z.B. Klans) aus welchen Gründen auch immer nicht zu einer fixen Regelung ihrer
wechselseitigen Beziehungen gelangen, Politik eine vorwiegend ritualisiert-symbolische Form annimmt, um die Verhältnisse der Gruppenbeziehungen darzustellen. Ein solcher Fall
ist bei den Okum in der ethnischen Gruppe der Mbembe in Nigeria festgestellt worden, wo der Dorfhäuptling, bzw.
-priester, in einer multiplen Position der Kombination von
Dorf-, Lineage- und Assoziationsfunktionen auch die übernatürliche Dimension verkörpert und auf diese Weise auch in
die Rolle eines "sakralen Königs" gedrängt wird. [21]

Damit ist eine weitere Form der zentralisierten Ordnung von Politik angesprochen, die der Königtümer, die zu durchaus mißverständlichen Interpretationen Anlaß gewesen sind. Oft sind Personen als "Könige" bezeichnet worden, die tatsächlich Führer von dominanten Lineages in tribalen Ordnungen waren, also Häuptlinge. Überhaupt ist die Gefahr groß, daß allein schon der Begriff Parallelitäten zu europäischen Verhältnissen suggeriert, die zu Fehleinschätzungen führen müssen, denn wir haben es hier durchaus noch mit prästaatlichen Formen der Zentralisierung und eben nicht mit ausgebildeten Staaten zu tun, höchstens mit Ansätzen dazu.

Am weitesten entfernt von einem solchen Ansatz ist das sog. "sakrale Königtum". Diese Variante hebt ausschließlich den symbolisch-rituellen Stellenwert des Königs hervor und kann u.U. den effektiven Grad von Herrschaftsausübung auf ein Minimum reduzieren. Aus diesem Grund ist dieses "sakrale Königtum" definiert worden als: "...eine Regierungsform, in welcher der Herrscher über eine größere oder kleinere Gemeinschaft Träger des Heils und Vollzieher des Kultes ist. Er verdankt seine Autorität einer übernatürlichen Kraft, die zum Wesen seiner Person gehört. Er ist nicht nur Mensch, sondern, im Rahmen der Daseinsordnung, Bindeglied zwischen der menschlichen und der göttlichen Welt und gleichzeitig Ausdruck einer Kontinuität, die in der Urzeit begann und in die Unendlichkeit weiterführt" (H. NACHTIGALL, 1958, S. 37). Diese Festlegung enthält manche korrekte Aspekte, wenn sie auch so weit ist, daß die möglichen soziopolitischen Differenzen nicht hinreichend berücksichtigt werden können. Wesentlich ist allerdings die Hervorhebung der personalen Dimension, die die Konsequenzen des Amtes nicht deutlich werden läßt. Hier ist nämlich durchaus ein Ansatzpunkt zu sehen, der der Zentralisierung von Politik eine zunehmend neue Qualität verleiht.

Die in der frühen angelsächsischen Ethnologie und Religionssoziologie abgelaufene Diskussion orientierte sich stark an der Vorstellung von einem rituellen Königtum, wie sie seinerzeit von FRAZER (1890) formuliert worden war und wie sie von L. MAIR (1977, S. 193 ff.) einer treffenden zusammenfassenden Kritik unterzogen worden ist. Aus dieser Diskussion, die als empirisches Beispiel den "Reth" , den sakralen König der Shilluk im Sudan vor Augen hatte, hat sich vor allem ergeben, daß dieser "Reth" eben kein "Herrscher" im eigentlichen Sinne ist. EVANS-PRITCHARD schreibt über ihn, daß "the King of the Shilluk reigns but does not govern" (1962, S. 200), hebt damit also vor allem die symbolische Qualität seiner Regentschaft hervor - von Herrschaft nach der Intention WEBERs kann keine Rede sein. Für eine ethnosoziologische Bewertung des sakralen Königtums muß also danach gefragt werden, was hier durch dieses Amt symbolisiert werden soll. Die Antwort: der sakrale König ist die Einheit des Landes und des Volkes, das ihn und sein Amt anerkennt. Damit soll nicht die religiöse Relevanz abgestritten werden, die vorhanden und im Zusammenhang mit der Legitimationsfrage zu berücksichtigen ist. Als ethnosoziologisch besonders formbedeutsam muß aber die Tatsache angesehen werden, daß mit dem sakralen Königtum eine konzentrierte Darstellung einer Einheit erfolgt, die über Lineages, Klans und Lokalgruppen hinausreicht und eine Zusammenfassung leistet, die zunächst zwar symbolischen Charakter aufweist, aber Zentralisation auf andere Grundlagen stellt, als sie die lineagegebundene Herrschaft eines Häuptlings kennzeichnet. Im Amt des sakralen Königs ist daher diese Einheit in einem wörtlichen Sinne eingebunden; die Person, die dieses Amt ausübt, ist - in einer reinen Form - die einzige, die tatsächlich nicht als Exponent einer Deszendenzgruppe, sondern als Exponent der Einheit anerkannt ist.

Diese Einschätzung hat auch Folgen für die Beurteilung der zahlreichen, mit sakralem Königtum verknüpften Gründungsmythen. Diese zielen - wie in der Definition von NACHTIGALL angedeutet - wohl auf die Verknüpfung der Gesellschaft mit dem religiösen Interpretationshorizont, der in Vergangenheit und Zukunft kulturelle Kontinuität und materielle Wohlfahrt, wie z.B. Fruchtbarkeit, herzustellen versucht. Aber - wie L. MAIR es formuliert - "in these myths the relation between man and man is quite as important as the relation between man and nature, and the rituals of kingship emphasize this relationship (...). Along with all the symbolism that can be traced to associations with natural fertility there is the symbolism whereby the uniqueness of the king expresses the oneness of his people" (MAIR, 1977, S. 195). Vor diesem Hintergrund ist darauf hinzuweisen, daß dort, wo kein sakrales Königtum vorliegt, wohl aber eine personengebundene Konzentration der Zentralisierung von Politik, die Deszendenzlinien und deren strukturelle Bedeutung noch sehr deutlich erkennbar sind, teilweise sogar in einem Maß, das es erlaubt, diese Form des Königtums manchmal noch in den prästaatlichen Bereich zu verweisen. Hier laufen dann deutlich erkennbare Prozesse der Institutionalisierung ab, in der Form, daß die Angehörigen einer bestimmten Deszendenzlinie z.B. vorzugsweise herangezogen werden, um inzwischen zentralisierte Funktionen wahrzunehmen, sei es im rituell-religiösen oder im militärischen Bereich. Die Auserwähltheit der Deszendenzlinie des Inhabers der Zentralgewalt ist dann regelmäßig durch äußere Kennzeichen, sozialer und materieller Natur, zu demonstrieren, um allgemein verbindlich diese Auserwähltheit zu bestätigen: durch distanzerhaltende Mittel, durch besonders hervorgehobene Symbole, durch Klientelgruppen, die die Grundlage zentralisierter Macht bilden können, etc. Eine besondere Rolle spielen in diesem Zusammenhang regelmäßig Zuschreibungen von charismatischen Fähigkeiten, die in den oft schwierigen Prozessen der Bestimmung von Nachfolgern rituell eingelöst und bestätigt werden müssen.

Eindeutig rückt damit die Frage nach der Effektivität der Herrschaftsdurchsetzung in den Vordergrund. Diese benötigt einen territorialen Bezug, der die auf diesem Territorium lebenden Menschen einschließt. Die territorialen Ansprüche sind bei frühen Königen - erst recht beim sakralen Königtum - noch unsicher und vor allem in der Abgrenzung äußerst unklar, was auch von den rudimentären Kontrollmöglichkeiten beeinflußt ist. Anders freilich stellt es sich hinsichtlich der Durchsetzung der Herrschaft über Menschen dar, die in ihrer Effizienz und Reichweite offensichtlich von den Mitteln abhängt, die in der zentralisierten politischen Ordnung zur Verfügung stehen. Diese Mittel können dazu dienen, die diffusen Herrschaftschancen noch prästaatlicher Königtümer abzugrenzen von denen, die mit höherem Spezifikationsgrad in sog. "primitiven" Staaten zur Anwendung kommen. In prästaatlichen Königtümern liegen die Mittel der Herrschaftsdurchsetzung in den Deszendenzgruppen der Könige selbst. Der König dient als personaler Brennpunkt der Zentralisierung, bedient sich jedoch seiner Deszendenzlinienangehörigen (meist die Patrilinie) um auf dem Wege der Beauftragung oder Aufteilung von Zuständigkeiten die Herrschaft durchzusetzen. Hier sind deutlich die Merkmale erkennbar, die das prästaatliche Königtum noch mit der zentralisierten Form der Häuptlinge in Stämmen verbinden. [22)] Auch hier ist die Abgrenzung nur tendenziell und eine solche Diffusität der Durchsetzungsmittel durchweg vermengt mit den Kennzeichen staatlicher Ordnung. Herrschaftsregeln weisen freilich eine zunehmende Neigung zur normativen Verfestigung auf, die entsprechend symbolisch dargestellt wird. Mittel dieser Verfestigung und ihrer Darstellung ist in erster Linie die Absonderung eines eigentlichen Herrschaftsstabes zu Administrationszwecken, der in deutlicher Abgrenzung von der Deszendenzlinie des Herrschers gebildet wird. Über den wichtigsten Administrator und Hauptberater des Herrschers in manchen afrikanischen Fällen schreibt daher MAIR sehr anschaulich: "Such titles as 'the favoured one' emphasize a special feature of the relationship between king and prime minister, at any rate in Buganda and Ankole. A king chose his own prime minister as soon as he was established on the throne. The prime minister could not be a member of the royal clan, otherwise the choice was free (...). That there should be a prime minister in office was almost as important for these states as it was that there should be a king, for when a king died it was the duty of the prime minister to install his successor on the throne" (MAIR, 1977, S. 123).

Damit kann nun die Diskussion der politischen Formen mit einigen Hinweisen auf den "primitiven" Staat und seine Kennzeichen abgeschlossen werden. Die eben versuchte Eingrenzung ist gespeist von M. WEBERs mit idealtypischer Intention getroffener Bestimmung des Staates [23], vor allem im Hinblick auf den Anstaltsbetrieb und die Monopolisierung legitimen physischen Zwanges. Beide Aspekte machen die vor allem für Abgrenzungszwecke geeignete, inhaltlich jedoch offensichtliche Dürftigkeit der formalen Bestimmung deutlich, denn gerade diese beiden Merkmale können in höchst unterschiedlicher realer Weise organisiert werden. Die Zuständigkeitsbereiche des Verwaltungsstabes können oft sehr beschränkt sein und bringen dann notwendigerweise hochgradige Handlungsspielräume der lokalen, bzw. regionalen Beauftragten mit sich. [24] Soweit dabei überhaupt von einer öffentlichen Verwaltung gesprochen werden kann, so ist festzustellen, daß sie oft nur zur Ablieferung bestimmter Abgabemengen an die Zentralinstanz verpflichtet ist, ohne eine weitere Präzisierung von Mitteln und Wegen durch die letzteren. Loyalität und Aufrechterhaltung der Ordnung sind der Hauptzweck, sogar in hochorganisierten Reichen wie Buganda: "The territorial chiefs and their subordinates formed a centralized government service that was unified by their common allegiance to the king and dependence upon him for the appointment to authority and their continuance in it. This government was organized to arrange for the maintenance of law and order, which was recognized as a benefit by the people at large, and the allocation of the resources of the country for public purposes, which directly benefited the king and chiefs more than it did the rest of the community" (MAIR, 1977, S. 126). Große Handlungsspielräume und weitgehende Gestaltungsfreiheiten der nachfolgenden Instanzen bergen auch immer die Gefahr der Abspaltung von regionalen Subzentren und der Verselbständigung weit von der Zentrale entfernter Gebiete in sich. Solche Abspaltungen können somit ein guter Indikator für die relativen Autonomiegrade in der Herrschaftshierarchie bilden. Darüberhinaus kann auch das Monopol des physischen Zwanges höchst unvollständig sein. Während die politischen Ordnungen der Stammesform charakteristischerweise die institutionalisierte Fehde kennen, die im konsistenten Muster zusammengeht mit Heirats- und politischen Allianzen von Deszendenzgruppen, schließt staatliche Ordnung solche autonomen Formen der Gewaltanwendung aus. Das macht aber reale Kompromisse dahingehend nicht unmöglich, daß die staatliche Zentralinstanz (König) sich die Entscheidung darüber vorbehält, wann und wie in einem konkreten Fall autonome Gewaltanwendung nicht doch gestattet sein soll. Das staatliche Monopol wird somit zurückverwiesen an die Komponenten der staatlichen Ordnung.

Formale Kriterien "des" Staates allgemein und deren mangelnde Realisation im Einzelfall dürfen aber nicht darüber hinwegtäuschen, daß es sich im hier interessierenden Kontext um die Kennzeichen von frühen, bzw. ursprünglichen Staaten [25] handelt, also um den Staat, der zunächst einmal abzugrenzen ist gegen die zentralisierte Form der Häuptlingtümer. Dementsprechend sind folgende Merkmale ursprünglicher Staaten genannt worden: [26]

- Hinreichender demographischer Bestand, um soziale Kategorisierung, Schichtung und arbeitsteilige Spezialisierung zu gestatten.

- Festlegung der Zugehörigkeit zum Staat über das Kriterium der Territorialität.

- Zentralisierung der Herrschaft, die innere Ordnung aufrechterhalten und mit dem Monopol der legitimen Gewaltanwendung oder -androhung durchsetzen kann.

- Zentralisierte Herrschaft ist mindestens de facto unabhängig und in der Lage, Absplitterungen zu verhindern sowie ihre Integrität nach außen zu verteidigen.

- Das Produktivitätsniveau ist soweit entwickelt, daß es ein regelmäßiges Mehrprodukt gibt, das hinreicht und verwendet wird, um den staatlichen Verwaltungsstab aufrechtzuerhalten.

- Eine emergente soziale Schichtung liegt soweit vor, daß eine Unterscheidung nach Herrschern und Beherrschten möglich ist.

- Es existiert eine gemeinsame Ideologie, auf der die Legitimität der herrschenden Schicht aufbaut.

Diese Merkmalliste ist zum größten Teil auf dem Hintergrund des bereits Ausgeführten nachvollziehbar, sie weist aber auch zusätzliche Aspekte auf, die noch im Zusammenhang mit den politischen Prozessen darzustellen sind und bei der Frage der Genese der frühen Staaten eine Rolle spielen.

Abschließend sollte aber noch auf eine Variante der Klassifikation politischer Formen hingewiesen werden, die sich aus den Gründen der Legitimität politischer Herrschaft ergibt. Im Anschluß an M. WEBER kann zwischen charismatischer, traditionaler und rational-legaler Herrschaft unterschieden werden [27]. Dabei ist davon auszugehen, daß bei den hier untersuchten Verhältnissen rational-legale Herrschaft in der Regel nicht auftritt, somit lediglich charismatische und traditionale Grundlagen der Herrschaftslegitimität von Bedeutung sind. Eine besondere Rolle spielt dabei der Prozeß der Versachlichung von charismatisch begründeter Anerkennung von Herrschaft, insbesondere in der Form des sog. Gentilcharisma. Die innere Logik des Gentilcharisma, der Verknüpfung der geglaubten charismatischen Qualitäten mit einer bestimmten Deszendenzlinie, wird besonders wirksam durch die Ausstrahlungseffekte dieser Begründung auf die Anhänger und die damit wesentlich erleichterte Institutionalisierung der Zentralität von Herrschaft. "... bei der Erblichkeit des Charisma handelt es sich ursprünglich darum, daß es an eine Hausgemeinschaft und Sippe geheftet ist, welche ein für allemal als magisch begnadet gilt, derart, daß nur aus ihrem Kreise die Träger des Charisma hervorgehen können. (...) Das als dergestalt begnadete Haus wird dadurch mächtig über alle anderen hinausgehoben und der Glaube an diese spezifische, auf natürlichem Wege nicht erreichbare, also charismatische Qualifikation ist überall die Grundlage der Entwicklung von Königs- und Adelsmacht gewesen" (WEBER, 1964, S. 854). Freilich zeigt sich bei genauerer Betrachtung, daß einige Gesellschaften, die in den obigen Klassifikationen diskutiert worden sind, tatsächlich keine Herrschaft im WEBERschen Sinn aufweisen, somit herrschaftslose Gesellschaften sind und sich einer solchen Einordnung nach den Legitimitätsgründen von Herrschaft von vorneherein entziehen. [28]

Gegenüber der Analyse politischer Formen hat sich im Rahmen der Ethnosoziologie der Politik seit längerem als eigenständige Tradition die Analyse der politischen Prozesse durchgesetzt, auf die jetzt noch einzugehen ist. Sie hat ihren Ausgangspunkt in der Kritik typologischer, strukturanalytischer Verfahrensweisen und wirft diesen vor allem zweierlei vor: zum einen, die mangelnde Berücksichtigung von Prozessen des Wandels, [29] zum anderen die Vernachlässigung von Politik als einem ablaufenden Prozeß. [30] Der erste Vorwurf ist entweder eine Frage des bezogenen theoretischen und analytischen Standpunktes, oder insofern obso-

let, als gerade auch typologisierende und strukturbetonende
theoretische Positionen sich zunehmend mit der Frage des
Transformationspotentials politischer Formen auseinanderge-
setzt haben. Am Beispiel der Genese des ursprünglichen
Staates wird dieser Sachverhalt noch erörtert werden. Der
zweite Vorwurf bedeutet eigentlich keinen diametral entge-
gengesetzten Blickwinkel, sondern enthält im wesentlichen
eine Verlagerung der Analyse unter Berücksichtigung der innerhalb von politischen Strukturen (Formen) ablaufenden
Handlungen, Entscheidungen und Konflikte.

Es ist charakteristisch, daß die auf den politischen Prozeß
abhebenden Autoren intensiv die systemtheoretischen Begriffe und Instrumentarien der politischen Wissenschaft in abstrakter Weise auf vorkapitalistische und prästaatliche Gesellschaften anzuwenden suchen und schon damit deutlich machen, daß es für sie um Prozesse innerhalb von als Systemen
begriffenen Strukturen und aus diesen heraus geht. Es ist
kennzeichnend, daß auch das Problem, das am Beginn der
strukturtheoretischen Debatte um die Ethnosoziologie der
Politik gestanden hatte - die Problematik der (theoretischen) Bestimmung "des Politischen" in Gesellschaften, in
denen es den abgesonderten Bereich des Politischen von der
Sicht der Mitglieder her nicht gibt - keineswegs von prozeßtheoretischen Ansätzen überwunden wird.

Am Fall der programmatisch wichtigen Studie von SWARTZ,
TURNER und TUDEN kann das aufgezeigt werden. Dort wird "das
Politische" in abstrakter Weise so festgelegt, daß es alles
umfaßt, "that is at once public, goal-oriented, and that
involves a differential of power (in the sense of control)
among the individuals of the group in question" (SWARTZ,
TURNER, TUDEN, 1966, S. 7). Die offensichtlichen Abgren-
zungsschwierigkeiten sind auch den Autoren nicht verborgen
geblieben, die Akzentuierung der Prozesse politischen Charakters leistet da keine Entlastung, sondern verschiebt die

Problematik lediglich. [31] Solche Prozesse tragen nach Meinung der Autoren dazu bei, die öffentlichen Interessen zu beeinflussen und zu bestimmen, wie auch die Art und Weise festzulegen, in der Mitglieder der betroffenen Gesellschaft Macht zu diesem Zweck benutzen. Auf dieser Grundidee als Ausgangsannahme versuchen sie, theoretische Begriffe zu entwickeln, die in der Analyse aller Situationen Anwendung finden können. Zu diesen Konzepten gehören an zentraler Stelle die Begriffe des "politischen Feldes" und der "Arena". Ein politisches Feld ist die Gesamtheit aller Akteure, die an einem spezifischen politischen Ereignis beteiligt sind. Eine Arena ist der soziale und kulturelle Raum, in dem das politische Feld angesiedelt ist. Im Verlaufe eines politischen Prozesses kann sowohl die Zusammensetzung des Feldes, als auch die der Arena sich vollständig verändern. In dem von ihnen herausgegebenen Sammelband haben SWARTZ, TURNER und TUDEN (1966) mehrere Studien zusammengetragen, die diesem Ansatz folgen, der offenkundige handlungs- und systemtheoretische Anleihen macht. Insofern, als dieses Verfahren um der theoretischen Abstraktionskraft willen, gerade die besonderen Spezifitäten vorstaatlicher und nichtkapitalistischer - eben "primitiver" - Gesellschaften gegenüber dem euro-amerikanischen Erfahrungshorizont unterbewertet, verfällt er der gleichen Kritik, die auch an die Adresse des in der ethnosoziologischen Untersuchung der Wirtschaft verwendeten formalistischen Ansatzes gerichtet worden ist. Die neueren Verwendungsweisen des prozessualen Vorgehens betonen demgegenüber - ähnlich wie auch hier argumentiert worden ist - die Vereinbarkeit von struktur- und prozeßanalytischer Vorgehensweise. [32]

Ein auffälliges Merkmal der prozeßtheoretischen Arbeiten ist die bevorzugte Behandlung von mikropolitischen Vorgängen, [33] während an die Makroebene relativ selten in dieser Form herangegangen worden ist. Freilich wird man auch in manchen strukturanalytischen Versuchen auch Prozeßanalysen

sehen müssen, die gerade die Transformationspotentiale bestimmter politischer Formen in andere zum Inhalt haben. Am
Fall der Diskussion um die Genese des Staates kann dieses
recht präzise aufgezeigt werden.

Im Zusammenhang mit der oben skizzierten Merkmalsliste ist
ausdrücklich vom "frühen", bzw. "ursprünglichen" Staat die
Rede gewesen. Damit ist eine Überlegung aufgenommen, die
wichtig ist für die Überwindung der fruchtlosen Diskussion
um die abstrakte Entstehung "des" Staates schlechthin und
eine Rehistorisierung ermöglicht, die unterscheidet zwischen ursprünglichen, bzw. historisch frühen Staatsbildungen und solchen, die sekundär, also infolge der Diffusion organisatorischer, gesellschaftlicher Ordnungen oder
durch Teilung ursprünglicher Staaten entstanden sind.

Auf die Überwindung infolge der entsprechenden Kritik der
alten überlagerungstheoretischen Fixierungen ist oben schon
hingewiesen worden. Neben der Fundamentalkritik von MÜHL-
MANN (1964, S. 248 - 296) ist besonders auf die relativ
frühen Einwände von LOWIE (1927) hinzuweisen, der die Genese von Staatselementen aus Assoziationen aufzeigen konnte.
Diese Kritik darf nicht darüber hinwegtäuschen, daß aus
Überlagerungen Staaten tatsächlich entstehen können, bzw.
entstanden sind - die neuere Arbeit von CARNEIRO (1973) hat
deren Bedingungen deutlich herausgearbeitet -, wie empirisch von zahlreichen afrikanischen und asiatischen Fällen
belegt ist. Die interessantere und theoretisch herausfordernde Frage ist die nach den Entstehungsbedingungen der
frühen, ursprünglichen Staaten, wobei die Aufmerksamkeit
auf eine Kombination spezifischer interner Entwicklungen
der betreffenden Gesellschaften und zusätzlicher externer
sozialer und ökologischer Gegebenheiten gelenkt worden ist.
Eine frühere Argumentation in dieser Richtung findet sich
bei M. FRIED (1967), der eine evolutionäre Analyse von Gesellschaften unter dem Gesichtspunkt ihrer politischen Or-

ganisation vorgelegt hat. FRIED unterscheidet zwischen egalitären Gesellschaften [34], Ranggesellschaften [35], und geschichteten Gesellschaften [36], wobei in den letzteren sich die ursprünglichen Staaten herausbilden. Die Bedingungen, die den Übergang von einer Form zur anderen bewirken, sind jeweils andere [37]. Hier ist vor allem auf die Staatsgenese hinzuweisen: sie liegt in der Aufrechterhaltung der Klassenbedingungen in geschichteten Gesellschaften und deren Bevölkerungswachstum, die entweder den "Rückfall" in egalitäre oder Rangverhältnisse erzwingen oder aber die Herausbildung eines nach innen und außen wirkenden Mechanismus' der Ordnungssicherung zur Folge haben, eben den ursprünglichen Staat ("pristine state"). Hier spielen vielerlei politisch-ökonomische Prozesse eine wichtige Rolle: die Redistribution eines bereits vorhandenen Mehrprodukts, die Erzwingung einer weiteren, zusätzlichen Mehrproduktion, die Sicherung der internen Ordnung vor allem durch die Mittel, die Absplitterungsprozesse (wie sie in verwandtschaftlich regulierten Ordnungen die Regel sind) verhindern, die zunehmende Distanz (und deren Sicherung) zwischen den sozial beherrschten und den herrschenden Gruppen, u.a.m. Diese Überlegungen von FRIED sind trotz ihrer relativen Einfachheit bedeutsam geworden für die inzwischen durchgesetzte Auffassung, daß die Genese ursprünglicher Staaten nicht als ideologisch oder organisatorisch begründeter Bruch, sondern als sehr langfristiger und weitgehend unmerklicher Prozeß anzusehen ist, in dem ökonomische und politische Abläufe zusammen- und aufeinanderwirken: "Leadership continually generates domestic surplus. The development of rank and chieftainship becomes, paripassu, development of the productive forces" (M. SAHLINS, 1972, S. 140).

Der ökologisch-materialistische Ansatz von M. HARRIS hat diese Tendenz prinzipiell aufgenommen und setzt innerhalb des Prozesses drei Wendepunkte, die dafür maßgeblich sind und die bereits in anderen Zusammenhängen erwähnt worden sind: die Entwicklung der "big-men", die Herausbildung von

Häuptlingen und die Festigung der Position von Königen. [38]
Entsprechend seiner materialistisch-ökologischen Grundkonzeption hebt HARRIS die Intensivierung der Produktion als
einen zentralen Aspekt hervor, die schon bei den "big-men"
durch eigenen Einsatz und den der eigenen Haushaltsangehö-
rigen gegeben ist, bei den Häuptlingen durch die asymmetri-
sche Redistribution von Ernteüberschüssen quasi die Be-
steuerung vorwegnimmt und dann in den frühen Staaten eine
Erweiterung und Verstärkung durch den administrativen Stab
erfährt. Die Entwicklung vom Häuptlingtum zum ursprünglichen Staat wird zusätzlich geprägt durch eine hinreichend
breite Energiegrundlage, die notwendig ist für die Erhaltung des Verwaltungs- und Herrschaftsdurchsetzungsapparates
und die im wesentlichen eben von entsprechend intensivier-
baren Produktionstechnologien abhängt. Zusätzlich weist
HARRIS auf die Rolle der scharfen ökologischen Territorial-
begrenzung hin, die dazu beiträgt, zu verhindern, daß die
mit Bodenbau beschäftigte Masse der Bevölkerung nicht ohne
massive Einbußen am Lebensstandard dem zunehmenden soziopolitischen Druck ausweichen kann. Auch HARRIS stützt sich
aber auf die Ausstrahlungskraft des ursprünglichen Staats-
modells: "The more powerful the ruling class, the more it
can intensify production, increase population, wage war,
expand territory, mystify the peasants, and increase its
power still further. All neighboring chiefdoms must either
rapidly pass across the threshold of state formation, or
succumb to the triumphant armies of the new social levia-
than" (M. HARRIS, 1979, S. 102 f.).

Im bedeutendsten neueren, historisch und ethnosoziologisch
gerichteten Sammelband zur Genese der frühen Staaten heben
CLAESSEN und SKALNIK (1978, S. 619 ff.) ein halbes Dutzend
Faktoren hervor, die in variierendem Zusammenwirken und in
unterschiedlicher Reihenfolge und Bedeutung im Einzelfall
die Entstehung von frühen Staaten bestimmen:

- Bevölkerungsdruck: Er hat nach außen Expansion und Konflikte, damit aber auch politisch-militärische Führungspositionen zur Folge. Nach innen vermag dieser demographische Druck dadurch auch Produktionssteigerungen zu
veranlassen. Er hat zusätzliche wichtige Wirkungen in
Hinsicht auf die Erleichterung der sich herausbildenden
Identitätsprozesse, die im Zusammenspiel von Führungspositionen und Herausbildung ethnischer Bezugspunkte gefördert werden. In benachbarten Zonen können solche demographischen Veränderungen durchaus ebenfalls die Herausbildung einer zentralisierten politisch-militärischen Organisation notwendig machen.

- Krieg, Kriegsgefahr oder Überfall: Sie haben bessere Organisation zur Folge, die Verteidigungszwecken dient und
erhalten werden muß, was Tributzahlungen oder erzwungene
Mehrproduktion in anderer Form zur Folge hat. Krieg verursacht keine Staatsbildungen, fördert sie aber stark.
- Einfluß von Eroberungen: Dabei ist die Wechselbeziehung
und Abfolge zwischen Staat und Eroberungen unklar, jedenfalls finden nur selten Überlagerungen von Acker-, bzw.
Bodenbauern durch Hirtennomaden statt.
- Überschußproduktion: Sie wird als notwendige Bedingung
für die Existenz des Staates angesehen, ist die Grundlage
der Scheidung in Herrscher und Beherrschte, die über
Steuerzahlungen miteinander verknüpft sind. Grundsätzlich
ist die Überschußproduktion der wichtigste Faktor, der
als dialektischen Prozeß die Entwicklung eines Verwaltungsstabes und die Institutionalisierung sozialer Ungleichheit ermöglicht.
- Rolle der Ideologie: Als Gründungs- oder Legitimationsmy-
thos kann Ideologie eine gewisse unterstützende Wirkung
bei der Stabilisierung staatlicher Organisation haben.
Sie kann u.U. die direkte Kontrolle staatlicher Organe
ergänzen, z.T. sogar ersetzen, und wirkt dadurch entla-
stend, daß sie als Neutralisierungs- und Pufferinstrument

eingebracht wird, das insbesondere in Konfliktsituatio-
nen bedeutsam ist. Bei der Genese staatlicher Ordnung
selbst ist die Ideologie im allgemeinen nur noch von
nachgeordneter Wichtigkeit.

- Einfluß bereits bestehender Staaten: Als Entwicklungs-
  rahmen spielen andere Staaten eine grundsätzlich wichtige Rolle bei sekundären Staatsbildungen, über Diffu-
  sionsprozesse und als soziopolitisches Milieu auch bei
  ursprünglichen Staaten.

CLAESSEN und SKALNIK gewichten diese Faktoren, indem sie
feststellen, daß "the factor of population growth or pres-
sure, war or the threat of war and raids, tribute, con-
quest and borrowed ideas (are) those which seem to have
exercised a primary influence on the formation of the state" (1978, S. 629).

Abschließend soll noch kurz auf die Beurteilung von Außen-
konflikten und Krieg als Faktor der Ethnosoziologie der
Politik eingegangen werden. Auch hier spielt selbstverständlich die zugrundeliegende theoretische Orientierung
eine entscheidende Rolle, wobei eine der ältesten Positionen - die den Krieg und gewaltsame Konflikte anthropologisiert und (wie MEYER, 1981, S. 30 ff. gezeigt hat) der
menschlichen Natur allgemein unterstellt - ausgeschieden
werden soll. Zwei Überlegungen sollen dagegen kurz skizziert werden: der Erklärungsversuch des kulturellen Materialismus' von M. HARRIS und die strukturtheoretische Herangehensweise.

Gemeinsam haben beide eine tendenziell funktionalistische
Ausgangsposition, die allerdings durch die inzwischen
durchgesetzte Erkenntnis gemildert ist, daß Kriege und gewaltsam ausgetragene Außenkonflikte äußerst stark variieren mit dem ethnosoziologischen Organisationstypus der

betroffenen Gesellschaften. Aus dem vorliegenden ethnologischen Material geht eindeutig hervor, daß Jäger-/Sammlerinnengesellschaften mit familialem und hordenmäßigem Organisationsniveau in der Regel Krieg als gesamtgesellschaftliche Aktivität nicht kennen, somit eine relativ intensive Bodenbindung und ein adäquates sozialorganisatorisches Moment (Führungspotentiale) gegeben sein müssen, damit solche gewaltsam ausgetragenen Konflikte tatsächlich regelmäßig auftreten.

Am anderen Ende der politischen Formen verwundern Krieg und gleichgelagerte Phänomene bei Vorliegen staatlicher Ordnungen nicht, sie gelten vielmehr als das Mittel zwischenstaatlicher Auseinandersetzungen schlechthin. Ethnosoziologisch besonders interessant sind also gerade die zwischengelagerten Fälle, in denen soziale Struktur und militärische Auseinandersetzung in spezifischer, erklärungsbedürftiger Weise zusammenwirken. Im Falle der Schwendbau betreibenden, auf Dorfebene organisierten Gartenbaugesellschaften mit relativ niedriger Bevölkerungsdichte weist HARRIS [39] Kriegführung und gewaltsamem Außenkonflikt eine entscheidende Rolle als Glied eines Gesamtkomplexes zur Regulierung des Bevölkerungswachstums zu. Krieg ist danach die "kostengünstigste" Methode der Bevölkerungsdrosselung durch zwei Mittel: durch die Höherbewertung männlicher Gesellschaftsmitglieder und die infolgedessen eintretende Förderung weiblicher Infantizids (und die selektive Vernachlässigung kleiner Mädchen bei der Ernährung), sowie durch die Förderung der Streuung einander feindlicher Dörfer. Die Drosselung des weiblichen Bevölkerungsanteils verringert auch die Zuwachsrate der Gesamtbevölkerung, [40] während die Streuung der Ansiedlungen zwangsläufig neues Land erschließt und zwischen den feindlichen Siedlungen ein Niemandsland beläßt, was für das ökologische Gleichgewicht bedeutsam ist [41]. Kriegführung ist damit auslösender Faktor für eine ganze Kette soziokultureller Verknüpfungen (Stärkung der patrilinearen Struktur, Patrilokalität, Polygynie, männliche Initiationsriten, Generations- und Geschlechtsantagonismus, u.a.) Am bedeutsamsten ist aber ihre Einmündung in die positive Besetzung der Zentralisierung und der Redistributionsmechanismen, die über den Intensivierungseffekt auf die Produktion auch die außenrelevante positive Funktionalisierung der koordinierten militärischen Führung deutlich machen und somit die sich herausbildenden Häuptlinge zu einer im Außenkonflikt überlebensnotwendigen Leitungsinstanz machen, die sich ihrerseits verselbständigt.

Der sozialstrukturelle Blickwinkel wird im Beitrag von M. SAHLINS zur "räuberischen Expansion" der segmentären Gesellschaften deutlich (SAHLINS 1973). Während HARRIS' Überlegungen tendenziell in Richtung der Vorteile struktureller Zentralisation gehen, hebt SAHLINS hervor, daß in Situationen der Expansion in bereits von anderen Gesellschaften besetztes Territorium ein Stamm eine segmentäre Lineage-Organisation entwickelt, weil es im intertribalen Wettbewerb von Vorteil ist wegen seines intragesellschaftlich von innen nach außen wirkenden expansiven Drucks. Der so gewonnene Vorteil wirkt ausschließlich gegen andere Stämme, die keine segmentäre Lineage-Organisation aufweisen, sondern als Dörfer o. dgl. organisiert sind. Er ist andererseits jedoch "nicht erforderlich" bei Konflikten mit einfachen Hordengesellschaften und unwirksam bei Auseinandersetzungen mit Häuptlingtümern, bzw. Staaten, denn diese verfügen über die besseren organisatorischen Mittel zur Konzentration konfliktrelevanter Ressourcen: "Begrenzte wirtschaftliche Koordination, die Relativität der Führerschaft und der Mangel an zweckmäßigen Sanktionen, der legalisierte, egalitäre Charakter des Gemeinwesens, die Vergänglichkeit der großen Gruppierungen, dies alles würde ein segmentäres Lineage-System zum Untergang verurteilen, wenn es mit Häuptlingtümern oder Staaten in Konflikt geraten würde". (M. SAHLINS, 1973, S. 150).

Mit diesen knappen Hinweisen auf die unterschiedlichen Konzeptualisierungsmöglichkeiten der Zusammenhänge von Krieg und politischer Organisationsform soll dieses Kapitel abgeschlossen werden, der an der Thematik weiter interessierte Leser muß auf die einschlägige Literatur verwiesen werden. [42] Ihr Zweck bestand ohnehin vorwiegend darin, nochmals deutlich werden zu lassen, wie eng mit anderen Aspekten die Beurteilungsgrundlagen einer Ethnosoziologie der Politik tatsächlich verzahnt sind.

1) "Die Reduktion der vielfältigen sozialen Wirklichkeit
der 'Anderen' auf eine einfache Struktur, die sich eindeutig auf die eigene Gesellschaft beziehen läßt, ist
die Grundform des bürgerlichen Ethnozentrismus, besonders wenn sie mit einer Beteuerung der Fremdartigkeit
verbunden wird" (KRAMER, 1978, S. 20).

2) Die einschlägigen Diskussionen spielten sich vorwiegend
im Bereich der deutschsprachigen Soziologie und Ethnologie ab, wobei besonders als Vertreter der Überlagerungstheorie aus dem soziologischen Bereich hervorzuheben
sind: L. GUMPLOWICZ, G. RATZENHOFER, F. OPPENHEIMER und
A. RÜSTOW, sowie P. W. SCHMIDT und P.W. KOPPERS aus dem
Bereich der Völkerkunde.

3) Zur Kritik siehe MÜHLMANN, 1964, S. 253 ff. und 262 ff.,
sowie GOETZE, 1969, S. 89 ff.

4) Genauer befaßt sich der Sammelband von J. MIDDLETON und
D. TAIT (1958) mit sog. "segmentären Lineage-Systemen",
also Gesellschaften mit Lokalgruppen segmentärer Organisation, die durch tatsächliche oder angenommene unilineare Deszendenz gebildet werden, also: Lineages, Klans
oder Sub-Klans; dabei gilt eine Lineage als körper-
schaftliche unilineale Deszendenzgruppe mit einem forma-
lisierten Herrschaftssystem (vgl. dazu die Einleitung
von EVANS-PRITCHARD zu: MIDDLETON und TAIT, 1958, S. 3
ff.).

5) Vgl. das Vorwort von A.R. RADCLIFFE-BROWN in: M. FORTES
und E.E. EVANS-PRITCHARD, 1940, S. XI - XXIII. Dort
schreibt er: "In studying political organization, we have to deal with the maintenance or establishment of social order, within a territorial framework, by the organized exercise of coercive authority through the use, or
the possibility of use, of physical force" (RADCLIFFE-
BROWN, in: FORTES und EVANS-PRITCHARD, 1940, S. XIV).

6) So vor allem die Autoren, die sich stärker mit dem
ereignishaften Ablauf von Politik auf die Mikroebene beschäftigt haben. Vgl. etwa R. COHEN: "Thus structure in
the hands of these early workers turns out to be the
constitutional arrangements of a political system...
(...)(B)ecause of an insufficient view of political systems and political process, the early structuralists
gathered good data on the constitutional formats of
non-western societies, but not on the actual behavior of
political actors in real political systems" (COHEN,
1973, S. 867).

7) Der Aspekt der Legitimität von Verfahrensweisen folgt M.
WEBERs Überlegungen zur Legitimität von Herrschaft. Legitimität meint dann vor allem die "Geltung" dieser Ver-

fahrensweisen aufgrund ihrer "Vorbildlichkeit" und "Verbindlichkeit" (vgl. WEBER, 1964, S. 22 ff.). Diese Verfahrensweisen werden dann "akzeptiert , positiv bewertet und für rechtmäßig gehalten" (W. FUCHS, 1973, S. 396).

8) Die Kriterien sind hier bewußt an das Argument der "Ordnung" angelehnt, das oben als Kennzeichen strukturfunktionalistischer Ansätze angeführt worden ist. Formenklassifikationen sind diesem Ansatz folgend konsistent zu erstellen. Vgl. zum folgenden: J. BEATTIE, 1966, S. 143 ff.

9) "Jede Gemeinschaft hat deshalb eine Waffe zur Erzwingung ihrer Rechte: die Gegenseitigkeit" (B. MALINOWSKI, 1978 b, S. 136).

10) Vgl. dazu: E. SERVICE, 1966, S. 49 ff.

11) "'Bossiness' is not tolerated, and humility, as in other contexts, is valued. Anyone in authority in any particular endeavor is clearly there with the consent of the governed, so to speak." (SERVICE, 1966, S. 51). Zu Recht wird Führung daher hier als eines "primus inter pares" gekennzeichnet.

12) Im Zusammenhang mit den Andamanesen hat RADCLIFFE-BROWN vom "Einfluß" gesprochen, den der Führer einer solchen Lokalgruppe ausübt und der dadurch weitere Gefolgsleute anzieht. (RADCLIFFE-BROWN, 1948, S. 45). Diese Anziehungskraft ist bedeutsam, baut sie doch auch auf der Verfügung des Führers über mehr Frauen auf, deren zusätzliche Arbeit ihm die wirkungsvollere Sammeltätigkeit erlaubt (Vgl. dazu auch LEVI-STRAUSS, 1967 und HART und PILLING, 1960, wo entsprechende Beispiele geschildert werden). Diese ständige Neu- und Umverteilung des demographischen Bestandes auf die verschiedenen Horden und Untergruppen ist durchaus funktional angesichts der demographischen Bestandsschwankungen bei den einzelnen Gruppen und den kaum vorhersagbaren Variationen im Nahrungsmittelangebot. Die Aufspaltung von Gruppen ist daher auch ein übliches Phänomen.

13) SAHLINS und vor allem SERVICE unterscheiden verschiedene Niveaus der "soziokulturellen Integration" von Gesellschaften: Horden, Stamm, Häuptlingtümer, Staaten (Vgl. SERVICE, 1962, S. 5-33 und 59 ff.). Der Begriff des "Niveaus der soziokulturellen Integration" ist seinerzeit von J. H. STEWARD (1955, S. 43 - 63) als methodologisch-heuristischer Rahmen geprägt worden und bezieht sich auf die jeweils größte autonome, kollektiv handelnde soziopolitische Einheit.

14) SAHLINS stellt dementsprechend fest, "that personal
kinship with a member of the association is a common
basis of recruitment, and that the idiom of group solidarity is frequently kinship (...). Where peace is ne-
cessary or desirable, kinship is extended to effect
it" (SAHLINS, 1968, S. 11).

15) Klassische Fälle einer solchen Form, politische Regelungen zu organisieren, sind z.B. die Nuer im Sudan und
die Tallensi in Nord-Ghana, die von E.E. EVANS-PRITCHARD
(1940) bzw. M. FORTES (1945) untersucht worden sind.
Vgl. dazu auch die übersichtlichen Kurzfassungen des
Materials in EVANS-PRITCHARD (1978), sowie L. BOHANNAN
(1978) zur segmentären Sozialstruktur der Tiv in Nigeria. Es ist allerdings auch darauf aufmerksam zu
machen, daß gerade die Interpretation der Sozialorganisation der Nuer durch EVANS-PRITCHARD in letzter Zeit
heftig kritisiert worden ist, soweit, daß sogar die
Existenz von Lineages bestritten wird. Vgl. VERDON 1982
und für die Diskussion von segmentären Lineage-Systemen
allgemein die Beiträge in HOLY 1979.

16) Die "Leopardenfell-Häuptlinge" bei den Nuer sind daher
eben keine "Häuptlinge", sondern durch persönlichen
Einsatz und Beteiligung an Blutgeld-Zahlungen reich und
angesehen gewordene Personen, die inhaltlich eher dem
Typ des "Big-man" nahekommen, weil ihre Einflußmöglich-
keiten auf der Mobilisierung an der Beilegung von Konflikten interessierter Personen beruht (vgl. GREUEL
1971 und HAIGHT 1972).

17) SAHLINS' Analyse ist treffend: "The tribal superstructure is a political arrangement, a pattern of alliances
and enmities, its design shaped by tactical considera-
tions. Overarching relations of clanship or regional
confederacy seem most often compelled by competitive
threats, in connection with which large-scale economic
and ritual cooperation may play the derivative role of
underwriting cohesion in the face of external dangers..
(...). Higher unity has to contend with the segmentary
divisions of the infrastructure.." (SAHLINS, 1968, S.
17).

18) Den Altersklassen bei den Nuer entspricht in diesem
Sinne die Teilnahme an gemeinsamen Erdkulten bei den
Tallensi.

19) Im Zusammenhang mit den sozialstrukturellen Prozessen
bei den Nuer - einem Prototyp segmentärer Organisation
- spricht EVANS-PRITCHARD wiederholt von "fission" und
"fusion" als parallelen Vorgängen. Sie kennzeichnen begrifflich auch die Tendenzen beginnender Zentralisierung, die hier interessieren (vgl. EVANS-PRITCHARD,
1940, S. 158 ff.).

20) E. LEACH (1964) hat die Entwicklung des Verhältnisses
    zwischen zwei unterschiedlichen Rangprinzipien (hierar-
    chisch vs. egalitär) bei den Kachin in Birma untersucht,
    wo dieses Verhältnis in zyklischer Hinwendung zu diesen
    beiden Prinzipien ("gumsa" und "gumlao") fortlaufend
    Zentralisation und deren Auflösung hervorruft.

21) Vgl. dazu die ältere Arbeit von M. HARRIS (1962) und
    auch 1965.

22) Manche afrikanische Bantu-Königtümer, z.B. Swazi, haben
    ihre Herrschaft in dieser Weise organisiert.

23) "Staat soll ein politischer Anstaltsbetrieb heißen, wenn
    und insoweit sein Verwaltungsstab erfolgreich das Mono-
    pol legitimen physischen Zwanges für die Durchführung
    der Ordnungen in Anspruch nimmt" (M. WEBER, 1964, S.
    39).

24) Wie etwa der Abspaltung von Toro von Buganda im ostafri-
    kanischen Zwischenseenbereich.

25) die Unterscheidung von frühen ("early"), bzw. ursprüng-
    lichen ("pristine") Staaten von sekundären Staaten ist
    wichtig bei der Beurteilung von Entstehungsprozessen.
    Sekundäre Staaten sind immer Staatsbildungen, die durch
    andere, ihnen zeitlich vorangehende Staaten beeinflußt
    sind im Hinblick auf die spezifische staatliche Organi-
    sationsform und die zugrundeliegenden prinzipiellen Ar-
    rangements. Ursprüngliche Staaten sind notwendige Ent-
    stehungsbedingungen für sekundäre Staaten.

26) Siehe zum folgenden CLAESSEN und SKALNIK, 1978, S. 21.

27) Vgl. dazu grundsätzlich WEBER, 1964, S. 157 - 188. Für
    WEBER ist "Herrschaft": "die Chance, für einen Befehl
    bestimmten Inhalts bei angebbaren Personen Gehorsam zu
    finden" (S. 38). WEBER unterscheidet dabei auch zwischen
    Legitimitätsglauben gegenüber der Herrschaft und dem Le-
    gitimitätsanspruch der Herrschaft. Klassifikationsrele-
    vant ist dabei, "daß ihr eigener Legitimitätsanspruch
    (der Herrschaft) der Art nach in einem relevanten Maß
    'gilt', ihren Bestand festigt und die Art der gewählten
    Herrschaftsmittel mit bestimmt" (WEBER, 1964, S. 158).

28) Das ist auch der Grund dafür, daß in vielen Fällen in
    der Literatur nicht von "Herrschaft", sondern von
    "Macht" ("power") ausgegangen wird. Von WEBER ist
    "Macht" festgelegt als "jede Chance, innerhalb einer so-
    zialen Beziehung den eigenen Willen auch gegen Wider-
    streben durchzusetzen, gleichviel worauf diese Chance
    beruht" (WEBER, 1964, S. 38).

29) Vgl. dazu v.a. E. LEACH 1954 und M. GLUCKMAN 1965 und
    1967.

30) Vgl. v.a. SMITH 1956, LLOYD 1965 und 1968, SWARTZ, TUR-
    NER und TUDEN 1966, SWARTZ 1968.

31) Vgl. dazu auch die Diskussion in WINCKLER 1969, S. 329
    ff. Das gilt auch ungeachtet der Meinung von SWARTZ,
    TURNER und TUDEN z.B. bei der Beurteilung einer reli-
    giösen Zeremonie: "If we look at the religious ceremony
    from the point of view of the process by which the
    group goals are determined and implemented (...) and by
    which power is differentially acquired (...), we are
    studying politics." Daraus die Folgerung: "The study of
    politics, then, is the study of the processes involved
    in   determining and implementing public goals and in
    the differential achievement and use of power by the
    members of the group concerned with those goals"
    (SWARTZ, TURNER, TUDEN, 1969, S. 7, Hervorhebung im
    Original).

32) So z.B. die Arbeiten von SOLENBERGER (1979) und
    CLAESSEN (1979), vgl. auch den programmatischen Artikel
    von KURTZ (1979).

33) Typische Beispiele dafür sind die Beiträge von SWARTZ
    (1966), LAMBERT (1966, MILLER (1966), TURNER (1966),
    TUDEN (1966).

34) "An egalitarian society is one in which there are as
    many positions of prestige in any given age-sex grade
    as there are persons capable of filling them. (...) An
    egalitarian society does not have any means of fixing
    or limiting the number of persons capable of exerting
    power" (FRIED, 1967, S. 33).

35) "A rank society is one in which positions of valued
    status are somehow limited so that not all those of
    sufficient talent to occupy such statuses   actually
    achieve them. Such a society may or may not be strati-
    fied" (FRIED, 1967, S. 109).

36) "A stratified society is one in which members of the
    same sex and equivalent age status do not have equal
    access to the basic resources that sustain life. (...)
    different societies may be said to have different basic
    resources.. Central are the things to which access must
    exist in order for life to be maintained for the indi-
    vidual ... In stratified societies there are impair-
    ments in the way of access" (FRIED, 1967, S. 186 -
    188).

37) Beim Übergang von der egalitären zur Ranggesellschaft
    handelt es sich vor allem um das Zusammenwirken von
    relativ günstigen ökologischen Bedingungen (höhere Nah-
    rungsproduktion), zunehmender demographischer Dichte,
    Redistribution als Prinzip der Güterverteilung und die
    Kombination von Verwandtschaftsrang in Deszendenzgrup-
    pen mit der produktiven Funktion der Häuptlinge. Beim
    Übergang von der Ranggesellschaft zur geschichteten Ge-
    sellschaft handelt es sich insbesondere um die Kombina-
    tion von Bevölkerungsdruck, Verschiebungen in den übli-
    chen Residenzmustern nach der Heirat, Schrumpfung oder
    scharfe natürliche Veränderung der grundlegenden Res-
    sourcen, Verschiebungen in den Subsistenzmustern durch
    technologischen Wandel und Entwicklung von Leitungsrol-
    len im sozialen und zeremonialen Bereich (FRIED, 1967,
    S. 196 ff.).

38) Vgl. zum folgenden: HARRIS, 1979, S. 100 ff. und 1980,
    S. 304 ff., sowie SAHLINS, 1960.

39) Vgl. dazu: HARRIS, 1979, S. 89 ff.

40) Siehe dazu auch die interessanten Einzeldiskussionen in
    HARRIS, 1974, S. 61-110 und 1977, S. 41-77. Vgl. auch
    DIVALE und HARRIS 1976.

41) "Only if population is pressing against resources does
    it more sense not to rear as many females as males"
    (HARRIS, 1977, S. 60).

42) Vgl. v.a. FRIED u.a. 1971, NETTLESHIP u.a. 1975 als
    brauchbare Übersichten zu ethnosoziologischen und ver-
    wandten Ansätzen zur Beurteilung des Phänomens Krieg
    und zwischengesellschaftlicher Gewaltanwendung.

6. Familie, Inzest und Verwandtschaftsformen

In seinem berühmten Essay "Die Gabe" kennzeichnet Marcel
MAUSS (1978) diese als totale, soziale Institution, die zur
systematischen Erleichterung des sozialen Verkehrs führt
und schließt die Verwandtschaftsbeziehungen in diesen Prozeß mit ein. "Das Kind (ein mütterliches Gut) ist also das
Mittel, wodurch sich die Güter der mütterlichen Familie gegen die der männlichen Familie austauschen lassen. Und wenn
man feststellt, daß das Kind, da es bei seinem Onkel müt-
terlicherseits lebt, offensichtlich ein Recht hat, dort zu
leben, und folglich ein allgemeines Recht auf den Besitz
des Onkels, so erkennt man, daß dieses System des 'fostera-
ge' dem Recht sehr ähnlich zu sein scheint, das in Melanesien dem mütterlichen Neffen auf die Besitztümer seines Onkels allgemein zugestanden wird".[1] Verwandtschaft scheint
in der Sprache von M. MAUSS dem Phänomen eines "fait social
total" (totale soziale Institution) sehr nahe zu kommen,
denn mit dieser Begrifflichkeit werden gesellschaftliche,
religiöse, ökonomische, rechtliche, moralische und emotionale Befindlichkeiten umschrieben, allgemeine und spezielle
Normen einer Gesellschaft gekennzeichnet.

Die Bedeutung der Verwandtschaft als Faktor der Herrschaftssicherung sowie als Leistungs- und Handlungseinheit
tritt in einer Studie über den westfälischen Adel deutlich
in den Vordergrund [2]; Verwandtschaft bindet den Einzelnen
in ein enges Regel- und Disziplinierungssystem. Das Organisationsprinzip "Stiftsfähigkeit" regelt die Teilnahme an
der Herrschaft und den Zugang zu den Zentren der Macht in
Staat, Kirche, Verwaltung und Militär und orientiert sich
am Ausschlußkriterium: eine über vier Generationen rein
adelige Abkunft. Heirat des erbberechtigten Sohnes (Allein-
erben) mit einer "nichtstiftsfähigen" Frau schloß vier zukünftige Generationen von den Privilegien der Machtvertei-
lung aus und führte zur Entwertung eines "Kapitals", das

von vergangenen Generationen erarbeitet worden war. "Der einzelne Adelige stand also nicht nur in einem Familienverband lebender Angehöriger, sondern auch in festen Loyalitätsbeziehungen gegenüber seinen Vor- und Nachfahren; und es ist ein zweites Spezifikum der Adelsfamilie, daß diese Leistungsgemeinschaft aller toten, lebenden und zukünftig geborenen Familienmitglieder allen Angehörigen stets in hohem Maße präsent war, durch eine Vielzahl von familialen Institutionen, Ritualen und Erinnerungstechniken ständig präsent gehalten wurde" [3] (Ahnenkult, Wappen, Siegel, Stammbaum).

Verwandtschaft als Bestimmungsgröße und Organisationsprinzip sozialer Beziehungen bildet den Ausgangspunkt einer Diskussion in der Ethnosoziologie, die verdeutlicht, inwieweit kulturelle Bewertungen in jeden kategorialen Bezugsrahmen einmünden. Die Identifizierung von Verwandtschaft bzw. -systemen kommt ohne zentrale Prämissen nicht aus, in denen sich die Beziehungsverhältnisse darstellen lassen. Die observer's category gerinnt zu einer Determinierung von Verlaufsformen, die entweder biotische oder sozio-kulturelle Deutungsmuster voraussetzen und über Analogieschlüsse Verwandtschaftssysteme abbilden. Die Basis für Verwandtschaftssysteme bei G. P. MURDOCK (Social structure, 1949) sind die biotischen Kategorien von Generation und Geschlecht sowie die soziale Funktion Heirat und kommt ohne die Prämisse der Universalität der Kernfamilie nicht aus. [4]. Diesen Vorstellungen liegt ein europäisch geprägtes, genealogisches Modell zugrunde, die biotischen Kategorien werden zur normativen Kraft des Faktischen, sie suggerieren Verwandtschaftsbeziehungen, die bei einem Ethnos weder rechtlich noch sozial gegeben sein müssen. Die These von der Universalität der Kernfamilie erweist sich als eine petitio principii des Modells, denn nur über die Verknüpfung der biotischen Fakten mit Heiratsregeln gelingt eine Identifizierung von Personen im System verwandtschaftlicher Beziehungen, das den Anforderungen genealogischen Denkens entspricht. Die Generationsterminologie wird sofort zur problematischen Kategorie, sobald die physische Funktion des Mannes bei der Befruchtung der Frau als biotisches pattern von Verwandtschaft geleugnet wird, d.h. die biotischen Fakten werden im Selbstverständnis z.B. einiger australischer Ethnien nicht zur Begründung von Verwandtschaft herangezogen.

Denn es macht einen Unterschied, wie in Verwandtschaftssystemen die Deszendenzregeln festgelegt oder wie sie anhand eines Modells aufgeschlüsselt werden. Ob ein Individuum der Verwandtschaftsgruppe seiner Mutter (Matrilinearität) oder der seines Vaters (Patrilinearität) zugerechnet wird, sagt zunächst nur aus, daß "lineage" die Erscheinungsform der organisierten Herkunftsgruppe bezeichnet und bedarf der zusätzlichen Differenzierung in die Herkunftsweise unilateral und bilateral, d.h. im ersteren Fall wird die Position einer Person durch die väterliche oder mütterliche lineage bestimmt, im letzteren durch die väterlichen und mütterlichen [5]. Neben den Deszendenzregeln sind bei der Analyse und Bestimmung von Verwandtschaftssystemen die Residenzregeln zu beachten. Zieht der Mann zur Familie seiner Frau, so spricht man von matrilokaler, im Umkehrfall von patrilokaler Residenz. Liegt die Gründung eines neuen, gemeinsamen Haushaltes vor, so kennzeichnet man dies mit neolokal, verbleiben beide Ehepartner im Haushalt ihrer jeweiligen Herkunftsfamilie, spricht man von natolokaler Residenz. Bestimmt die Verwandtschaftsregelung die Übersiedelung der Frau in den Haushalt ihres Mannes, liegt virilokale, im Umkehrfall uxorilokale Residenz vor (die sozialen Auswirkungen auf den Erbgang sowie die Sozialisation der Kinder werden später noch genauer erfaßt). Bei einigen Ethnien besteht eine Pflicht zur Übersiedelung des Paares in den Haushalt des Onkels, die avuncolokale Residenz ist dabei eine abhängige Größe des jeweiligen Lineageverständnisses.

Um den Sachverhalt näher präzisieren zu können, werden an-

hand der Matrilineage die Deszendenzregeln und die normativen Strukturen des Verwandtschaftssystems aufgezeigt. "Ein
Individuum gehört einer Herkunftsgruppe an, deren Mitglieder durch aufeinanderfolgende Generationen von Frauen verbunden sind." [6)]

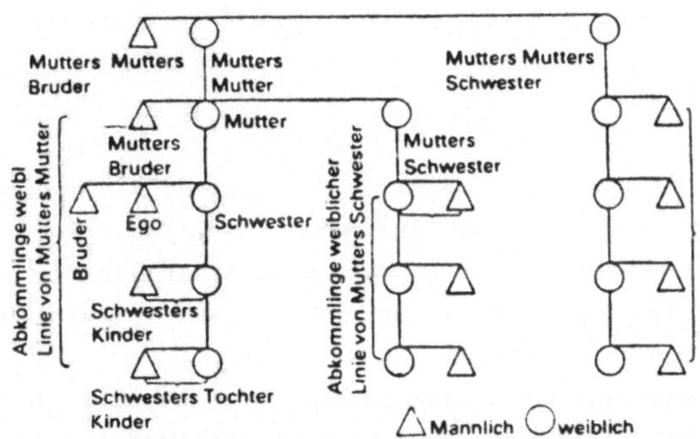

Dieses Schema zeigt fünf Generationen von Verwandten eines Mannes Ego
durch matrilineare Abstammung. Während die männlichen Abkommlinge der
Mutterlinien unter die Verwandtschaft gerechnet werden, gehört keines der
Kinder dieser Männer zur matrilinearen Verwandtschaft. Vaters Verwandte tauchen überhaupt nicht auf.

Quelle: KÖNIG 1974, in: MÜHLFELD, 1976, S. 36

Aus der Abbildung wird die Verwandtschaftsregelung deutlich: Kinder, die ein Mann in seiner Ehe zeugt, gehören
nicht zu seiner Matrilineage, da die Deszendenz durch die
Lineage seiner Frau bestimmt wird. Dagegen gehören die Kinder seiner Schwester zu seiner eigenen Lineage. Die These
von MURDOCK, Kernfamilie (nuclear family) sei universell,
unterstellt das Vorhandensein von Ehe/Familie als Institution und bindet sie in den Kontext von Verwandtschaft ein,
dies impliziert die Kenntnis und Identifizierung von geni-
tor und genetrix (biotisch oder sozial) und bestimmt
Ehe/Familie als Basiselement im Verwandtschaftssystem.
Die analytische Konstruktion "Kernfamilie" ermöglicht das
Postulat der Universalität (da analytische Sätze immer wahr
sind), d.h. als petitio principii ist sie, unabhängig von
den jeweiligen Verwandtschaftssystemen, als solche überall

vorfindbar. Gleichzeitig ist das Konstrukt aber notwendig, sollen im Rückgriff auf eine funktionalistische Sichtweise die Wirkungen und Leistungen von "Familie" für die Gesellschaft verdeutlicht werden. Insofern ist "Kernfamilie" ein Forschungsartefakt, da eine entsprechende Aufbereitung der Daten erst empirische Bezüge zu etwas herstellt, was strukturfunktionalistisch gar nicht empirisch gemeint war oder ist.

Die matrilineare Verwandtschaftsregelung mit identifizierbarer Kernfamilie wird zumindest dann in Frage gestellt, wenn anhand ethnographischen Materials der Nachweis erbracht wird, daß rudimentär entwickelte Heiratsregeln ohne Institution Kernfamilie vorhanden sind, ohne gleichzeitige Aufgabe des Organisationsprinzips . Die Nayar an der Küste von Malabar (Indien/Bundesstaat Kerala) arrangierten im Abstand von einigen Jahren Heiratsriten (tali), an dem acht- bis zwölfjährige, vorpubertäre Mädchen teilnahmen, die "Hochzeit" hatte primär symbolische Funktion, wenn auch sexuelle Handlungen mit dem rituellen Bräutigam nicht ausgeschlossen werden können. "The ritual husbands left the house after the four days of ceremonies and had no further obligations to their brides. A bride in turn had only one further obligation to her ritual husband: at his death she and all her children by whatever physiological father must observe death pollution for him" [7]. Der tali-Ritus hat eine dreifache Funktion: 1. Zuweisung des Sozialstatus "Frau" (sexuell and procreative functions), 2. Einbindung in das Netzwerk sozialer Normen, insbesondere des Inzestverbots, 3. Aufnahme des Geschlechtsverkehrs mit mehreren Männern (drei bis acht "visiting husbands"), die jedoch keiner niedrigeren Kaste angehören durften. Eine soziale Verpflichtung entsteht weder für die Frau noch für den Mann, er ist nur angehalten, ihr nach einer gemeinsamen Nacht ein kleines Geschenk zu überreichen und bei eingetretener Schwangerschaft ist es absolut notwendig, daß sich er oder mit ihm auch andere Männer zur Vaterschaft bekennen, eine soziale Fürsorgepflicht besteht jedoch nicht. Falls kein zumindest kastengleicher Mann sich zur Vaterschaft bekennt, hat die Frau mit Verstoß aus der Lineage zu rechnen, im Extremfall mit Tötung (killed by her matrilineal kinsmen). Die normative Regelung des Sexualverhaltens sowie das formale Bekenntnis eines Mannes zur Vaterschaft wird mit sambandham-relationship bezeichnet, das in der Literatur kontrovers diskutiert und je nach methodologischem Standort des Autors entweder als Äquivalent zur Ehe (GOUGH), Institutionalisierung sexueller Partnerschaft (GOODENOUGH) oder Bestätigung des Exogamiegebots bzw. Institutionalisierung sozialer Zusammenhänge zwischen Lineages (LEACH) interpretiert wird [8]. Sieht man von den variierenden Deutungsmustern einmal ab, so bleibt festzuhalten, daß die Nayar "had a kinship system in which the elementary family of father, mother and children was not institutionalized as a legal, productive, distributive, residental, socialising or consumption unit" [9]. Die formale Betrachtung des Verwandtschaftssystems gibt nur Auskunft über die möglichen Beziehungen in einem Netzwerk, das matrilinear organisiert ist. Mit der Entschlüsselung der Verwandtschaftsregelung einher geht der Mechanismus sozialer Steuerung. Die Nayar regelten das Reproduktionsproblem durch die Dominanz der Matrilineage bei natolokaler Residenzpflicht. Die Rolle des "Gatten" wird auf das Fortpflanzungsverhalten sowie der von ihm ausgehenden Kastenzuordnung reduziert. Das sambandham-Ritual stabilisiert die Mechanismen der Statuszuweisung, sichert die Herrschaftsverhältnisse und bindet die matrilinear geregelten Erbgänge. Machtpolitisch besteht bei einer derartigen Konstellation die Herrschaftsausübung aus der politischen und sozialen Kontrolle der Männer einer Verwandtschaftsgruppe über ihre Schwestern, da zum Beispiel der Mutterbruder dem Schwestersohn Besitz, Privilegien, Macht etc. vererbte. Bei den Asante wird die Dominanz der Matrilineage ebenfalls in den Vordergrund gerückt, jedoch kommt es zu formal ausgebildeten Ehe- und Familienverhältnissen: Die Frau wohnt bei ihrem Mann (Virilokalität), der auch Versorgungsleistungen vollbringt; die aus der Ehe hervorgegangenen Kinder jedoch gehören zur Matrilineage und wohnen von einem bestimmten Alter an beim Mutterbruder (Avunculat), der auch die Erziehung übernimmt [10]. Matrilineare Verwandtschaftsverhältnisse ermöglichten eine Auseinandersetzung über Formen des Matriarchats ((BACHOFEN u.a.), bei denen phantasievolle Deutungen ein fundamentum in re ersetzen mußten, vor allem übersieht eine Gleichsetzung von Matrilinearität mit Matriarchat, daß in diesen Gesellschaften die Machtausübung bei den Männern liegt. Eine formalisierende Verwandtschaftstypologie kennzeichnet primär nicht die "wesentlich sozial differenzierenden Kräfte" (MÜHLMANN, 1964), vor allem eignet sich die Gleichsetzung Matrilinearität gleich Mutterrecht gleich Matriarchat nicht zur evolutionären Deutung eines Prozesses, der bei schrankenloser Promiskuität in Unkenntnis des Vaters eine Zuordnung der Kinder zur sozialen Gruppe der Mutter bedingt und dadurch die Regelung des Verbotes der Heirat im Verwandtschaftssystem erzwingt und über die mutterrechtlich-polygame Paarungsehe sich zur monogamen Ehe entwickelt.(L. MORGANs Sichtweise gilt als widerlegt, er hat jedoch auf den funktionalen Zusammenhang von Techniken der Naturbeherrschung, Wirtschaftsform und Rechtsordnung aufmerksam gemacht und über die Rezeption seines wissenschaftlichen Werkes durch F. ENGELS (Der Ursprung der Familie, des Privateigentums und des Staates) Einfluß auf marxistische Theorien gewonnen . Der "matrilineare Komplex" (LOWIE) neigt bei voreiliger Generalisierung zur Verkürzung der sozialen Befindlichkeiten, die Deszendenzregeln unterstreichen vielmehr bei Virilokalität "die Autorität des Vaters oder des Bruders der Frau, die bis ins Dorf des Schwagers reicht" [11].

In Jamaika ist bei der negroiden Bevölkerung die Konsensusehe stark verbreitet, wobei diese Eheform keine Option gegen Heirat bedeutet, sondern weitgehend durch wirtschaftliche Unsicherheit bedingt wird. Die Jamaika-Neger der Unter-
schicht gehen häufig mehrere aufeinanderfolgende Konsensusehen ein, die mit zunehmendem Alter und steigendem Einkommen des Mannes dauerhafter und stabiler werden, die erste
dauert mindestens drei, die zweite fünf und die dritte acht
Jahre (Durchschnittswerte), um schließlich in eine legale
Ehe zu münden. [12] Nach der Auflösung der Konsensusehe
kehrt die Frau mit ihren Kindern zu ihrer Mutter zurück und
lebt mit ihr in einem gemeinsamen Haushalt; ist die Mutter
selbst unverheiratet und lebt mit ihren ebenfalls unverheirateten Töchtern sowie deren Kindern in einem gemeinsamen
Haushalt, so spricht man von einem matrifokalen Drei-Gene-
rationen-Haushalt. Bei dem hohen Grad der Verbreitung von
Konsensusehen muß die positive Einstellung zur legalen Ehe
ebenso berücksichtigt werden wie die Abhängigkeit dieser
Eheform von wirtschaftlichen Bedingungen in den sozialen
Unterschichten. Die direkte Abhängigkeit von ökonomischer
Lage und Anteil der Konsensusehen konnte anhand von empirischen Studien nachgewiesen werden. Mit der Zunahme der Ver-
dienstmöglichkeiten des Mannes steigt auch der Anteil der
legalen Ehen. "The greater the number of men who earn and
safe money to build a home, the lower the percentage of
consensual unions" [13].

Im Gegensatz zu matrilinearen Verwandtschaftssystemen, deren Verbreitungsgrad auf 15 % im Hinblick auf die bekannten
Gesellschaften geschätzt wird (MURDOCK, 1949), stellen die
patrilinearen Gesellschaften keineswegs deren spiegelver-
kehrtes Abbild dar, die Kombinatorik der Beziehungen ist
komplexer. Die formale Einheit unilateraler Klassen impliziert nicht eine Äquivalenz der beiden Formen.

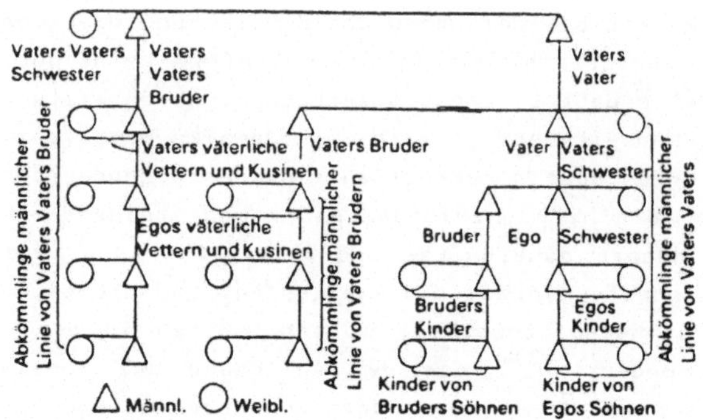

Dieses Schema zeigt fünf Generationen von Verwandten eines Mannes Ego durch patrilineare Abstammung. Während die weiblichen Abkömmlinge der Patrilinien unter die Verwandtschaft gerechnet werden, gehört keines der Kinder dieser Frauen zu Egos patrilinearen Verwandten. Mutters Verwandte tauchen überhaupt nicht auf.

Quelle: KÖNIG 1974, in: MÜHLFELD 1976, S. 38

Die Ehe hat in diesem Verwandtschaftssystem eine zentrale Funktion, die Erbfolge gilt durch die direkte Legitimierung der Nachfolge als gesichert. Die Deszendenz erweist sich als Integrationsfaktor, durch sie wird der soziale, rechtliche, politische und ökonomische Status bestimmt. Darüber hinaus sind Altersklassenbildungen möglich. Die genealogischen Grundlagen sind doppelte Legitimationsinstanzen; sowohl im Hinblick auf die aktuelle Zuordnung als auch im Sinne einer ideologischen Rechtfertigung, Traditionsbestände sowie Ahnenreihe sind Ausdruck von Kontinuität und Würde. (Was bei matrilinearer Verwandtschaft zwar grundsätzlich nicht zu fehlen braucht, aber weit weniger ausgeprägt ist).

Im Interesse einer terminologischen Klarheit sollen Verwandtschaftssysteme von Verwandtschaftsformen abgehoben werden. Man unterscheidet gewöhnlich lineale, kollaterale, affine und adoptive Verwandtschaftsformen. Lineale Ver-

wandtschaftsform meint dabei meist (Bluts-)Verwandte in
auf- und absteigender Linie, während kollaterale Verwandte
Personen der gleichen, vorangehenden und nachfolgenden Generation sind. Zu den Affinen zählen angeheiratete und ver-
schwägerte Verwandte verschiedenen Grades. Bei Adoption
wird die soziale Konstruktion der Verwandtschaft am deutlichsten, die sozialen Rechte und Pflichten resultieren aus
sozial und rechtlich legitimierten Beziehungen. Der Voll-
ständigkeit halber soll noch kurz auf einige mehr oder minder marginale Eheformen (soweit sie identifizierbar sind)
eingegangen werden. Die Differenzierung in mono- und poly-
gam ist ein zu grobes Raster, um eine Typologie vornehmen
zu können. Polygamie zerfällt in die Teilklassen Polygynie
(ein Mann ist mit mehreren Frauen verheiratet) und Polyan-
drie (eine Frau ist mit mehreren Männern verheiratet). Einen Sonderfall stellt die Sororats-Polygynie dar, bei der
ein Mann mit zwei oder mehreren Schwestern verheiratet ist.
Analog spricht man von einer Ehe, bei der eine Frau mit
mehreren Brüdern verheiratet ist, von einer Levirats-Poly-
andrie.
Scharf von der Sororatspolygynie und Leviratspolyandrie
müssen Levirat und Sororat getrennt werden, da beim Levirat
die Witwe den jüngeren Bruder ihres verstorbenen Mannes
heiratet (heiraten muß), um ein Überdauern der Lineage in
der Zeit zu sichern; meist werden die im Levirat gezeugten
Kinder dem verstorbenen Mann zugerechnet. Beim Sororat heiratet der Witwer die Schwester seiner Frau, auch hier dürf-
ten Kontinuitätsgedanken die Genese der Eheform bilden. Levirat und Sororat sind jedoch streng monogam ausgerichtet.

Verwandtschaftstypologien erweisen sich solange als Konstrukte, wie es bei einer möglichst umfassenden Terminologie bleibt und nicht Fragen nach den Regelungsfunktionen
und gestaltenden Momenten in der sozialen Wirklichkeit beantwortet werden. Differenzierungsprozesse, Heiratsregeln
oder die Formel vom fait social total leiten zur berechtig-

ten Feststellung nach dem Erklärungswert von Verwandtschaftssystemen, bei der Interpretation dieser Phänomene "spiegelt der Aspekt, unter dem der Mensch sie erfaßt, die Art und Weise wider, wie sie entstanden sind, oder haben wir darin nur ein analytisches Verfahren zu sehen, das auf bequeme Weise dem Phänomen und seinen Ereignissen Rechnung trägt, aber nicht zwangsläufig dem tatsächlichen Geschehenen entspricht?" [14]

Die Annahme, hinter den Verwandtschaftssystemen verberge sich ein Strukturprinzip von Gesellschaft, muß über die Steuerungsprobleme, die Verwandtschaft als Strukturelement aufwirft, Bedingungen der Regelungsmechanismen nennen. Der Hinweis auf matri- bzw. patrilineare Verwandtschaftsformen genügt nur zur Erklärung, wie Prokreation geregelt und dieses sozial legitimiert wird. Als Steuerungsprinzip menschlichen Verhaltens wurde das Inzesttabu identifiziert, ein Basiselement, auf das differenzielle Verwandtschaftsformen aufbauen und in den Heiratsregeln von Endogamie bzw. Exogamie ihren Niederschlag finden. Die biotische (genetische) Begründung des Tabus ließ sich empirisch nicht einlösen, da die Degenerationshypothese genaue Kenntnisse über Vererbungsprozesse voraussetzt und nur in bilateralen Generationsabfolgen beachtet werden kann (was z.B. bei den Nayar auszuschließen ist). Bei der logischen Analyse der theoretischen Konstruktionen des Inzesttabus kann sich keiner ihrer Autoren dem Vorwurf entziehen, daß die Reduzierung auf ein funktionales Erfordernis gesamtgesellschaftlicher Steuerungsprozesse das Moment der Ontologisierung sozialer Sachverhalte in sich trägt und nicht ohne ein gewisses Maß an Tautologie auskommt [15].

Ein burschikos-naives Verfahren bietet LÉVY-BRUHL durch Weg-Interpretation theoretischer Schwierigkeiten an, indem er die Existenz des Tabus als Verbot negiert und zu dem naturalistischen Fehlschluß Zuflucht nimmt: die angeborene Abscheu des Menschen trete immer bei der Verletzung des Tabus auf und rufe daher Entsetzen hervor [16]. Die resignati-

ven Momente, die bei der Rekapitulierung der Forschungs-
geschichte zum Thema sichtbar werden, resultieren zumeist
aus voreiligen Generalisierungen singulärer Befunde wie bei
E. DURKHEIM [17], der den Totemismus bei australischen Ethnien zur Begründung des Inzesttabus heranzieht, da die Abo-
rigenes von einer Wesensidentität von Klan und namensstif-
tendem Totem ausgehen, wobei das Blut zugleich geheiligtes
Symbol und Ursprung der magisch-biologischen Gemeinschaft
der Klan-Mitglieder ist. Die Furcht vor Blut ist besonders
während der Menstruation der Frau ausgeprägt. Geschlechtsverkehr während dieser Zeit ist aus religiösen Gründen
streng verboten, da Berührung mit dem eigenen Blut die Verbindung des Mannes mit seinem Totem gefährdet. DURKHEIM
schließt aus den magischen Vorstellungen das Hervortreten
von Exogamieregeln, denn durch Heirat im eigenen Klan würde
z.B. der Mann mit dem Blut des Totems in Berührung kommen;
so zwingen ihn die Heiratsverbote zu einer Verbindung mit
einem anderen Klan, dessen Totem für ihn tabu ist und auch
keine magische Kraft besitzt. Dem Totemismus wird von DURK-
HEIM deshalb so viel Gewicht beigemessen, weil er für ihn
in nuce das enthält, was Religion überhaupt auszeichnet
(1981): eine kollektive Repräsentation der Gesellschaft,
damit konsequenterweise auch eine grundlegende Form von Moral. Der Zusammenhang zu seiner Gesellschaftstheorie ist
damit eindeutig hergestellt. Die Kritiken an der empirischen Seite der Kombination Totemismus/Inzesttabu gehen darüber meist elegant hinweg, unter strukturanalytischen Gesichtspunkten sogar LÉVI-STRAUSS (1981), weil er primär an
der Ordnungsstiftung interessiert ist, die sich für ihn
über Austausch herstellt. Aus der Doppelbindung der Inzest-
regeln mit den Exogamievorschriften glaubte DURKHEIM die
Universalität des Inzesttabus historisch begründen zu können. Die These DURKHEIMS läßt sich angesichts des ethnologischen Materials nicht aufrechterhalten, zumal, wie WHITE
nachweisen konnte, der Totemismus weit weniger verbreitet
ist als das Inzesttabu [18]. Weiterhin hat eine wenig plau-

sible Generalisierung der normativen Kraft des Faktischen
die Resignation bei der theoretischen Erschließung des Problems begünstigt, wenn etwa in ethnologischen Feldstudien
das Bestrafungsrepertoire für Inzestverstöße als Beleg für
die Ubiquität des Tabus herangezogen wird. Als pars pro to-
to mag die Feststellung E. E. EVANS-PRITCHARDs zur Begründung des Tabus bei den Nuer stehen: "diese nennen Inzest
"Syphillis", weil sie das eine als Strafe für das andere
ansehen" [19]. Andererseits führten die anthropologisch-hu-
mangenetischen Untersuchungen zur kausalen Begründung des
Inzesttabus als Institution in eine methodologische Sackgasse, da neben anderen MALINOWSKI den Nachweis erbringen
konnte [20], daß bei primitiven Völkern keine Kenntnisse
über den Kausalzusammenhang zwischen Geschlechtsverkehr und
Schwangerschaft vorhanden sind und Inzestvorschriften also
nicht aus der Kenntnis über biologische Generationsprozesse
stammen können. Die Degenerationshypothese als kausale Begründung des Inzesttabus kann als falsifiziert betrachtet
werden, was jedoch nichts über ihr Fortwirken in den Diskussionen über das Inzesttabu aussagt. Besonders bei
WESTERMARCK[21] und LOWIE [22] erhält die Ableitung aus biologischen Bedingungen eine neue Variante in der Diskussion,
denn sie erklärten das Inzesttabu aus einem angeborenen
Widerwillen gegen sexuellen Umgang, also nicht mehr allein
aus der Blutsverwandtschaft. Überdies schließen sie auch
die Personenkreise mit ein, die durch psychische Intimi-
sierung der Beziehungen untereinander gekennzeichnet sind.
Neuerdings hat an diese Hypothese der Inzesthemmung N. BI-
SCHOF [23] wieder angeknüpft, der meint, die Grundannahme
der Inzesthemmung aus anthropologischen und ethnologischen
Befunden wissenschaftlich begründen zu können. Freilich
sind seine Formulierungen sehr vorsichtig: um das Inzesttabu nicht im Instinktinventar verankern zu müssen, geht BI-
SCHOF in seinen Darlegungen von Inzestbarrieren aus und gelangt unter Einschluß psychoanalytischer Überlegungen zu
den Inzesthemmungsfaktoren "Autonomieanspruch" und "Objekt-

wechsel". Die Unterdrückung innerfamilialer Sexualität hat für den pubertierenden Jugendlichen einen Autonomieanspruch gegenüber der Intimgruppe Familie zur Folge und findet im Ödipuskomplex einen biologisch fundierten Sinn; diese Art der Inzestverhinderung zwingt den Jugendlichen zu einem Objektwechsel und motiviert ihn zur Verlagerung seiner Aktivitäten in den außerfamilialen Bereich.

Bei den bisherigen Untersuchungen zum Problem des Inzesttabus war es den genannten Autoren darum gegangen, die Universalität dieses Phänomens nachzuweisen und vor allem seinen Ursprung zu erklären. Als falsifizierende Instanzen im Hinblick auf die Universalitätsthese werden oft dann Beispiele angeführt, die bei näherer Betrachtung konsequenterweise nicht angewendet werden können. So sind Berichte aus Melanesien über inzestuöse Beziehungen zwischen Vater und Tochter auf dem Hintergrund eines an der abendländischen Kernfamilie projizierten Verwandtschaftssystems als falsifizierende Instanzen der Universalitätsthese herangezogen worden. Solche Aussagen sind aber schon deshalb mit Skepsis zu betrachten, weil in diesen Gesellschaften der sozial anerkannte biologische Vater nicht zur Kernfamilie seiner Kinder gehört. "Die Position des Familienvaters hat vielmehr der Mutterbruder inne, nur eine Verbindung mit diesem wäre inzestuös, Berichte darüber liegen aber nicht vor"[24].

Weiterhin sind jene Untersuchungen, die Inzestbeziehungen schildern, auf den Informationsgehalt ihrer Aussagen hin zu untersuchen, denn nonkonforme exeptionelle Inzeste tragen eher zur Bestätigung der Universalität der These als zu deren Falsifizierung bei. Im Regelfall kommt es zu inzestuösen Beziehungen, um einen magischen Zauber zu erwerben, d.h. bei vorhandener strenger Geltung des Inzesttabus werden inzestuöse Beziehungen sanktioniert; sie fallen ex definitione nicht unter Inzestbeziehungen. Die inzestuösen Beziehungen zwischen Geschwistern in den herrschenden Kö-

nigsfamilien Ägyptens und Alt-Irans müssen neben dyna-
stisch-machterhaltenden Gründen auch als Ergebnis der gött-
lich-sanktionierten Herrschaftsrolle erklärt werden, denn in
der Außeralltäglichkeit der Situation kam auch der Gedanke
der göttlichen Auserwähltheit zum Ausdruck [25].
Der Versuch von Claude LÉVI-STRAUSS [26], Verwandtschaftsbeziehungen als Grundelement von Kultur zu identifizieren und
als Regelungsmechanismus zwischenmenschlichen Verhaltens zu
benennen, ist nur auf dem Hintergrund einer systematischen
Sublimierung des Naturtriebes Sexualität in diesen Elemen-
tarstrukturen möglich. Die Verwandtschaftsbeziehungen bilden
dabei nur Variationen einer Grundregel: das Inzesttabu, als
Institution manifestiert es sich in allen Kulturen, muß in-
vers gelesen werden, was durch die negative Besetzung ver-
stellt wird. Nicht das Verbot der Sexualpartnerschaft unter
Verwandten, sondern das Gebot zur Exogamie legt den Sinn der
Institution frei. Die Prinzipien der Dualität und Reziprozität als Fundament der Sozialstrukturen verdeutlichen die Umkehrung des Inzestverbotes in das Exogamiegebot: die Frauen
des eigenen Klans für den Tausch gegen Frauen anderer Klans
unter Sparzwang zu konservieren. Über das Inzestverbot tritt
das Element der Kalkulierbarkeit deutlich hervor und wird
zur logischen Basis der Symmetrie aller Verwandtschaftssysteme. "Das Inzestverbot ist das Verfahren, mit dem die Natur
sich selbst überwindet; es ist ein Funke, der eine neue und
komplexe Struktur entstehen läßt, welche die einfacheren
Strukturen des psychischen Lebens überlagert und integriert,
... es zeitigt und ist selbst die Heraufkunft einer neuen
Ordnung" [27].
Die Differenz zwischen Inzesttabu und Exogamiegebot muß
nochmals verdeutlicht werden: zunächst ist Exogamie primär
eine Strukturregel, während das Inzesttabu eine Verhaltensnorm darstellt. Anders ausgedrückt: es gibt mehrere Gesellschaften, wo z.B. mit der Vaterbrudertochter Geschlechtsverkehr praktiziert werden kann, die Exogamieregel tabuisiert
diese aber als möglichen Heiratspartner. Dieser Sachverhalt

kennzeichnet Gamieregeln in erster Linie als Allianzregeln
mit entsprechenden sozialen Folgen (LEACH, 1961). In diesem
Zusammenhang muß die Überlegung von LEVI-STRAUSS thematisiert und interpretiert werden, um die Argumentationsebenen
nicht untereinander zu vermengen.
Die Erklärung der Verwandtschaftssysteme und des Universali-
tätsprinzips von Kultur aus dem Inzestverbot ist nur more
geometrico möglich und gelangt über den Status einer plato-
nistischen Modellkonstruktion nicht hinaus, vor allem bleibt
die Entstehung des Tabus völlig offen bzw. wird durch das
theoretische fiat der Kulturierung von Sexualität ausgeblendet.
Die Erklärungsversuche kamen über Zirkelargumente nicht hinaus , daher müssen die Wissenschaften offen bekennen, daß
ihnen bisher keine befriedigende Lösung des Problems gelungen ist, mit Ausnahme der Axomatisierung, wie sie K. MESSEL-
KEN in Weiterführung grundlegender Gedanken über das Frauen-
tauschkartell von Max WEBER und C. LÉVI-STRAUSS jüngst un-
ternommen hat: das Ungleichgewicht in der Geschlechterrela-
tion der Nachkommen zwingt zum Austausch, das Inzesttabu
wird zum Regulationsprinzip [28].
Die psychoanalytische Verarbeitung des angesprochenen Ver-
haltensregulativs soll nur in der Gestalt des Vatermordes
und der Phantasiewelt, bei der jeder Koitus ein Inzest ist,
angedeutet und auf die Ausführungen S. FREUDS zur Sexual-
theorie verwiesen werden. Die "Inzestschranke" wird als Kul-
turforderung der Gesellschaft thematisiert, um sich gegen
die "Aufzehrung" ihrer Interessen durch die Familie zu weh-
ren, die sie zur Erzeugung und Verfestigung höherer sozialer
Einrichtungen benötigt [29]. Die psychoanalytische Deutung
wurde nochmals angesprochen, weil von der vergleichenden
Verhaltensforschung und der Soziobiologie die Argumentation
im evolutiven Paradigma sozialkausal und als Erklärungsprinzip verarbeitet wird. Trotz der unzureichenden Erklärung der
Genese des Inzesttabus wird es bei der sozialen Absicherung
von Heiratsregeln prinzipiell als Legitimationsinstanz her-

angezogen. Besonders das Phänomen der Kreuzkusinenheirat verdeutlicht die soziale Konstruktion des Prinzips. Terminologisch muß Klarheit darüber bestehen, daß Exogamie bei unilinearer Deszendenz zunächst beim Klan dann gegeben ist, wenn es sich um eine negative Abgrenzung handelt, d.h. die Wahl eines Gatten im eigenen Klan ist nicht möglich. Ein Wissen über Heiratsregeln ist daraus nicht ableitbar. Erst mit der Konstituierung von Heiratsklassen kommt es zur normativen Konstruktion: ein System präferentieller Verbindungen wird etabliert, das Ausschlußverfahren tritt deutlich hervor: eine Differenzierung in vorgeschriebene und verbotene Gatten. Heirat ist erlaubt mit der Tochter des Mutterbruders und der Tochter der Vaterschwester, "die gleichzeitig die Tochter des Mutterbruders ist, (wenn nämlich die Schwester des Vaters den Bruder der Mutter geheiratet hat)"[30]. Parallelkusinen sind ausgeschlossen, Kreuzkusinen erlaubt, wie Abbildung 3 zeigt.

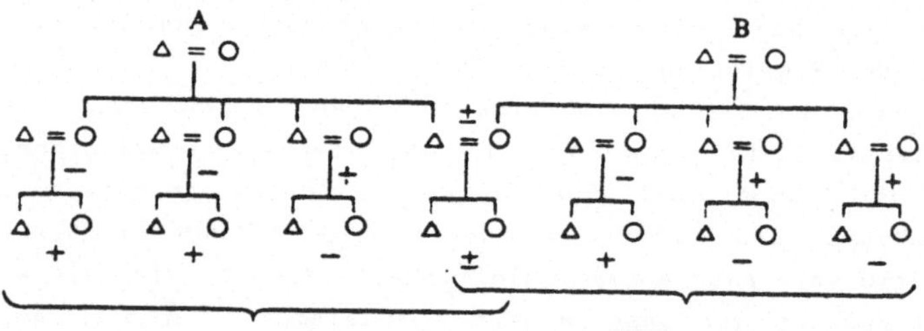

△ Mann O Frau △ = O Ehemann und Ehefrau △ O Bruder und Schwester

Die Kreuzkusinenheirat. Die Cousins, die in der Beziehung (+ −) stehen, sind gekreuzt; diejenigen, die in der Beziehung (+ +) oder (− −) stehen, sind parallel.

Quelle: C. LÉVI-STRAUSS, 1981, S. 209

Das Beispiel der Kreuzkusinenheirat verdeutlicht die soziale Bedingtheit des Inzesttabus und verweist auf die Problematik der Ableitung von Heiratsregeln aus einem genealogischen Modell, ohne Berücksichtigung der sozialen Befindlichkeiten. Gemeint sind damit nicht primär die Bewußtheitsgrade über Verwandtschaft in dem betreffenden Ethnos, es wird vielmehr prinzipiell die Frage danach aufgeworfen, inwieweit die Erfassung eines Verwandtschaftssystems den sozialen Bedingungen entspricht, d.h. ist Verwandtschaft ein nomischer Prozeß, der Strukturierungsdimensionen und Sinnstiftung vermittelt?

In einer methodologisch äußerst fundierten Studie schlägt E. W. MÜLLER [31] vor, die kontroversen Sichtweisen von Verwandtschaft nicht weiter zu verfolgen, sondern anhand der Kategorien von etisch und emisch sich darauf zu konzentrieren, wie durch Rückgriff auf Genealogie - verstanden als ein System von Filiations-, Heirats- und Kollateralbeziehungen - im Sinne der idealtypischen Methode WEBERs eine etische Form entsteht, die Verwandtschaft auf das biotische Modell abbildet. Genealogie als emische Größe würde dann die in der Population bekannten Sozialrelationen von Verwandtschaft bestimmen. "Somit ist Genealogie ein emisches System in jeder Gesellschaft, in dem irgendwelche Sozialrelationen nach Normen bestimmt werden, die auf ein etisch genealogisches System abgebildet werden können, unabhängig von den Bedingungen für die Existenz dieses Systems und von den sozialen Inhalten" [32]. MÜLLER bedient sich der Methode der Isomorphie, indem er in Weiterführung der Gedanken von LEACH und LÉVI-STRAUSS die Theorie der generativen Grammatik von N. CHOMSKY auf das Verwandtschaftssystem überträgt, die grammatischen Universalien würden der Genealogie auf der etischen Dimension entsprechen, d.h. Grammatik ist (weitgehend) unabhängig von Bedeutung, sie determiniert über die Tiefenstruktur die Semantik, d.h. ihr kommt die Aufgabe zu, die Bedingungen für die Konstruktion einer idealen Sprache zu benennen. Die generative Grammatik beschreibt damit regelhaft die idealen Produktionsvorgänge, welche die Kompetenz bedingen. Im Gegensatz dazu ist Performanz jene Leistung, die ein realer, mit Beschränkungen und Fehlern behafteter Hörer/Sprecher vollbringt, wenn er in eine konkrete sprachliche Situation eintritt. Wie die Sprachtheorie kommt auch MÜLLERs Vorschlag einer genealogischen Typologie nicht ohne Idealisierungen aus, d.h. wie bei der generativen Grammatik die Sprachkompetenz idealisierend von der Performanz her konstruiert wird, so wird die emische "Genealogie" auf eine etische projiziert. Das typologische Denken in MÜLLERs Abhandlung greift auf zwei Idealisierungen zurück: die Eindeutigkeit des biotischen Modells sowie die Gliederung des genealogischen Raumes; es besteht also die Gefahr, der emischen "Genealogie" tendenziell Performanz-Bedingungen zu unterstellen. Die virtuose, argumentative Leistung in der Studie von E.W. MÜLLER erinnert stellenweise an "die segensreichen Explikationen des methodologischen Klerus" (P. LAZARS-FELD), der Glanz der Systematisierbarkeit hat bei der generativen Grammatik mehr die Wohlgeformtheit eines Satzes im Auge als die konkreten Auswirkungen der Sprechakte im sozialen Kontext.

Die Klärung formaler Strukturen sollte nicht den Blick auf die Bedingungen und Auswirkungen des Verwandtschaftssystems für Individuen, Gruppe und Gesellschaft verdecken. Die Feststellung von C. LÉVI-STRAUSS: "Die Regeln der Verwandtschaft und der Heirat scheinen uns in der Vielfalt ihrer historischen und geographischen Modalitäten alle nur denkbaren Methoden auszuschöpfen, um die Integration der biologischen Familie in die gesellschaftliche Gruppe zu gewährleisten"[33] erinnert an die sozialen Dimensionen von Verwandtschaft, ihre Funktion als Systemimperativ und Ordnungsprinzip von Gruppe und Gesellschaft - bei gleichzeitiger Zurückweisung der argumentativen Ausgangssituation von der "biologischen Familie", die ein Rest "Rousseau'schen Denkens" darstellt.

Ethnosoziologisch interessant und für das Verständnis sowohl demographischer wie politisch-ökonomischer Prozesse aufschlußreich ist Verwandtschaft als soziales Feld. Bereits E.

NADEL kennzeichnet Verwandtschaft als Rekrutierungsverfah-
ren und macht auf gruppenspezifische Ablaufprozesse aufmerksam [34]. Wenn Heirat Affinalität zu einer Gruppe
schafft, so müssen neben Familie die sozialen Phänomene
Klan und Sippe thematisiert werden. Ist Familie in ihrer
Verlaufsform durch Diskontinuität gekennzeichnet, so trifft
dies auf Klan und Sippe nicht zu. Beide werden durch ökono-
misch-rechtliche sowie politische Kriterien gekennzeichnet,
ihre Kontinuität erweist sich als stabilisierendes Element,
"in der Sippe geht das abstrakte Eigentumsrecht an Boden
nach den Bestimmungen des Seniorats formlos auf die Nachfolger über; Teilungen gibt es nur in dem seltenen Ausnah-
mefall der Sippenteilung" [35]. Besitz wird so zu einem regelhaften Beziehungsgeflecht und Verwandtschaft; Landnut-
zung und Wohnsitz verbinden z.B. einen Samoaner mit einem
einzigen Sept. In der Literatur wird die Sept als eine Ab-
stammungsgruppe geschildert, "zu der ein Samoaner die Zugehörigkeit durch die Lieferung von Nahrungsmitteln zu den
Sept-Zeremonien (Heirat und Beerdigung) aufrechterhält.
Voraussetzung für die Zugehörigkeit ist der Nachweis einer
genealogischen Verbindung. Beendet wird die Zugehörigkeit
entweder dadurch, daß das Mitglied die Sept bei ihren Festen nicht mehr unterstützt, oder dadurch, daß die übrigen
Sept-Mitglieder die genealogische Verbindung nicht mehr anerkennen" [36].
Das Beispiel verdeutlicht den Stellenwert der Abstammung
sowie die verhaltenssteuernde Funktion des Verwandtschaftssystems. Die Homogenisierungstendenzen kommen u.a. in den
Heiratsregeln zum Ausdruck, die präferentiellen Heiratsklassen haben für den ökonomisch-rechtlichen Bereich der
Sozialrelationen deutlich stabilisierenden Charakter. Sie
nehmen aber auch Einfluß auf das generative Verhalten, man
braucht sich den Bestimmungskriterien von Tausch bei
LÉVI-STRAUSS nicht anzuschließen, um zu erkennen, inwieweit
über Heiratsalter und Heiratsverpflichtung eine demographische Steuerung erfolgt. Darüber hinaus kommt den Hei-

ratsregeln eine machterweiternde Funktion zu, wie das Peito-System bei karibischen Stämmen zeigt. Bei den Rukuyenn
wird ein Mann Peito durch Heirat, weil er dann spezifische
Pflichten seinem Schwiegervater gegenüber zu erfüllen hat: er
geht für ihn auf die Jagd, zum Fischfang usw. Peito wird in
der Regel ein erwachsener Mann, dem die Tochter schon im Kin-
desalter als zukünftige Ehefrau versprochen wurde, so daß er
den Einfluß seines Schwiegervaters erweitert. Mit der Zeit
bildet sich ein Peito-System heraus; "Es bezeichnet nicht nur
Schwiegersöhne, sondern Personen, über deren Arbeitskraft man
verfügt und denen man dafür weibliche Anverwandte (nicht bloß
Töchter) zu Frauen gibt. Weiter hat sich geradezu eine Art
Hierarchie von Peitos entwickelt, indem ein Peito selber wieder Peitos halten kann" [37]. Bei den Heiratsregeln muß auf
die sozialpolitische Funktion des Brautpreises hingewiesen
werden, es handelt sich hier um Transferleistungen, die zunächst die aufnehmende Familie/Klan stabilisieren und die
Frau sozio-ökonomisch und rechtlich absichern soll. Die sozial integrative Funktion kommt in den Verfügungsregeln zum
Ausdruck: er ist solidaritäts- und loyalitätsstiftend.
Verwandtschaft ist nicht primär affektiv - wie in der heutigen eurozentrischen Sichtweise - besetzt, sie bindet das einzelne Individuum über Solidaritäts- und Loyalitätsverpflich-
tungen in die sozialen Strukturen der Lebenswelt ein. Politisch können Verwandtschaftsformen als Allianzsysteme bezeichnet werden, die tribalistischen Muster bei der Rekrutierung der Herrschaftspositionen und ihrer Absicherung dienen
als Indikatoren (Kikuyu in Kenia). Die Spannweite von
polit-ökonomischen bis zu religiösen Loyalitätsmustern verdeutlicht, "daß diese Verwandtschaftsformen den ganzen Bereich der menschlichen Beziehungen und Tätigkeiten bestimmen"
[38]. Die von MALINOWSKI bei den Trobriandern geschilderten
Beziehungsverhältnisse bei matrilinearen Deszendenzregeln
zeigen die Rolle des Mutterbruders als sozio-ökonomisches wie
kulturelles Sicherungssystem an. Dieser hat nicht nur die eigentlichen Sozialisationsleistungen gegenüber den Kindern zu

erbringen, sondern er muß sich auch seinen weiblichen Verwandten und ihren Gatten gegenüber zu jährlichen Tributleistungen verpflichten. MALINOWSKI verweist auf die Konfliktpotentiale, die sich aus matrilinearen normativen Orientierungsmustern für die Familie ergeben und sich besonders an der Position des einheiratenden Mannes in seinen eigenen Leistungen gegenüber seinen Verwandten manifestieren. Kommt es zur Scheidung, dann verbleiben die Kinder bei der Frau, da sie nach den Deszendenzregeln ihrer lineage angehören. MALINOWSKI (1935) zog daraus die Schlußfolgerung, daß Sitten und Normen mehr als die biotischen Fakten Verwandtschaft bestimmen und schlug daher den Terminus "sociological paternity" zur Kennzeichnung des sozialen Phänomens vor.

Eine Ethnosoziologie der Verwandtschaft räumt gründlich mit romantisierenden Vorstellungen über die Großfamilie auf, wie sie besonders in den Erziehungswissenschaften und teilweise in Psychologie und Soziologie vorgetragen werden. Dabei interessiert nicht so sehr der von der historischen Familienforschung erbrachte Nachweis der relativ geringen prozentualen Verbreitung, sondern vielmehr die faktische Einbindung der einheiratenden Frauen in die Besitztumsnormen der Großfamilie. Die Ethnosoziologie verweist mit Nachdruck auf die Vererbung der Frauen und der von ihnen eingebrachten Brautpfandgüter etwa im Levirat. Als Beispiel mag die ungarische Großfamilie im 18. und 19. Jahrhundert mit einem Verbreitungsniveau von 12 - 15 % dienen. Starb der Mann einer jungen Frau, so wurde von ihr eine Leviratsehe erwartet. War dies nicht möglich, wurde sie als Magd behandelt "und die männlichen Mitglieder der Familie, sogar ihr Schwiegervater, konnten mit ihr in eine freie sexuelle Beziehung treten. Denn eine große Zahl von Kindern war für die Familie sehr wichtig. Deshalb durfte die Frau sogar dann mit einem ihrer Schwäger eine sexuelle Beziehung aufnehmen, wenn ihr Mann zeugungsunfähig oder (z.B. als Soldat) lange abwesend oder krank war" [39].

Im Rahmen unserer Abhandlung soll kurz auf das soziale Phänomen des "merging" eingegangen werden, da wir darüber Aufschluß erwarten dürfen, inwieweit im subjektiven Bewußtsein
sich Verwandtschaft als genealogische Verlaufsform manifestiert. Was in der genealogischen Typologie unter Verwandtschaft figuriert, muß sozial nicht immer als solche erfaßt
und interpretiert werden, das "Ausblenden" hat eine entla-
stende Funktion sowohl für die Abstammungsbestimmung und damit konsequenterweise auch für die Heiratsregeln. Es würde
aber einer Fehlinterpretation gleichkommen, merging allein
der subjektiven Bestimmung eines Individuums und damit einem
gewissen Ausmaß an Willkürlichkeit zu überlassen. Es darf
vielmehr angenommen werden: soziale Regelungen - im Extremfall soziale Normen - bestimmen im gesellschaftlichen Kontext die Interpretationsmuster, ob dies auf Blutverwandt-
schaft begrenzt werden kann (MURDOCK), ist aufgrund der sozialen Verwandtschaftsbestimmung z.B. über Besitz zumindest
strittig.

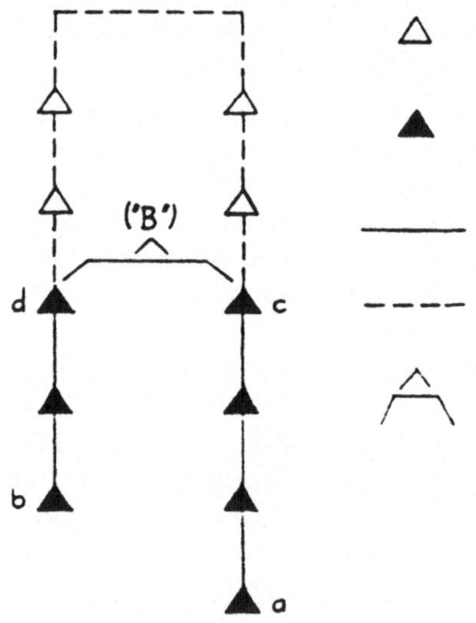

Quelle: MÜLLER 1981, S. 184.

Um die Abhandlung nicht in eine Kasuistik einmünden zu lassen, soll abschließend ein soziologisches Resümee der Verwandtschaft als Gruppenverband gezogen werden. Über den Gruppenzusammenhang etablieren sich Stabilisierungstendenzen, denen Schutzfunktionen gegen Anpassungsdruck zukommen und so eine immer bewußtere Technik der Selbstschaffung durch Entfaltung neuer Verhaltensweisen erlaubt [40]. Insulation geht einher mit Grenzziehung, d.h. mit der Herausbildung der Grenze vermeidet die Gruppe Anomie [41] in den Innenbeziehungen, gewinnt dadurch Identität sowohl nach innen wie nach außen und setzt so Energien zur sozialen Konstruktion der Wirklichkeit frei [42]. Gruppenbildung folgt den Bedingungen sozialer Strukturierungsprozesse, damit sich die Mitglieder zueinander verhalten können. Verhalten setzt Orientierungsmöglichkeiten und -vermögen voraus, daher ist Gruppe immer mehr als der (numerische) Zusammenschluß von Menschen, sie ist ein "spezifischer Sinnzusammenhang von Handlungen" [43]. Insulation korrespondiert mit der Etablierung eines Innenklimas und bedingt über das soziale Phänomen der Grenzziehung die Systemeigenschaften der Gruppe, d.h. Aufbau einer bewußten Differenzierung zu den sozialen Umwelten. Innenklima und Abgrenzung zu den Umwelten begünstigen eine gruppenspezifische Binnenstruktur, die eine Befriedigung der konkurrierenden Kräfte erlaubt und die Entfaltung einer Beziehungsdynamik ermöglicht: die Soziogenese von Familie und Verwandtschaft [44].
Die Qualität des "befriedeten Raumes" erzeugt die Grundlegung für die elementarste Bedingung zwischenmenschlichen Verhaltens: Vertrauen, denn wo dieses "fehlt, sind nur begrenzte, rudimentäre Vergesellschaftungen möglich" [45]. Vertrauen wird zur Prämisse sozialen Handelns, nur so werden Handlungen der anderen Gruppenglieder voraussehbar und voraussetzungsfähig, d.h. die Gruppe selbst wird und bleibt nur in dem Umfang handlungsfähig, wie ihre einzelnen Mitglieder Verhaltensregelmäßigkeiten voraussetzen können. Gruppe ist ohne Kontinuität eines Vertrauenskredites nicht

existenz- und überlebensfähig. Verhaltensregelmäßigkeiten und Vertrauenskredit nehmen für die Gruppenbeziehungen den Status sozialer Abstraktionen ein, Gruppe und Individuum werden auf der Verhaltensebene kalkulierbar, und der Sinnzusammenhang des Handelns wird zur Orientierungsdimension.

Normativität als Ordnungsphänomen der Existenzsicherung in Institutionen heißt für die Familie/Verwandtschaft als Gruppe Zwang, nämlich "Verhalten als Verhaltensregelmäßigkeit zu standardisieren, und zwar so, daß diese Standardisierungen einerseits durch soziale Imperative festgestellt, stabilisiert sind und andererseits übertretbar und veränderbar bleiben" [46]. Stabilisierung bedeutet nicht nur Entlastung, sondern auch Dissensfähigkeit, da auf diesem Wege Kooperation erreicht und Gruppenbewußtsein sowie gegenseitige Selbstdarstellung der Mitglieder hergestellt werden kann. Die damit verbundene Einigung auf Beziehungsregeln (kognitiv und affektiv) begrenzt die Verhaltensmöglichkeiten und erfordert neben Vertrauen ein Minimum an Solidarität. Denn mit der Entscheidung für bestimmte Verhaltensalternativen wird die Gruppe mit Binnenkonflikten konfrontiert, d.h. die Akzeptierung sozialer Normen festigt die Gruppenstruktur und zwingt die Gruppenmitglieder zur angemessenen Selbstdarstellung, Handlungs- und Sprachnormen definieren den Situations- und Interaktionszusammenhang und artikulieren zugleich Reibungsflächen, die nicht immer durch Vertrauen aufgefangen werden können, sondern der Sympathie zur Absorbierung dieser Dissensmengen bedürfen. [47]

Vertrauen, Sympathie und Verhaltensnormierung umschreiben die essentials der Gruppenbildung und -verfestigung, über den Verweis auf die Verwandtschaftsstruktur wird das Spannungsverhältnis von Gruppenselbstverständnis und gegenseitiger Selbstdarstellung erneut zum Thema. Eng mit dem Aspekt verzahnt ist ein soziales Erhaltungsmoment der Gruppen, denn neben der bewußten Entwicklung und Akzeptanz von Verhaltenstoleranzen kommt es entscheidend auf die Bereitschaft der

Mitglieder an, Investitionen zu tätigen, die der Gruppe (Verwandtschaft) Dauerhaftigkeit verleihen. Mit Vertrauen reguliert die Gruppe die Bereitschaft, sich gegen- und wechselseitig am Verhalten zu orientieren und das Interaktionsgeschehen insgesamt zu erleichtern. Vertrauensbildende Maßnahmen können durch Sympathie und Solidarität zusätzlich stabilisiert werden, Kontinuität impliziert ein Sozialverhalten über bewußte kognitive und emotionale Prozesse, Investitionen für die Gruppe und die einzelnen Mitglieder zu tätigen. Diese Leistungen haben einen kumulativen Effekt, indem sie die eigene Identität in immer neuen Situationen verdichten und dadurch zugleich die Gruppenkohäsion steigern. Die emotionalen und kognitiven Investitionsmassen wirken Auflösungstendenzen entgegen, die Belastbarkeit der verwandtschaftlichen Binnenbeziehungen vergrößert sich und entwickelt dadurch Antwortressourcen im Hinblick auf Umweltereignisse und -anforderungen. Je mehr die Mitglieder in und für die verwandtschaftlichen Beziehungen investiert haben, desto schwieriger werden die Ablösungsprozesse, da Trennung mit Identitätsverlust gekoppelt ist. Durch Ablösungs- und Trennungsverhalten läßt sich der status quo ante nicht wieder herstellen, insofern sind Investitionen nicht-reaktive Verfahren, da mit der Investitionsintensität die Verwandtschaftsmitglieder sich nicht nur um ihrer selbst willen, sondern auch der Gruppe wegen einbringen. Neben dem Vertrauenskredit benötigt die Verwandtschaftsgruppe, um ihre Dauerhaftigkeit zu realisieren, ein hohes Ausmaß an Investitionsgarantie. Die Binnenstabilisierung der Verwandtschaftsgruppe erhöht nicht nur ihre Verarbeitungskapazität von Dissensfähigkeit und Belastbarkeit, das gruppenspezifische Erfordernis nach Investitionsgarantie ist mit sozialer Zwanghaftigkeit ausgestattet: die "Zusammenhänge verfestigen sich derart, daß sie einen Verpflichtungscharakter bekommen" [48].
SIMMELs Überlegungen [49] zur quantitativen Bestimmtheit der Gruppe verweisen auf einen Grenzwert des Investitionsverhaltens, nur innerhalb einer bestimmten Gruppengröße bleiben

direkte und wechselseitige Interaktionen möglich, und das Selbstbild der Gruppe entzieht sich dadurch der Schwelle zum Bestandskritischen, indem Anonymität bewußt vermieden wird. Das Phänomen der sozialen Distanzierung wächst mit der Gruppengröße, hat negative Konsequenzen für die Kontaktsuche und -intensität sowie für die möglichen emotionalen Besetzungen der Beziehungen. Die Gruppengröße sollte jedoch argumentativ nicht als isolierte Größe in die Diskussion über ihre Selbsterhaltungstendenzen eingebracht werden, da mit der Entwicklung, Entfaltung und Verfestigung ihres Selbstbildes eine Orientierungsdimension vorgegeben wird: soll eine bestimmte Sicht ihrer Existenz und Eigenart erhalten werden, so begünstigt eine gewisse Starrheit diese Lebensform. Wird dagegen die Selbsterhaltung an Reaktionen auf äußere und innere Anforderungen ausgerichtet, so wird Elastizität zum charakteristischen Merkmal [50].

1) MAUSS 1978, Bd. II, S. 22, der Einfluß von MAUSS auf DURKHEIM und die von ihm ausgehende makrosoziologische Sichtweise von Gesellschaft kann hier nur angedeutet werden, vgl. besonders das Kapitel über Religion, Magie und normative Ordnung.

2) REIF 1979, die historische Familienforschung hat für Europa das familiale Netzwerk sozialer Beziehungen verdeutlicht und Verwandtschaft als Bestimmungsmuster sozialer Interaktionen und sozialer Sicherung modifiziert. Nicht erst die Falsifikation des Kontraktionsgesetzes hat die Rolle der Kernfamilie für die industrielle Entwicklung herausgearbeitet. Wichtiger war der Hinweis auf die Zusammensetzung des Familienhaushaltes und die damit verbundene Lebenswelt (Durchschnittsalter der Kinder beim Ausscheiden aus der Herkunftsfamilie, Rolle und Funktion des Gesindes usw.) - Vgl. dazu MITTERAUER/SIEDER 1977, 1982, FLANDRIN 1978, SAUL 1982, ROSENBAUM 1982, MÜHLFELD 1982, HAJNAL 1965, LASLETT 1973, CONZE 1976.

3) REIF 1982, S. 91. REIF verdeutlicht die Bedeutung der Tradition für die soziale Konstruktion familialer Wirklichkeit und zeigt, daß der Vater zur sozialen und rechtlichen Sicherung der Verwandtschaft seinen Sohn enterben mußte, weil dieser seine Ehe auf Liebe und Individualität der Partner gründen wollte.

4) Der Studie von MURDOCK 1949 kommt eine exemplarische Bedeutung zu, in ihr wird anhand des empirischen Datenmaterials die analytische Kategorie "Kernfamilie" zum universellen Muster hypostatisiert.

5) Ein familiensoziologischer Überblick zum Thema findet sich in MÜHLFELD 1976, 1982.

6) GOODE 1967, S. 44, wobei GOODE und andere Autoren jedoch dem genealogischen Denken verhaftet bleiben, argumentativ aber die sozialen Bestimmungsgründe in den Vordergrund der Überlegungen treten lassen.

7) GOUGH 1968, S. 84. Das Beispiel der Nayar ist geeignet, die theorieabhängige Interpretation der Heiratsregeln zu verdeutlichen und die Dominanz genealogischen Denkens zu unterstreichen.

8) Vgl. GOUGH 1968, GOODENOUGH 1970, LEACH 1961.

9) GOUGH 1968, S. 88, ähnlich A. R. RADCLIFFE-BROWN/D. FORDE 1950, bes. S. 73 ff.

10) MÜHLMANN 1964, S. 226 ff., dort auch kritische Einwände
    gegen einen Formalismus, der eine Orthodoxie im Denken
    begünstigt.

11) LÉVI-STRAUSS 1949, dt. 1981, S. 191 - Die theoretische
    Fundierung des Verwandtschaftssystems hat die Forschung
    nach 1950 beherrscht, eine Ethnosoziologie der Verwandt-
    schaftssysteme kommt um eine Diskussion von LÉVI-STRAUSS
    nicht herum!

12) Vgl. dazu die einer interessanten und differenzierenden
    Betrachtung verpflichtende Studie von DAVENPORT 1968.

13) OTTERBEIN 1965, S. 73, zu ähnlichen Ergebnissen gelangt
    GOODE 1959.

14) LÉVI-STRAUSS 1981, S. 180 - Diese Warnung verweist auf
    eine eurozentrische Sichtweise von Verwandtschaft, die
    primär an genealogischen Bezugspunkten orientiert ist.
    Vgl. dazu auch MÜLLER 1981.

15) MÜHLFELD 1977; eine Auseinandersetzung mit dem Vertei-
    lungsmechanismus zur Begründung des Inzesttabus als ar-
    chaisches Prinzip der Heiratsregelung findet sich dort,
    hier soll nicht näher darauf eingegangen werden, vgl.
    dazu MESSELKEN 1974.

16) Moralisierende Argumentationen sind kein Ersatz für em-
    pirisch gesicherte Erkenntnisse, eurozentrische Bewer-
    tungen sozialer Phänomene in den Ethnien folgen den Be-
    dingungen von Beliebigkeit, vgl. LÉVY-BRUHL 1931.

17) DURKHEIM 1898 stützt sich weitgehend auf Forschungser-
    gebnisse von M. MAUSS, zur Kritik an den empirischen
    Studien vgl. u.a. LÉVI-STRAUSS 1981.

18) WHITE 1948; die Auseinandersetzung mit dieser Argumenta-
    tionskette soll hier nicht weiter verfolgt werden, da
    wir erneut eine Diskussion über Rolle und Funktion des
    evolutionären Paradigmas aufnehmen müßten, vgl. Kapitel
    "Theorien und Schulen".

19) EVANS-PRITCHARD 1935; das Moment einer (verdeckten) mo-
    ralischen Bewertung muß bei dieser Sichtweise und In-
    terpretation des sozialen Phänomens mit angesprochen
    werden.

20) MALINOWSKI 1927, 1928; die moderne Verhaltensbiologie
    (Ethologie) sowie die Soziobiologie machen es sich zu
    leicht, wenn sie genetische Erkenntnisse evolutiv deuten
    und in einen Zusammenhang mit sozialen Steuerungsprozes-
    sen bringen, vgl. EIBL-EIBESFELDT 1980, BARASH 1980. Sie
    müssen unter der Hand das Kriterium der sozialen Meidung
    einbringen und dieses zudem gesellschaftskausal deuten,

d.h. ihre Erkenntnisaporie (Wissen um genetische Zusammenhänge) wird durch Moral als Steuerungselement substituiert. Insofern setzen sie sich der gleichen Kritik wie LÉVI-BRUHL 1935 aus.

21) WESTERMARCK 1934; diese Abhandlung muß auf dem Hintergrund seines zweibändigen Werkes "The Origin and Development of Moral Ideas" (London 1906-1908) sowie seiner Studien über "The History of Human Marriage" (3 Bde., New York 1922) gesehen und interpretiert werden.

22) zusammenfassend in LOWIE 1924

23) Die verhaltensbiologische Diskussion von BISCHOF 1973 kommt um eine deplacierte Gedankenlyrik eines angeborenen, psychischen Vermeidungsverhaltens nicht herum!

24) SIDLER (1971, S. 8) hat seine Studie historisch-systematisch angelegt und im Kontext von Gesellschaft als normativer Konstruktion das Inzesttabu als Norm untersucht.

25) SIDLER (1971) bringt in seiner Abhandlung eine ausführliche Analyse des ethnologischen Materials und zeigt eine Fülle pseudo-inzestuöser Beziehungen auf. Seine Arbeit darf als eine der wenigen Untersuchungen gelten, die den Nachweis über das Vorliegen der faktischen Verbreitung von inzestuösen Beziehungen in weiten Teilen der Bevölkerung im pharaonischen Ägypten und in Alt-Iran erbringt. Inzest konnte sich jedoch nur auf dem Hintergrund einer Gesellschaft entwickeln, in der das Tabu vorher institutionalisiert war. 1983 bereitete die schwedische Reichsregierung ein Gesetz zur völligen (rechtlichen) Beseitigung des Tabus vor.

26) LÉVI-STRAUSS 1981; seine Bejahung des Tabus folgt mehr den Bedingungen eines theoretischen Konstrukts als empirischen Sachverhalten, insofern bleibt er Grundüberlegungen von DURKHEIM verhaftet.

27) LÉVI-STRAUSS 1981, S. 74

28) MESSELKEN 1974; zur Kritik an dieser Position vgl. MÜHLFELD 1977.

29) Klassisch ist der gesamte Themenkomplex bei S. FREUD (1972) aufgearbeitet, Modifikationen dieses Ansatzes sollen hier unberücksichtigt bleiben.

30) LÉVI-STRAUSS 1981, S. 200.

31) Eine außerordentlich fundierte und kritischen Fragestellungen nicht ausweichende Studie hat MÜLLER (1981) vorgelegt, wobei das Thema Verwandtschaft primär unter

erkenntnistheoretischen Gesichtspunkten angegangen wird.

32) MÜLLER 1981, S. 152; die idealtypische Methode kommt ohne - von der Wirklichkeit abstrahierende - Verfahren nicht aus, so daß die Frage nach dem Ordnungsprinzip Verwandtschaft nur als sekundäres Phänomen aufgearbeitet werden kann.

33) LÉVI-STRAUSS 1981, S. 658; offen bleibt dabei, inwieweit diese Erkenntnis von ihm selbst beachtet wird.

34) NADEL 1951; die Studie kommt ohne strukturfunktionalistische Überhöhungen nicht aus, vgl. dazu das Kapitel "Theorien und Schulen".

35) MÜLLER 1959, S. 673.

36) Die Verhaltensnorm tritt dabei eindeutig in den Vordergrund, genealogische Fragen bleiben sekundär, da sie zunächst nur legitimatorische Funktionen haben und beim Ausscheiden weitgehend verhaltensirrelevant bleiben. MÜLLER 1981, S. 158 f.

37) MÜHLMANN 1962, S. 338; die machtpolitische Dimension von Verwandtschaft hat oft zugleich auch eine territorialerweiternde Funktion bzw. wird bei Gebietsansprüchen als Legitimation herangezogen.

38) LAYARD 1967, S. 60; einer Verwandtschaftstypologie kommt daher nur eine heuristische Funktion zu.

39) SZEMAN 1981, S. 107; diese Studie liefert einen weiteren Mosaikstein zur Entmythologisierung der Großfamilie.

40) Dieser Aspekt greift auf anthropologische und soziobiologische Fragestellungen zurück, vgl. CLAESSENS 1980, S. 60 ff.

41) Vgl. DURKHEIM 1973, S. 311 ff; wobei abweichendes Verhalten eine von der Gesellschaft ausgehende und auf sie zurückweisende Verhaltensform darstellt. Anomie bleibt bei DURKHEIM keine abstrakte Kategorie, über sie bezieht Gesellschaft ihre Strukturflexibilität. Nur so wird seine Rede "Kriminalität ist normal" verständlich.

42) Von DURKHEIM ausgehend gelangen BERGER/KELLNER (1965) zu einer an A. SCHÜTZ orientierten Betrachtungsweise von Ehe und Familie.

43) NEIDHARDT 1979, S. 641; gruppensoziologische Erkenntnisse werden bewußt argumentativ weiterentwickelt, um

   die Dimension von Verhaltensnormen konkreter aufzeigen
zu können.

44) Mit dieser Formulierung kennzeichnet ELIAS 1976, S.
     221, primär intrasozietäre soziale Erscheinungsformen,
     verdeutlicht aber damit zugleich die Bedeutung vertrau-
     ensbildender Maßnahmen, die sozialen Zwang neutralisie-
     ren.

45) POPITZ 1980, S. 3; Allianzregeln bilden die Basis für
     Vertrauenskredit, so daß eine soziale Kalkulationsfä-
     higkeit von Handeln überhaupt entstehen kann. Die Kon-
     trollfunktion bzw. das Sanktionspotential des Verwandt-
     schaftssystems ist demnach eine abgeleitete Größe, ein
     Sachverhalt, der in der Diskussion noch zu wenig beach-
     tet wird.

46) POPITZ 1980, S. 18

47) NEIDHARDT 1979, S. 652

48) CLAESSENS 1977, S. 20; die Bereitschaft zu sozialen In-
     vestitionen muß sozialisatorisch vermittelt werden,
     aber nur in dem Umfang, wie über Sozialisation Identi-
     tät vermittel- und erwerbbar ist, Antizipation allein
     genügt nicht.

49) SIMMELs (1968) Überlegungen stehen für den Aspekt der
     Begrenzung empathiebesetzter Interaktionen, mit zuneh-
     mender Gruppengröße kommt es zur Formalisierung, was
     einer bewußten Zurücknahme von Empathie als Legitima-
     tionsmuster gleichkommt und an DURKHEIMs Behauptung des
     Zusammenhanges von mechanischer Solidarität und rigider
     Moral indirekt anknüpft.

50) SIMMEL 1968, S. 37 ff.

7. Ethnische Minoritäten

Vom Forschungsinteresse her mag die Thematik nicht eindeutig einordbar erscheinen, da die Schwerpunktsetzungen oft von politischen Ereignissen bestimmt sind. Besonders im Anschluß an den Antisemitismus in seiner nationalsozialistischen Variante versuchte man Erklärungsansätze in Verbindung mit Persönlichkeitstheorien zu entwickeln, bei denen das Minoritätenproblem vereinfachend auf Stereotypen, Vorurteile etc. reduziert oder auch auf Nationalcharakterstudien eingeengt wurde. So wichtig für die empirische Sozialforschung die Untersuchungen zur autoritären Persönlichkeitsstruktur auch waren (ADORNO et.al. 1950), der Vielschichtigkeit des Themas konnten sie nur bedingt entsprechen, denn gerade die Ethnosoziologie muß vor holzschnittartigen Argumentationen warnen, die in der Thematik bei einer Zentrierung des Problems auf Vorurteile und ihre (macht-)politische Umsetzbarkeit begründet liegen. Ob z.B. die F-scale zur Eruierung autoritärer Persönlichkeitsstrukturen zureicht, muß zumindest nach den Ergebnissen des Milgram-Experimentes als problematisch eingestuft werden. [1]

Die Polarisierung in ein von sozialen Spannungen gekennzeichnetes Beziehungsverhältnis von Majorität zur Minorität verkürzt die Analyse auf die möglichen Merkmale von Rasse, Nationalität, Sprache und Religion (ROSE 1969), um von hier aus Zugang zu sozialwissenschaftlichen Erklärungsansätzen zu finden. Überlegungen zur Genese des Vorurteils (ALLPORT 1954, 1971) bilden dabei immer noch die erkenntnisleitenden Ideen, das eurozentrische Denken neigt zu einer Verzerrung der Perspektive und zur Vorstrukturierung von Forschungsgegenständen, was oft zu Forschungsartefakten führt. Ethnische Minoritäten können zunächst nur systematisch anhand der Kategorien emisch und etisch thematisiert werden, denn es macht einen Unterschied, ob z.B. eine Population aufgrund von Klassifikationsmerkmalen als Minorität bestimmt wird oder sich selbst als solche interpretiert oder durch andere etikettiert wird. [2] Diese Differenzierung eröffnet eine Dimension, die von der Forschung äußerst unterschiedlich genutzt wird, macht jedoch deutlich, daß ethnische Einheit als Charakterisierungsmerkmal für Minoritäten nicht ausreicht. Es kann vielmehr gerade nicht von dieser Grundannahme ausgegangen werden, da sie auf theoretischer Ebene nur mangelhaft ausgebildet und empirisch äußerst schwierig kontrollierbar ist. Besonders die statische Komponente beim Kriterium der ethnischen Einheit wird überbetont, die Mechanismen der Anpassung und Austauschbeziehungen bleiben weitgehend unproblematisiert (MAGET 1968). "Eine der wesentlichsten neuen Einsichten der neueren Ethnologie und Ethnopsychologie ist, daß die Eigengestalt eines gegebenen Ethnos keine Größe ist, die sich geschlossen in sich fassen und charakterisieren läßt" (MÜHLMANN 1964, S. 137). Eine genauere Analyse des Kulturbestandes eines Ethnos verweist auf geschichtlich bedingte Veränderungen durch Austausch, Übernahme, Modifikationen und Einpassungen von "Neuerungen", die Erlebnisse des Kontaktes, Konfliktes und des Kontrastes münden über Verarbeitungsprozesse in die Muster der Erfahrung von Ethnizität ein. R. KÖNIG (1980, S. 10) hat dies in einer sehr differenzierten Analyse über die Navajo verdeutlicht: "wie sie schon in einer fernen Vergangenheit (lange bevor der nördliche Teil des Kontinents von Nord-Europäern besiedelt worden war) vieles von den benachbarten Pueblo-Indianern sowie später von den Spaniern und Mexikanern übernommen hatten, so profitierten sie jetzt auch durchaus selektiv von den neuen Erfahrungen, blieben aber gleichzeitig darauf bedacht, ihre Eigenart nicht aufzugeben, was ihnen durchaus gelungen ist". Die Genese ethnischer Minoritäten ist mit der Beantwortung einer Reihe von Fragen verbunden, die Auskunft darüber geben, inwieweit unterschiedliche Anfangsbedingungen zur Verfestigung eines sozialen Phänomens führten, das mit dem Begriff Pluralismus umschrieben wird. Zunächst muß der deskriptive Charakter betont werden, denn Pluralismus steht nicht primär für eine spezifische Werthaltung, in ihm soll das historisch Gewordene aufgefangen und die daraus resultierenden Befindlichkeiten verarbeitet werden. Ethnosoziologisch ist Pluralismus das Ergebnis von Migration, (Rückzugs-)Isolation, Annexion, Kolonisation, Sklavenhandel, Nationalismus und Rassismus. Der Faktor Religion ist dabei ebenso zu berücksichtigen wie Sprache.

Das Vorhandensein einer interethnischen Gemengelage (MÜHLMANN) und des Beziehungsgefüges der Ethnien zueinander kann für innergesellschaftliche Verhältnisse gelten, sie steht aber auch für intersozietäre Prozesse. In der Literatur wird das Thema meist auf intrasozietäre Interaktionen eingeengt, um so Pluralismus als ideologisches, politisches, kulturelles oder strukturelles Phänomen aufarbeiten zu können. Die ideologische Komponente verweist auf dogmatische Positionen, wobei die Forderung nach Toleranz für den eigenen Standpunkt oft identisch mit einem universalistischen Geltungsanspruch ist, was leicht an den Formeln "separate but equal" oder zweckrationale, funktionale Differenzierung abgelesen werden kann. Politischer Pluralismus meint das Konkurrieren um gesellschaftliche Macht zur Durchsetzung der je spezifischen Wertvorstellungen, Normen und Ideale auf dem Hintergrund eines Konsensus darüber, was als konkurrenzfähig zugelassen wird. Die beiden angesprochenen Differenzierungen verbleiben im Bereich der Sekundärphänomene, da Pluralismus im Bereich interethnischer Beziehungen auf der Ebene des Kulturellen und Strukturellen zum Tragen kommt. Im Ideologischen und Politischen kristallisieren sich oft die kulturellen und strukturellen Spannungen, der Sprachrohreffekt nimmt dabei die Rolle des Plakativen ein. In unserem Verständnis sind Kultur und Sozialstruktur "virtual Siamese twins, with each implicated in the other" (SCHERMERHORN 1978, S. 124). Damit soll verdeutlicht werden, daß jede kulturelle Gruppe über ein eigenes Normenverständnis verfügt, das sich in Institutionen oder Verhaltensmustern manifestiert und dadurch zum strukturellen Abgrenzungskriterium gegenüber anderen Gruppen wird. Generell kann daher die Hypothese vertreten werden, je größer der Abgrenzungsgrad zwischen den ethnischen Gruppierungen ist, desto größer ist das Potential für erzwungene oder erzwingbare Integration bei gleichzeitigem Ausblenden konsensualer Mechanismen. Der angesprochene Machtfaktor ist ein durchgängiges soziales Phänomen, denn eine multikulturelle bzw. -ethnische Gesellschaft konstituiert sich definitionsgemäß aus pluralen strukturellen Einheiten, diese können sowohl zur Segmentierung oder Monopolisierung führen, wenn man sie auf ein Machtkontinuum projiziert. Die soziostrukturellen wie -kulturellen Verhältnisse in der Schweiz bzw. Südafrika dienen dabei als Paradigma. Pluralismus kennzeichnet ein Sachverhaltselement, über die Beziehungen der Elemente zu- und untereinander ist noch nichts ausgesagt, sie bilden den Objektbereich der Forschung als eine Form möglicher Lebenswelt ethnischer Gruppierungen. Ethnischer Pluralismus kann sowohl für soziale und kulturelle Hetero- als auch Homogenität stehen.

Der Verweis auf das Entstehen ethnischer Minoritäten als Ergebnis annexionistischer Politik im Gefolge des Nationalismus oder nationalstaatlicher Machtpolitik macht auf einen Mechanismus aufmerksam, der anhand des Musters Minorität - Majorität nur unzureichend erklärt werden kann. Der souveräne Nationalstaat des 18. Jahrhunderts zielte nicht nur auf die Loyalität der Machtunterworfenen, für ihn war eine Identifikation mit der Sprache, Kultur und Institutionen der Mehrheit eine unabdingbare Voraussetzung. Frankreich und England ließen in ihrer annexionistischen Politik wenig Spielraum für ethnische Minoritäten, im Gegensatz zu Rußland, Preußen und Österreich-Ungarn, bei denen die Idee des Nationalismus nur machtpolitische Homogenität bedeuten konnte, die Nationalitätenfrage blieb Sprengsatz, da die ethnischen Minoritäten besonders im zaristischen Rußland und Österreich-Ungarn sprachliche Autonomie und dadurch kulturelle Identitäts- und Identifikationsmechanismen behielten. Der Status ethnische Minorität war gleichzusetzen mit weit-

gehendem Ausschluß der Partizipation an der Macht und dem
Zugang zu den Zentren der Machtverteilungsinstitutionen. Die
ungelöste Nationalitätenfrage trug zur Erosion der beiden
Staaten bei, besonders der Status der ethnischen Minoritäten
wurde zum politischen Zündstoff auf dem Weg zum Ersten Weltkrieg und diente in der Zwischenkriegszeit besonders den
Machthabern des Dritten Reiches als Legitimationsinstanz einer annexionistischen Politik. Die gewaltsamen Vertreibungen
nach 1945 haben mit ihren Ursprung in einem durch Annexion
bedingten ethnischen Pluralismus.

Das Schicksal der Kurden nach dem Ersten Weltkrieg verdeutlicht das Ausmaß annexionistischer Politik durch die Türkei,
Syrien, Irak und Iran. Speziell Syrien hat von allen arabi-
schen Nationen die meisten ethnischen Minoritäten durch Annexion inkorporiert. Ethnischer Pluralismus ausgelöst durch
annexionistische Politik führt entweder zur Separierung ethnischer Minoritäten, bis hin zur Paria-Bildung, oder fördert
totalitaristische, dirigistische Konfliktlösungsverfahren
durch machtpolitisch erzwungene Assimilation z.B. der Kurden
in der Türkei (die im offiziellen Sprachgebrauch unter
"Bergtürken" zusammengefaßt sind). Das politische Schicksal
der Kurden ist ein Indikator für das Ausmaß der Unterdrük-
kung einer ethnischen Minorität als Folgeerscheinung von Annexion durch verschiedene Nationalstaaten, die Kurden selbst
haben bedingt durch die Separierungsmaßnahmen ihre Identität
in tribalistischen Identifikationsmustern bewahrt.
Migration zählt zu den Mustern der Entstehung ethnisch pluraler Gesellschaften, dabei muß Arbeitsmigration auf frei-
williger Basis von erzwungener Migration abgehoben werden.
Das Erkenntnisinteresse der Forschung konzentriert sich dabei auf die Formen der erzwungenen Migration, Sklaverei und
(Zwangs-)Arbeitskontrakte führen zu unterschiedlichen Aus-
gangskonstellationen. Bei der Sklaverei macht es einen Unterschied, ob die ethnische Gruppenstruktur erhalten bleibt
oder die Individuen durch Verkauf getrennt werden. Wird die

ethnische Identität nicht zerschlagen, so wird die Differenz zwischen der Kultur der Sklavenhalter und der Sklaven strenger durchgehalten. Diese Separierungstendenzen gelten besonders für Brasilien und setzten in der Phase nach der Sklavenbefreiung Verhaltensmuster frei, die zu einer raschen Vermischung der Ethnien führten und Akkulturationsprozesse beschleunigten, die zum weitgehenden Zusammenbruch der "color-line" beitrugen. Die Erosion der Rassenschranken wurde durch den Prozeß der Industrialisierung und Verstädterung beschleunigt, den ethnischen Minoritäten standen Identitätsoptionen zur Verfügung, die sie erfolgreich in die Interaktionen einbringen konnten, Verschmelzungsprozesse wurden dadurch erleichtert. Im Gegensatz dazu schuf der Sklavenmarkt in den USA eine de facto Auflösung ethnischer Gruppierungen und begünstigte dadurch eine Zerschlagung der ethnischen Identitätserfahrung. Die Sklavenhaltung bewirkte zwar eine Rassenvermischung, die nachfolgende Generation wurde jedoch ausnahmslos der Sklavenbevölkerung zugerechnet, so daß die Rassenschranke aufrechterhalten wurde. Selbst nach der Sklavenbefreiung blieben die Akkulturationsprozesse auf den negroiden Bevölkerungsteil begrenzt und hatten kaum Auswirkungen auf die amerikanische Gesamtkultur. Die Struktur einer pluralen Sklavengesellschaft wurde nicht zerschlagen, der ausgelöste "cultural drift" kam einem sekundären kulturellen Pluralismus gleich, da zuerst die ethnische Identität zerstört wurde und die notwendige Akkulturation in eine Gesellschaft verlagert wurde, die an ihren Rassendefinitionen und Segregationsmechanismen festhielt (VAN DEN BERGHE 1967, S. 135). Der Pluralismus in Südafrika ist durch Inder erweitert worden, die über Arbeitskontrakte zur Migration veranlaßt wurden und in der Sozialstruktur Positionen besetzten, die mit intermediär umschrieben werden können und sie so zu Kristallisationskernen für den Konflikt besonders auf Seiten der schwarzen Bevölkerung werden ließen. Ähnliche Bedingungen gelten für das ehemalige englische Ostafrika, indische Minoritäten etablierten sich in den Bereichen Distribution und Handel (VAN DEN HORST 1965). In Südostasien gelang es indischen Arbeitsmigranten, sich auf sehr unterschiedliche Art in die plurale Gesellschaft zu integrieren, in Burma reduzierte sich ihr Anteil von sieben auf drei Prozent der Bevölkerung und nur in größeren Städten kam und kommt es zu Konflikten. In Malaysia wurde durch Segregation im landwirtschaftlichen Sektor die Integration erleichtert und durch Anschluß an die herrschende Staatspartei die Rolle eines Juniorpartners erworben, was die Position einer tolerierten Minderheit begünstigte.

In den Ländern Thailand, Indonesien, Malaysia und Philippinen nehmen in den pluralen Gesellschaften die Chinesen eine Sonderrolle ein. Sie wanderten ursprünglich als Bauern ein, spezialisierten sich oft zunehmend in den Sektoren Handel und Banken. Durch Familienstruktur, Sprache und Lebensform isolierten sie sich in der Gesellschaft als ethnische Gruppe, obwohl sie sich in ihren Außenbeziehungen als äußerst flexibel, kompromißbereit und anpassungsfähig erwiesen. Sozialstrukturell eigneten sie sich überwiegend Mittelschichtpositionen an und erwarben Monopolstellungen, was besonders in Indonesien zu extremen Konflikten und blutigen Auseinandersetzungen führte. Neben der Sklavenmigration ist die plurale Gesellschaft der USA durch freiwillige Einwanderung europäischer, jüdischer, japanischer, mexikanischer und puertoricanischer Gruppen gekennzeichnet. Läßt sich bei den europäischen Migranten spätestens in der dritten Generation fast eine vollständige Assimilation konstatieren, so machen sich bei den übrigen Gruppierungen weiterhin ranghohe Spannungen bemerkbar. Das Theorem des melting-pot gilt nur für die europäischen Migranten uneingeschränkt, die color-line hat an diskriminierender Schärfe nichts verloren. [3)]

Tabelle 3: Ethnische Abstammung der amerikanischen Bevölkerung [1] (Quelle: DASHEFSKY/SHAPIRO 1976, S. 11)

	Anzahl Mill.	Prozent
Personen	203,2	100,2 *
Asian American/Oriental a)		
Japanese Americans	0,6	0,3
Chinese Americans	0,4	0,2
Filipino Americans	0,3	0,2
Native American/American Indian b)	0,8	0,4
Negro/Black (Afro-American) c)	23,0	11,3
Spanish Surnamed/Spanish Spea- king/ Spanish Origin/Spanish American d)		
Mexican American	6,5	3,2
Puerto Rican American	1,5	0,7
Cuban American	0,7	0,4
Central of South American	0,7	0,4
Other Spanish American	1,4	0,7
White (Euro-American) e)		
English, Scot, or Welsh American	29,5	14,5
German American	25,5	12,6
Irish American	16,4	8,1
Italian American	8,8	4,3
French American	5,4	2,7
Polish American	5,1 +	2,5 +
Russian American	2,2 +	1,1 +
Jewish American f)	5,7	2,8
Andere	68,7	33,8

Quellen: a.1970 Census of Population, Subject Reports PC
(2) - 1G (July 1973).b.1970 Census of Population, Subject Reports PC (2) - 1F (June 1973).c. Current Population Reports, p-23,No. 42 (July 1972).d. Current Population Reports, p-20,No. 267 (July 1974).e. Current Population Reports, p-20,No. 249 (April 1973).f. American
Jewish Yearbook, V.75 (1974-1975).

* Fehler durch Auf- bzw. Abrunden bedingt.
+ In diesen Kategorien sind oft auch jüdische Bevölke-
  rungsanteile aus den
1) Eine Übersetzung wurde aus Gründen der vorgegebenen
  statistischen Nomenklatur nicht vorgenommen.

Als verbreitetste Form für das Entstehen pluraler Gesellschaften gilt der Kolonialismus, wobei Gesellschaft überwiegend für maximale Abkapselung ethnischer Gruppierungen bei Dominanz des Gewaltapparates steht. Statt von hierarchischer sollte von einer hierokratischen Struktur der Gesellschaft gesprochen werden, um das Ausmaß der Dominanz einer einzigen ethnischen Gruppe über alle anderen zu verdeutlichen (SCHERMERHORN 1978, S. 148). Die Sozialstruktur gliedert sich in analoge, parallele, nicht-komplementäre, aber deutlich unterscheidbare Institutionen, wobei die Integration über die politischen Institutionen der ethnisch dominanten Gruppe erzwungen wird, eine weitgehend kulturelle und soziale Autonomie wird den machtunterworfenen Ethnien im Sinne der Herrschaftssicherung durch die politische Zentralinstanz zugestanden (VAN DEN BERGHE 1967). Die ökonomischen Interessen der Kolonialmacht führen zu einer meist sehr fragilen Sozialstruktur, die eingeborene Bevölkerung soll sich möglichst nicht über integrative Prozesse solidarisieren können.

Die Kolonisatoren in Asien versuchten, die Länder aufgrund ihrer überlegenen militärischen Technologie, ihren ökonomischen Organisationsformen und Herrschaftsinstitutionen in eine von ihnen errichtete Superstruktur einzubinden, um ihre ökonomischen Zielsetzungen optimal umsetzen zu können. HUNTER (1966) kennzeichnet die Strategie der Kolonialmächte als den Versuch, die Gesellschaft nach ökonomischen Gesichtspunkten (Rohstoffgewinnung, Absatzmärkte für die eigene Volkswirtschaft) zu organisieren. Ließen sich die einheimischen Arbeitskräfte nicht entsprechend einsetzen, so wurden sie durch ausländische Kontraktarbeiter (z.B. Inder) ersetzt. Dies führte zu einem ethnischen Pluralismus, der durch die Gruppe der europäischen Kolonisatoren, Emigranten oder Kontraktarbeiter und Eingeborenen gekennzeichnet war. Besonders der Bedarf an Menschen im Bereich von Distribution und Handel führte zu einer Segmentierung des Arbeitsmarktes, wobei überwiegend Inder und Chinesen jene Positionen besetzten, die in der Kolonialstruktur zur Stabilisierung des Marktes beitrugen und die politische Macht der Europäer nicht tangierte. Die von den Engländern bevorzugte Machttechnik des 'indirect rule' führte zu einem additiven Pluralismus, d.h. die von ihnen etablierte Sozialstruktur begünstigte ethnische Separierungstendenzen. Besonders in Burma und Indonesien eigneten sich die chinesischen Emigranten Schlüsselpositionen im Handels- und Finanzsektor an, in der Phase der Dekolonisation führte dies zu schweren ethnischen Konflikten.

Als Beispiel für eine ethnisch plurale Gesellschaft soll Malaysia dienen (FISHER 1980, S. 173 - 177), das Land wurde als Commonwealth-Mitglied 1966 unabhängig:

1) Malaien: ca. 5 Mio. Einwohner; Sprache: malaiisch in der indonesischen Variante von Sumatra, offiziell zur Umgangs- und Verwaltungssprache erklärt. Die Malaien sind Moslems (Sunniten) und leben überwiegend im westlichen Teil der Halbinsel, einige Gruppen auf Borneo, Sarawak und Sabah. Sie sind mehrheitlich Kleinbauern oder Küstenfischer, eine semifeudale zahlenmäßig kleine Aristokratie ist politisch äußerst einflußreich. Dennoch ist nur eine verschwindende Minderheit von Malaien bisher in Verwaltung, Armee und Politik integriert, dennoch gelang es ihnen, die politische Macht unter ihren Einfluß zu bringen und die ökonomisch mächtigeren Chinesen zu verdrängen. Die machtpolitische Dominanz ist u.a. ein Ergebnis der indirect rule, d.h. die Engländer besetzten nur in strategisch wichtigen Positionen die Machtzentren, die Sultane blieben weitgehend im Amt. Ihnen wurde ein "assistent" zugeordnet, so daß sie das nach Abzug der Kolonialmacht entstandene Machtvakuum rasch ausfüllen konnten. Nach 1965 im Anschluß an die Aufkündigung der Föderation mit Singapur, wurde per Gesetz geregelt, daß vier Fünftel der Verwaltungspositionen mit Malaien zukünftig zu besetzen sind und zwei Drittel der Studierenden ihrer Volksgruppe angehören müssen. In der malayischen Verfassung umschreiben sie ihren Sonderstatus mit dem Ausdruck "Söhne der Erde". Um die parlamentarische Mehrheit zu sichern, wurde eine Wahlkreisaufteilung so vorgenommen, daß die dünner (malaiisch) besiedelten Regionen über die in städtischen Zonen lebenden Chinesen dominierten. Mit Indonesien während der Regierungszeit Sukarnos wurde von den Malaien eine Staatenvereinigung angestrebt, die mit Sukarnos Sturz weitgehend endete.

2) Chinesen: ca. 3,5 Mio. Einwohner. Die überwiegende Mehrheit spricht Kanton-Chinesisch mit malaiischen Sprachanleihen (Baba-Dialekt), in Sabah ist bei ihnen die Hak-

ka-Sprache dominant. Sie haben eigene Schulen, lassen ihre Kinder aber oft in englischsprachigen unterrichten. Buddhismus, Taoismus und Konfuzianismus sind die verbreitetsten Religionsrichtungen. Die Mehrheit lebt im dichtbesiedelten Flachland der Halbinsel sowie in den Städten. In Kuala Lumpur und Georgetown (Insel Penang) stellen sie die Bevölkerungsmehrheit. Die chinesische Massenimmigration begann im 20. Jahrhundert, sie wurden von den Engländern als Kontraktarbeiter in den Minen und Gummiplantagen eingesetzt. Sie wanderten bald in städtische Regionen ab und übernahmen Handel, Industrie und Bankwesen in eigener Regie. Ein großer Teil ihrer ökonomischen Macht resultiert aus Geheimgesellschaften, die sie nach 1900 systematisch aufbauten und die ihnen einen enormen Informationsvorsprung sicherten. 1972 wurden ca. 75 % aller Investitionen im industriellen Sektor von ihnen getätigt. Das gesteuerte Zurückdrängen der Chinesen aus den städtischen Selbstverwaltungen, die restriktive Regelung beim Zugang zum Universitätsstudium sowie die Wahlkreismanipulationen werden als Diskriminierung gewertet.

3) Inder und Pakistani: ca. 1 Mio. Einwohner, 80 % von ihnen sind indische Tamilen und gehören dem Hinduismus an, während die Pakistanis Moslems sind. Sie leben in den Städten im westlichen Teil der malaiischen Halbinsel und waren ursprünglich von den Engländern vertraglich als ausführende Angestellte in der Zivilverwaltung beschäftigt worden und betätigten sich später als selbständige Kleinhändler. Nach dem Zweiten Weltkrieg wurden besonders die im Handel tätigen Inder zur Remigration gezwungen, nach Verlust dieses Infrastrukturanteils sind sie heute überwiegend als unselbständige Arbeiter beschäftigt. Der Konflikt mit den Malaien ist in den letzten Jahren rückläufig, kam jedoch nicht zum Erliegen.

4) Malaiische Minoritäten:
   a) See-Dyak (Iban): ca. 270.000 Mitglieder, Land-Dyak: ca. 80.000 Mitglieder. Sie leben auf Sarawak an der Grenze zu Kalimantan, dem indonesischen Teil der Insel. Ihre Stammesstruktur befindet sich in Auflösung, sie arbeiten heute in der Erdölförderung.
   b) Melanaus: ca. 53.000 Mitglieder, leben ebenfalls auf Sarawak.
   c) Dusun leben als ackerbaubetreibender Stamm an der Westküste von Sabah, die Untergruppe der Sino-Duson sind Nachkommen der chinesischen Immigranten (19. Jahrhundert) und waren zur Intermarriage gezwungen, da sie ohne Frauen siedelten.
   d) Die Bajau siedelten an der Ostküste von Sabah als Bauern und sind Moslems, während die Muruts als Bergstamm im Landesinnern leben.

Diese Minoritäten sprechen heute durchgängig einen malaiischen Dialekt.

5) Nichtmalaiische Minoritäten:
   a) Europäer und Eurasier bilden eine zahlenmäßig kaum deklarierbare Minderheit, die auf Sarawak und Sabah je-

doch ökonomische Schlüsselpositionen einnehmen. Ihre
Herkunft leiten sie von Portugiesen mit Intermarriage-
Verhalten ab und bezeichnen sich als Nachfahren von
Siedlern aus dem 16. Jahrhundert.
b) Senoi, Sahai und Semang leben als Jäger und Sammler im
Landesinnern der malaiischen Halbinsel. Sie zählen zur
Gruppe der Pygmoiden und gelten als Nachfahren der Ur-
bevölkerung, ihre Populationsgröße ist nicht erfaßt.

Die Verhältnisse in Afrika sind durch eine andere Entwicklung gekennzeichnet, vor allem erfolgte die Kolonialisierung
wesentlich später und unter anderen Bedingungen als in
Asien. Die Zusammenfassung afrikanischer Ethnien in ein
künstliches "Staatsgebiet" sowie der zahlenmäßig größere Anteil europäischer Siedler schuf einen Pluralismus, der stärker durch ethnische Heterogenität als in Asien gekennzeichnet war. Die im Vergleich zu Asien größere kulturelle Distanz zwischen Europäern und Afrikanern begünstigte eine
verstärkte Implementierung europäischer Kultur- und Sozial-
muster, der Kontakt zwischen Kolonisatoren und Eingeborenen
führte zu einer hierokratischen Regelung der Beziehungen,
die Rassenschranken wurden dadurch stärker betont und durch
das Fehlen einer Immigrationspopulation (bis auf Südafrika
und Rhodesien) noch verschärft. Die Siedlerpopulation begann
zumeist spätestens in der dritten Generation ihr eigenes soziales System zu etablieren, d.h. sie implementierten eigene
Erziehungseinrichtungen, Ver- und Entsorgungseinheiten und
gingen in Südafrika und Rhodesien bis hin zur Erklärung ihrer staatlichen Unabhängigkeit. Die Errichtung eines oligar-
chischen Herrschaftssystems in Form einer "Herrenvolk-demo-
cracy" (VAN DEN BERGHE 1967, S. 109) zementierte in Südafrika eine ethnische Pluralität von Weißen, Asiaten, Afrikanern
und rassisch gemischter Bevölkerung mit äußerst scharfen
Rassenschranken. Die Ideologie der Apartheid ist gekennzeichnet von dem Versuch einer unterstellten ethnisch homogenen Entwicklung, die der weißen Minorität in ihrem polit-
ökonomischen Herrschaftsanspruch legitimieren soll.
Die von den Buren etablierten "Homelands" sind Bestandteil
einer gezielten Implementierung tribalistischer Muster, da

die zugewiesenen Gebiete nicht identisch mit den ethnischen Herkunftsgebieten sind und sich außerdem in einer totalen wirtschaftlichen, politischen und sozialen Abhängigkeit von der herrschenden weißen Minorität befinden. Homelands sind insofern der machtpolitische Versuch, Tribalismus in Abhängigkeit von der herrschenden Ideologie zu begründen.

Südafrika: 26,1 Mio. Einwohner (1977); davon
1) Afrikaner: 16,7 Mio. Einwohner (nach offizieller Sprachregelung: Bantus) mit 4 Sprachgruppen: Nguni (60 %), Sotho (32 %), Thonga (5 %) und Venda (2 %). Nguni wird von ca. 4,2 Mio. Zulu, 3,9 Mio. Xhosa, 0,5 Mio. Swazi und 0,4 Mio. Ndebele gesprochen. Etwas mehr als die Hälfte der Bevölkerungsgruppe gehört christlichen Religionen an, Sekten haben einen hohen Verbreitungsgrad. Außer in der westlichen und südlichen Kap-Provinz bilden sie die Bevölkerungsmehrheit. Mit der Errichtung von Homelands wurden ihnen zumeist nur wenig fruchtbare Regionen zugewiesen, zur Sicherung des Lebensunterhalts müssen sie Arbeitskontrakten in von Weißen besetzten Regionen im landwirtschaftlichen Sektor und im Bergbau nachkommen. Bildungspolitik und die Struktur der beruflichen Qualifikation ist so angelegt, daß die Politik der Rassentrennung aufrechterhalten und die Binnenautonomie in den Homelands in eigener Regie durchgeführt werden kann.
2) Herrschende Minorität:
   a) Buren (Boer) (Nachkommen holländischer Siedler, die kleinere Gruppen von Deutschen und französisch sprechenden Hugenotten absorbiert haben), ca. 2,5 Mio. Einwohner (1974) was einem 80 %igen Anteil der weißen Bevölkerung entspricht. Sprache: Afrikaans, Religion: Calvinistisch (Nederduits Gereformeerde Kerk) und evangelisch -lutherisch. In ihrer Mehrheit sind sie Farmer mit Großgrundbesitz, der mit Hilfe von Bantuarbeitern bewirtschaftet wird.
   b) Engländer, 1,6 Mio. Einwohner mit Wanderungsgewinnen durch englische Farmer aus ehemaligen Kolonien in Afrika. Intermarriage (besonders in den jüngeren Generationen) mit Buren verbreitet. Religion: Anglikaner, Katholiken, Methodisten, Presbyterianer und Baptisten. Die Populationsmehrheit lebt in Natal, in den anderen Provinzen zumeist in den Großstädten. Sie bilden die sozio-ökonomisch einflußreichste Gruppe, Industrieanlagen, Minen und Banken befinden sich überwiegend in ihrem Besitz.
3) Diskriminierte Minderheit der gemischtrassischen Bevölkerung: 2,2 Mio. Einwohner (1974). Zu ihren Vorfahren zählen: Europäer, Malaien, Hottentotten, Buschmänner und Bantus. Sprache: Über 90 % spricht Afrikaans, der Rest englisch; viele sind zweisprachig. Religion: die Mehrheit

bekennt sich zur Nederduits Gereformeerde Kerk, größere Gruppierungen sind Anglikaner, Methodisten oder Katholiken. Nahezu 90 % leben in der Kap-Provinz und bilden mehr als die Hälfte der Bevölkerung von Kapstadt, in Port Elizabeth und Kimberley stellen sie ca. 25 % der Bevölkerung. Weitere Siedlungsregionen finden sich in Transval, Natal und Oranjie-Freistaat. Mehrheitlich gehören sie der Mittelschicht an, nehmen zum Teil auch zunächst allein Weißen vorbehaltene Berufspositionen ein.

4) Asiaten: ca. 57.000 Inder (1975). Sprache: englisch, tamil, hindi und urdu. Religion: etwa zu drei Fünftel Hinduismus, zwei Fünftel Moslems. Die überwiegende Mehrheit lebt in Natal, in Durban bilden sie etwa 40 % der Bevölkerung. Neben Distribution und Handel zählt der landwirtschaftliche Sektor zu den Haupterwerbszweigen. Die offizielle Apartheidpolitik führte zu einer zunehmenden Segregation, die Spannungen zwischen den unterschiedlichen Religionsgruppen aber auch zur Bantubevölkerung hervorrief.
Die von den holländischen Siedlern als Sklaven von Indonesien verschleppten Malaien (ca. 40.000) arbeiteten zunächst in der Landwirtschaft, heute sind sie jedoch überwiegend als Handwerker oder Fischer tätig und bekennen sich zum Islam.

5) Die Gruppe der Hottentotten und Buschmänner ist zahlenmäßig nicht erfaßt, sie bilden Rückzugspopulationen und sind von der Apartheidpolitik nicht unmittelbar sozial und kulturell betroffen.

6) Juden: ca. 120.000 Einwohner (1968); sie werden der weißen Minderheit zugerechnet und leben überwiegend in Johannesburg (Quelle: FISHER 1980, S. 232 - 240).

Im Vergleich dazu sei Nigeria genannt, dessen konfliktgeladener Pluralismus sich in der Auseinandersetzung um die Ausgliederung Biafras (1967 - 1970) als selbständiger Staat dokumentierte. Der bevölkerungsreichste Staat Afrikas ist seit 1960 unabhängig und hatte 1973 79,7 Mio. Einwohner, bei der letzten Volkszählung 1977 wurde ein Rückgang auf 66,6 Mio. Einwohner festgestellt. (Quelle: FISHER, S. 197 - 203).

1) Hausa: ca. 15 Mio. Einwohner (einschließlich der Hausa sprechenden Fulani). Hausa wird der hamito-semitischen Sprachgruppe zugerechnet; Religion: Islam. Sie bilden die Mehrheit in Nordnigeria mit Ausnahme des Nordostens, Bevölkerungsschwerpunkte sind die Städte Kano, Katsina und Zaria. Um 1000 wanderten sie in die heutigen Nordterritorien Nigerias ein, 1804 wurde ihr Siedlungsgebiet von den Fulani erobert.

2) Fulani: Bevölkerungsgröße läßt sich aufgrund der Integration in die Hausa-Population schwer schätzen, nur die nomadisierenden Bororo sprechen noch Fulani-Dialekt. Reli-

gion: Islam, die Eroberung des Hausa-Territoriums war ursprünglich religiös motiviert und führte zur Errichtung
von Emiraten, das einflußreichste davon war Shoto, dessen
Herrscher (Sardauna) zugleich Imam war. Der letzte herrschende Sardauna wurde 1963 von Ibos ermordet. Die Fulani
leben heute weit zerstreut in den nördlichen Landesteilen
von Nigeria und an der Grenze zu Kamerun.
3) Yoruba: ca. 20 Mio. Einwohner; ihr Dialekt zählt zur
   Akan-Sprache, einer Untergruppe der Niger-Congo-Sprachgruppe. In ihrer Mehrheit sind sie protestantisch, die an
   der Grenze zu Benin lebenden Gruppen sind Moslems. Sie
   bilden die Bevölkerungsmehrheit im dichtbesiedelten Westnigeria, ebenso in Lagos und Umgebung. Yoruba betrieben
   wie die Hausa Landwirtschaft, durch Missionierung fanden
   sie jedoch früher und schneller Zugang zu weiterführenden
   Bildungsinstitutionen und gelangten so in Schlüsselpositionen von Wirtschaft und Verwaltung.
4) Ibo: ca. 10 Mio. Einwohner, ihre Sprache zählt zur selben
   Sprachgruppe wie die der Yoruba. Offiziell sind sie in
   ihrer Mehrheit katholisch, die Minderheit gliedert sich
   in mehrere protestantische Sekten auf. Ethnologen sind
   aufgrund ihrer Forschungen überzeugt, daß die Ibo in ihrer Mehrheit weiterhin Anhänger ihrer Ursprungsreligion
   sind. Sie siedeln in Ost-Nigeria bis hin zum mittleren
   Westen. Diese Region ist dichtbesiedelt und z.T. überbevölkert, so daß die Ibo in nahezu alle Landesteile emigrierten, was ihnen während des Biafra-Krieges teilweise
   das Überleben sicherte, sie jedoch auch Massakern (Genocid) aussetzte. Nach Kriegsende flohen oder wanderten sie
   in ihre Ursprungsregionen zurück und sind heute besonders
   zahlreich in Lagos und Umgebung vertreten. Die Ibo wurden
   etwas später als die Yoruba missioniert, partizipierten
   jedoch intensiver an den Bildungs- und Aufstiegsmöglichkeiten. Sie traten in die Zivilverwaltung ein und besetzten noch unter den Engländern führende Positionen im Offiziers -Korps sowie in der Verwaltung und bauten diese
   nacn der Unabhängigkeit aus. Auch im Bereich von Distribution und Handel sowie im Bankwesen (Geldverleiher) waren und sind sie erfolgreich, was zu Ressentiments und
   Konflikten führte.
5) Kanuri: ca. 3 Mio. Einwohner, Religion: Islam. Sie bilden
   die wichtigste ethische Gruppe im nordöstlichen Landesteil und gründeten im 18. Jahrhundert den Staat Kanem,
   der später in Bornu aufging.
6) Nupe: wanderten mit den Yoruba im 7. und 8. Jahrhundert
   ins heutige Nigeria ein, vermischten sich mit den Yorubas, Igbarra und Fulani.
7) Ibibio: ca. 1 Mio. Einwohner, durchliefen eine ähnliche
   Entwicklung wie die Ibo und gliederten sich in das
   Staatsgebilde von Biafra ein. Viele von ihnen wanderten
   nach West-Kamerun aus.
8) Tiv: mehr als 1 Mio. Einwohner, sind der größte Stamm und
   ethnisch dominanteste Gruppe im Territorium des Benue-
   Plateaus. Die Tiv revoltierten von 1961 bis 1965 gegen
   die Zentralregierung.

  9) Weitere ethnische Minoritäten bilden die zahlenmäßig
     kleineren Shuva in der Region südlich des Tschad-Sees,
     sie sprechen arabisch und sind Moslems.
10) Die Jiawas leben als Fischer im Niger-Delta, sie sind
     der dominierende Stamm im ölreichen River-State mit der
     bedeutenden Hafenstadt Port Horcourt, die überwiegend
     von Ibo bevölkert wird.
11) Die Songhai leben als Fischer am Niger, sie sind eine
     ethnische Splittergruppe der in Mali und Niger lebenden
     Songhai.
12) Die Igbina sind die ethnisch dominante Gruppe in der
     Provinz Kwaara, während die Edo die selbe Rolle im mitt-
     leren Westen einnehmen.
     Die nichtafrikanischen Minoritäten nahmen bis 1973 über-
     wiegend leitende Positionen in der Zivilverwaltung, Er-
     ziehungswesen und Technik ein, durch staatliche Regle-
     mentierung und Zugangsbarrieren nimmt ihr Einfluß jedoch
     stetig ab.

Die Entwicklung in Mittel- und Süd-Amerika ist durch einen
nahezu völlig anders gelagerten Ablauf gekennzeichnet, vor
allem in der Epoche der Kolonisation kam es z.B. in Mexico
zu einer weitgehenden Zerstörung der kulturellen und sozialen Autonomie der Indianer, deren Führungsschicht wurde li-
quidiert und sie selbst auf die Latifundien und in die
Städte verschleppt, wo sie als Arbeiter in eine neue Wirtschaftsform integriert wurden. Durch Übernahme einer synkre-
tistischen Form des Katholizismus konnte ein Bindeglied mit
den Eroberern hergestellt werden. In Bolivien, Paraquay, Pe-
ru, Equador und Guatemala verlief die Entwicklung ähnlich,
jedoch konnte die indianische Komponente aufrechterhalten
werden. Durch Rassenmischung entstand ein neuer Bevölke-
rungstyp: die Mestizen in Latein-Amerika (in Mexico und Guatemala als "ladinos" bezeichnet). Diese stellten die führenden Köpfe während der Phase der Unabhängigkeitsbewegungen,
und die soziale Distanz zu der indianischen Population
Süd-Amerikas kann nicht als besonders ausgeprägt bezeichnet
werden. Die in den USA von der color-line bestimmte Diskriminierung fehlt weitgehend. Die Übernahme spanischer Kulturelemente hatte eine identitätsstiftende Komponente. Der gra-
vierendste Unterschied zu Afrika und Asien liegt jedoch im
Umstand begründet, daß die Revolutionen in den spanischen

Kolonien noch vor dem Beginn der Industrialisierung und der mit ihr verbundenen Verstädterung lagen.

Bei der Entstehung pluraler Gesellschaften darf die Komponente der (selbstgewählten) Isolation oder Rückzugsstrategie nicht unerwähnt bleiben, sie bilden jedoch einen Sonderfall, da die Marginalität der ethnischen Gruppe ein Überdauern in der Zeit sicherstellte. Die dadurch ermöglichte Sonderentwicklung setzt entweder mangelndes Durchsetzungsvermögen der Zentralregierung oder deren Toleranz voraus, kann aber auch in der geographischen (Rand-)Lage begründet sein. Die in Pennsylvania lebenden Amish (HOSTETLER 1963) sind eine aus der Pfalz emigrierte Mennonitengruppe, die technologische Neuerungen (Elektrizität, Autos usw.) ablehnt und bis heute Pferdekutschen benutzt. Die Ausrichtung an einer durch die Bibel legitimierten patriarchalischen Lebensform mit Zentrierung um die Familie als sozialgestaltendes Element ist gekennzeichnet durch Isolation zur umgebenden Gesellschaft, der Hang zur Autarkie bestimmt nicht nur den praktischen Lebensvollzug, sondern auch die Erziehung der nachfolgenden Generation. Neben dem Endogamiegebot ist der Erwerb einer beruflichen Qualifikation verpflichtend, der allein an den Zielvorstellungen der Amish-Gesellschaft orientiert ist. Die Religion ist nicht nur identitätsstiftend, sie regelt die sozialen Verkehrskreise (Bibelstunde, Singkreis, Gottesdienst, Zusammenkünfte etc.) von Kindern, Jugendlichen, Unverheirateten und verheirateten Erwachsenen. Integrationsabsichten in die US-Gesellschaft gelten bei den Amish als Ausschlußgrund. Toleranz gegenüber der Außenwelt wird nur geübt, um notwendige Austauschbeziehungen sicherzustellen und sind an der Vorgabe orientiert: die Lebensform der Amish kann dadurch gesichert und verfestigt werden.

Die ethnische Minorität der Walser in der italienischen Provinz Vercelli läßt sich bis ins dritte Jahrhundert zurückverfolgen, die isolierten Gemeinden am Ende von Hochgebirgstälern nutzten die geographische Lage zu einer Auto-Marginalisierung, die erst nach 1950 mit der Verkehrserschließung

aufgebrochen wurde. Die Verpflichtung zur Endogamie, das Beharren auf einer durch Tradition abgesicherten und bestimmten Lebensform hat neben der Bereitschaft, partikularistische Antriebe durch Kooperation zu überwinden, dazu geführt, daß die Walser ihre soziale und kulturelle Identität bewahren konnten. Die Verpflichtung auf eine mechanische Solidarität (DURKHEIM) liegt neben der Gemeindegröße vor allem in den Anforderungen einer geo-physischen Umwelt begründet, die durch die Hochgebirgslage bestimmt wird. "In Rimella kann niemand ein selbständiges Leben führen, weil allein die Wirklichkeit der Umwelt die Solidarität aller verfügbaren Kräfte verlangt" (SIBILLA 1983, S. 518). Die durch Familie, Tradition und Dorfgemeinschaft bestimmte Beharrungsfunktion des Einzelnen wird noch gesteigert durch die eigenständige Sprachgemeinschaft als grenzziehendes Moment. "Für Jahrhunderte hat die Sprache eine deutliche Grenze zur Außenwelt dargestellt. In der Tat wirkt sie wie ein Code, der nur den Gruppenmitgliedern verständlich ist. Die Bewahrung der gesellschaftlichen und kulturellen Grenzen durch dieses Mittel hat dazu beigetragen - und tut es noch immer - eine bedrohte kulturelle Identität zu retten" (SIBILLA 1983, S. 512).
Das Entstehen ethnischer Minoritäten als Ergebnis von Enklavenbildung kommt den Auswirkungen ökologischer Nischen gleich, es liegen Bedingungen vor, die den Prozeß der Insulation begünstigen, d.h. Innenstabilisierung durch Außenstabilisierung (A. GEHLEN) sorgt für ein Überdauern von Institutionen, die Kontinuität sicherstellen. Bei den Walsern setzt mit Verkehrserschließung und Kulturkontakt eine Erosion der Institutionen ein, hohe Wanderungsverluste verstärken den Abbau von Solidaritätsstrukturen, rein numerisch lassen sich bestimmte Kooperationsformen nicht mehr aufrechterhalten. Diesem Erosionsprozeß versuchen die Amish durch rigide Anwendung von Sanktionen entgegenzuwirken: Integrationsversuchen in die US-Gesellschaft werden durch Meidung bis hin zum Ausschluß (out-cast) entgegengewirkt. Mit zunehmendem Umweltdruck - besonders bei Austauschbeziehungen-

kam es zur Spaltung in traditionalistische und innovations-
bereite Gruppierungen, wobei die Übernahme von Agrartechno-
logien oder die Orientierung der beruflichen Qualifikation
an Anforderungen der US-Gesellschaft die "reformierten"
Amish weitgehend auf eine Religionsgemeinschaft reduzierte,
während die traditionalistischen Amish durch Auto-Marginalisierung den Charakter einer sozio-kulturellen Enklave aufrechterhalten können.

Eine Sonderrolle für die Genese pluralistischer Gesellschaften spielen militärische Organisatoren (z.B. die Sikks in
Indien), die etwa in Grenzregionen Verteidigungsaufgaben ethnischen Minoritäten übertragen oder sie als militärische
Verbände in ihre Armee inkorporieren. Besonders bei den Ko-
lonialtruppen wurden Stammesrivalitäten dazu benutzt, eth-
nisch-homogene Verbände zur Disziplinierung einzusetzen. Für
die Sozialstruktur bedeuten diese militärischen Verbände
entweder Begünstigung von Intermarriage oder Erleichterung
der Familienzusammenführung, die Konstituierung einer ethnischen Minorität ist auf jeden Fall gegeben. In vielen Fällen
wurde die Sicherstellung der ethnischen Identität bewußt von
der überlagernden Kolonialmacht ermöglicht, um aus herr-
schaftspolitischen Überlegungen Solidarisierung zu unterbin-
den (z.B. Gurkkas in Indien). Die Rolle der Kontraktarbeiter
verdeutlichte das Überwechseln in Bereiche der Sozialstruktur nach Beendigung des Dienstverhältnisses, die Bedingungen
lassen sich nicht ohne Abstriche auf Angehörige militärischer Organisationen übertragen, für die zweite und dritte
Generation stellt sich jedoch das Hinüberwechseln in sozialstrukturelle Positionen unmittelbar.

Das Entstehen und die Zusammensetzung pluraler Gesellschaften ist durchgängig von einem Strukturierungsphänomen bestimmt: ethnische Zugehörigkeit ist bedingt durch Entscheidung, die Unterscheidung voraussetzt. Differenzierung kann
räumlich und sozial begründet sein, im Kern ist sie ein Di-
stanzierungsmechanismus. R. E. PARK (1950) sieht Etikette
als Muster eines sozialen Rituals, das Distanzierungsphäno-

men artikuliert sich in der Bewahrung, paternalistische Beziehungen gründen in der Bewahrung des Herr-Knecht-Verhältnisses, ohne daß es zur Segregation kommen muß (everyone knows his place). [4] Entscheidung wie Unterscheidung markieren die sozialen Auswirkungen der Distanzierung, "The key to the problem is social status" (VAN DEN BERGHE 1972, S. 210). Bereits R. LINTON (1936) definiert Status als Stellung in einer positional differenzierten Ordnung, die normative Programmiertheit verweist auf Ungleichheit. In Distanzierung wird die Legitimierung von Ungleichheit mitgedacht, denn man kann sich nur in Bezug zu anderen sozial einordnen, sowohl im Hinblick auf interne wie externe Umwelten. Zugehörigkeit zu einer ethnischen Gruppe impliziert die Erfahrung von Ethnizität für ihre Mitglieder, in ihr kommt das Moment des Kollektivbewußtseins zum Ausdruck (DASHEFSKY 1972, S. 239 ff). Ethnizität bedingt auf der Individualebene Identifikation wie Identität. Ethnische Gruppenidentifikation "involves a positiv desire to identify oneself as a member of a group and a feeling of pleasure when one does so" (A. ROSE/B. ROSE 1965, S. 247). PARSONS (1968, S. 20) bestimmt daher Identität "as the pattern-maintenance code system of the individual personality", wobei Erziehungsprozesse eine Komponente der Aufrechterhaltung struktureller Muster sind. Damit ist Identität als ein Ergebnis von vermittelten Einstellungen wie von selbstreflexiven Prozessen angesprochen. Der ethnische Status ist sowohl ein kollektiv vermitteltes wie individuell erworbenes Moment der Selbsterfahrung. Der Gruppenbezug hat eine verstärkende Komponente, die Akzeptanz der Normen und des Selbstbildes der Gruppe bei Integration korrespondiert mit dem von individuellem Selbstkonzept ausgehenden Identitätsoptionen und strukturiert Interaktion und Kommunikation.

Sobald im Prozeß der Statusaneignung die ethnische Komponente zum Tragen kommt, findet eine Erweiterung der Identifikationsmuster statt. "Wir wollen solche Menschengruppen, welche aufgrund von Ähnlichkeiten des äußeren Habitus oder der Sitten oder beider oder von Erinnerung an Kolonisation und Wanderung einen subjektiven Glauben an eine Abstammungsgemeinsamkeit hegen ... ethnische Gruppen nennen ... Die ethnische Gemeinsamkeit ist demgegenüber nicht selbst Gemeinschaft, sondern nur ein die Vergemeinschaft erleichterndes Moment" (M. WEBER 1964, S. 307). Die ethnische Komponente des Status signalisiert ein übergreifendes Gemeinschaftsbewußtsein, dieses kann über Sozialisationsprozesse erworben, attribuiert aber auch Ergebnis von Stigmatisierungsvorgängen sein. Die Basis des ethnischen "Gemeinsamkeitsglaubens" (M. WEBER) wird zum grenzstiftenden Phänomen, sobald es zu einer Hierarchisierung durch Fremd- und Selbsteinschätzung kommt, das Moment der "Fremdheit" vermittelt soziale Distanz. Dabei sind die von G. SIMMEL thematisierten Verlaufsformen der Wahrnehmung von Interesse, "darum werden die Fremden auch eigentlich nicht als Individuen, sondern als die Fremden eines bestimmten Typus überhaupt empfunden" (SIMMEL 1908, 1968, S. 512) [5]. Der Grad der Fremdheit kann als Maß der interethnischen Distanz (HAFFMEYER-ZLOTNIK, 1983) interpretiert werden, d.h. der ethnische Status vermittelt zugleich auch eine Sichtweise über die Stellung der Ethnien zueinander. Die Entwicklungslogik des Statuszuweisungsverfahrens erlaubt über das Maß der interethnischen Distanz die Demonstration des Vergrößerns oder Verringerns der sozialen Distanz.

Die Rekapitulierung der Entstehungsbedingungen ethnisch pluraler Gesellschaften verdeutlichte das unterschiedliche Ausmaß der Zugangsvoraussetzungen zu den Sektoren von Politik und Ökonomie. Die Diskriminierung der ethnischen Gruppierungen zueinander anhand ökonomischer und/oder politischer Bedingungen erzeugt ein Differenzierungspotential, das eine ethnische Schichtung nicht nur als Ergebnis von Distanzierungsprozessen sondern zugleich von Machtverteilungsrelationen konstituiert und nicht identisch mit der sozialen Schichtung sein muß. Die Abgrenzung der ethnischen Gruppen

zueinander ist nicht trennbar vom gesellschaftlichen Hintergrundphänomen der integrativen Verlaufsformen selbst, die
Zuweisung der Paria-Zugehörigkeit ist kein Ausschlußkriterium von der ethnischen Schichtung und wirkt paradoxerweise
auch nicht desintegrativ, denn es werden ja Interaktionsregeln konstituiert, die aus dem gesamtgesellschaftlichen Kontext ihre Legitimität erhalten. Am Beispiel der Paria-Population läßt sich "überprägnant" die Stabilisierung der ethnischen Schichtung im Sinne der Ungleichheitsstabilisierung
durch eine Ideologie demonstrieren. "Eine die ethnische
Schichtung legitimierende Ideologie wird durchgesetzt; bzw.:
die Akteure gewinnen ein Interesse zur Annahme der Ideologie
bzw. ihnen bleibt keine Alternative dazu" (ESSER, 1983, S.
716 f.), da alle pluralen Gesellschaften ein Zusammenschluß von heterogenen Populationen mit konfligierenden Zielen und Ambitionen sind. Die legitimierende Funktion der
Ideologie gründet in der Neutralisierung von Spannungen oder
in der Tabuierung von Konfliktzonen, sobald durch sie intra-
und intergenerationale vertikale Mobilität ausgeschlossen
wird, d.h. ethnische Schichtung wird machtpolitisch durch
Rassendiskriminierung abgesichert und der dominanten ethnischen Gruppe (Minorität) ein Gentilcharisma (M. WEBER) attribuiert. Das Diktum des Endgültigen als Konsequenz der
Überlegenheit wird pragmatisch in soziale Barrieren umgesetzt, die bestehende Ordnung als Ergebnis sozialer Siebungsprozesse gedeutet. Die Tendenzen zur Monopolisierung
von sozialer Macht verbinden sich mit gentilcharismatischen
Qualitäten (M. WEBER 1964, S. 304, 854), die Rassenschranken
finden ihren Niederschlag in Heiratsgesetzen, Zugangsregelungen zum Arbeitsmarkt oder zur Berufsstruktur. [6] Die in
der ethnischen Schichtung sich manifestierende Diskriminierung variiert mit dem Ausmaß intergenerationaler Aufstiegsmuster, bei kastenähnlichen Bedingungen ist sie gering; würde vertikale Mobilität den Bestand der (ethnisch-spezifischen) Schichtenzuordnung gefährden, greifen die diskriminierenden Maßnahmen schärfer (LIEBERSON 1972). In diesem Kon-

text werden die gemeinsamen Schnittmengen von ethnischer und
sozialer Schichtung deutlich: sobald Legitimationsmuster
(z.B. Leistungsprinzip mit Bildungsprivileg) für die Hierarchisierung der ethnischen Schichten durch vertikale Mobilität problematisiert werden, erfolgt eine ideologische Neuin-
terpretation der Legitimationsmuster, ein de facto-Ausschluß
ethnischer Gruppen (Minoritäten) an den legitimationsbe-
schaffenden Bildungsinstitutionen (seperate but equal), oder
ein Quotenschlüssel (job-reservation) begrenzt den Zugang zu
Berufen und stabilisiert so die Schichtung (vgl. Malaysia).
Die These von der ethnischen Überfremdung in bestimmten Berufsgruppen (Goldschmiede, Diamantenhändler, Ärzte usw.)
steht indirekt für Diskriminierung, sobald der Quotenschlüssel aus machtpolitischen Gründen eingesetzt wird. Der Prozeß
der Arbeitsteilung führt zu einer Segmentierung des Arbeitsmarktes, in dem sich sozio-ethnische Schichtung abbildet, in
der Terminologie "Berufsreife" artikuliert sich ein Selektionsmuster des Arbeitsmarktes, der subjektive Faktor "ethnische Zugehörigkeit" wird in einem Abgrenzungsmuster "ob-
jektiviert": selbst bei gleicher Arbeit kann geringere Berufsreife zum Legitimationsmuster für schlechtere Bezahlung
werden (H. BLALOCK 1982, S. 51 ff). Selbst wenn es ethnischen Gruppen/Minoritäten gelingt, sich in Berufspositionen
zu spezialisieren (etwa Handel) und ranghohe Positionen im
ökonomischen Subsystem einer Gesellschaft einzunehmen, kann
dies in negative Bewertung bis hin zum Konflikt umschlagen,
indem nicht die Arbeit selbst, sondern die ethnische Minorität stigmatisiert wird (z.B. indische Schneider in Bangkok),
oder zu Zeiten ökonomischer Krisen: die Handelsminoritäten
werden zu Agenten fremder Interessen "umfunktioniert", was
repressive Maßnahmen bis hin zu Progromen oder Vertreibung
rechtfertigt (Chinesen in Indonesien, Inder in ostafrikanischen Staaten), aber auch Internierung legitimiert wie 1942
"when Japanese-Americans were placed in 'detention centers'
and their landholdings and businesses taken away" (BLA-
LOCK 1982, S. 55).

Die Rekrutierung bestimmter Berufsgruppen aus ethnischen Minoritäten führt zur positiven Deutung des Phänomens, wenn dadurch der bestehende Machtverteilungsmechanismus durch Segregation stabilisiert wird, wobei räumliche Segregation als eine von vielen möglichen sozialen Varianten bestimmt werden darf. Mit Industrialisierung und Verstädterung kommt es in aller Regel zu horizontaler und vertikaler Mobilität und der eingespielte Mechanismus ethnischer Schichtung droht gesprengt zu werden, eine mögliche Neustabilisierung bildet dann die Segregation, "introduced as an alternative means of maintenance of the caste hierarchy" (VAN DEN BERGHE 1972, S. 214).

Tribalistische Muster sind bei der Rekrutierung zu den Zentren der politischen, militärischen, religiösen und ökonomischen Macht besonders in jenen pluralen Gesellschaften anzutreffen, die Segregation als eine Segmentierung ohne Differenzierung legitimieren, um so die Diskriminierung zu kaschieren und besonders vertikale Mobilität zu verhindern. Integration in die Gesellschaft über die Mechanismen der Zugangschancen zu jenen Institutionen (z.B. Bildung), die Ungleichheit legitimieren, ist mit Segregation unvereinbar, insofern stellt jeder Versuch der Stabilisierung ethnischer Schichtung eine Festschreibung der sozio-ökonomischen Verhältnisse einschließlich des Grundmusters der Diskriminierung dar. "Die Differenzierung einer ethnischen Gruppe von nur einer Schicht in mehrere Schichten verstärkt die Überschneidungen und nähert die Mittelwerte für bestimmte Persönlichkeitszüge bei dieser ethnischen Gruppe und bei der übrigen Bevölkerung einander an; daher verringern sich die Möglichkeiten zur Diskriminierung" (OGBURN 1969, S. 257).

Plurale Gesellschaften stehen vor der Lösung eines zentralen Problems, das aus dem System interethnischer Beziehungen resultiert: die Grenzen der Integration zu bestimmen. Ethnozentrismus und Assimilation bilden die Endpunkte des sozialen Kontinuums Integration, wobei wir an SUMMNER's (1906) Definition von Ethnozentrismus anknüpfen als ein "view of

things in which one's own group is the center of everything, and all others are scaled and·rated with reference to it". Wenn daraus kulturelle Überlegenheit oder rassenbiologische Höherwertigkeit abgeleitet und bestimmt wird, ist es vom Merkmal her sekundär, ob die politisch-pragmatische Einlösung sich in Unterwerfung, Unterdrückung oder Akzeptanz der Schicht- oder Kastenlage artikuliert. Integration meint Bejahung der ständischen Ordnung, Identifikation mit der ethnischen Zugehörigkeit als Grenze der Selbstverwirklichung. Mit "ethnic mobility trap" kennzeichnet N. F. WILEY (1967, S. 145 ff.) die bewußte Entscheidung eines Individuums für die "leicht" realisierbare intraethnische Karriere, die Erfahrung der Aufstiegsgrenzen wird im subjektiv günstig empfundenen Weg kompensiert. Die Kanalisierung der Erwartung stabilisiert die ethnische Schichtung, die Sozialstruktur wird nicht grundsätzlich problematisiert. Segregation ist daher der Versuch, die Handlungskalküle situationsorientiert einzugrenzen, die Perzeptionsmuster handelnder Personen so zu strukturieren, daß die Legitimität der Ordnungsprinzipien und Systemimperative weiterhin "greift". Integration impliziert dann bewußte Ausgrenzung, wenn sie nur für ausgewählte Sektoren (Subsysteme) der Gesellschaft zugelassen wird. Bei Kontraktarbeitern gilt primär das Interesse an der Integration in die Arbeitsorganisation, jedoch nicht in die Sozialstruktur der Gesellschaft. Die industrielle Sozialisation z.B. türkischer Arbeitnehmer in der BRD wird pragmatisch reduziert auf den Erwerb von Fähigkeiten und Fertigkeiten, die mit dem Beruf korrespondierende Sozialorientierung sowie deren strukturierende Komponente für die Entfaltung und Verfestigung der Statusbiographie bleibt unthematisiert, [7] denn aus ihr ergeben sich Integrationserwartungen, deren Einlösung besonders in der antizipatorischen Sozialisation der zweiten Generation zu gesellschaftlichen Spannungen führt (MÜHLFELD et.al. 1982).
Die Formel von den integrativen Leistungen pluraler Gesellschaften darf nicht zu der Vorstellung gerinnen, daß bewußte

Grenzziehung vermieden oder ausgeschlossen würde. Die Zielvorgaben für diesen Prozeß bestimmen sich an der Bereitschaft zur Strukturflexibilität bzw. -wandel der pluralen Gesellschaft. Integration wird zur Leerformel, sobald Segregation damit verbunden oder die Forderung abgeleitet wird: bei Wahrung der ethnischen Identität (bei Weiterexistenz des Subordinationsverhältnisses). Damit ist die doppelte Perspektive des Transformationsvorganges angesprochen, die Integrationsbereitschaft ist nur eine dimensionale Vorgabe der pluralen Gesellschaft, sie muß auf Akzeptanz der ethnischen Minorität stoßen. Erzwungene "Integration" bildet eine permanente (-latente) Konfliktquelle, Pseudo-Anpassung wie pseudologische gleichsetzung (z.B. die offizielle Terminologie der Kurden als Bergtürken) sind Antwortkategorien auf geforderten Identitätsverlust. Andererseits wird Integration von Minoritäten bewußt abgelehnt, ihre ethnische, kulturelle Identität erscheint ihnen als höherwertiges Gut (G. SIMPSON; M. YINGER 1972) und die Legalisierung ihres (autonomen) Status wird als Selbstrealisierung einer pluralen Gesellschaft interpretiert. Integration in eine plurale Gesellschaft kann als Ergebnis bewußte kulturelle Differenzierung meinen (z.B. Schweiz), Ethnizität (nicht nur sprachlich) wird zum Bestandskriterium transformiert.

Der Verbreitungsgrad von Intermarriage ist nur ein begrenzter Indikator für das Ausmaß erfolgter Integration (HOLLINGSHEAD 1950, LARSSON 1963, JÄCKEL 1980), da das Partnerwahlverhalten überwiegend schichtenhomogen ist oder auch indirekter Tabuierung (bei Legalisierung) unterliegt. Endogamieregeln gehören zu den Mustern ethnischen Selbstverständnisses, die religiös bedingt oder rassisch verankert sein können, so daß Intermarriage tabuiert wird (LENSKI 1961; CAHNMAN 1963; GOLDSTEIN/GOLDSCHEIDER 1968). Berufliche Mobilität eignet sichzum Indikator, wenn damit das Ausmaß möglicher Partizipation an der Berufsranghierarchie angesprochen wird. Ungeeignet zur Bestimmung integrativer Prozesse ist dieses

Meßverfahren, wenn die Selbstrekrutierungsrate durch Besitz
(z.B. Landwirtschaft) oder Status in der Berufsranghierarchie (z.B. Ärzte) ausgelöst wird. Die Berufsstruktur einer
Gesellschaft kann zwar durch formale Kriterien der Gleichberechtigung beim Zugang zu Qualifikationsprozessen bestimmt sein, die color-line zu einer ethnischen Klientifizierung führen (BLAU/DUNCAN 1967).

Ein weitaus zuverlässigerer Indikator für den labilen Zustand ethnischer Gemeinsamkeitserfahrung ist die Sprache,
"häufig ist Zweisprachigkeit eine Phase im Prozeß des endgültigen Übergangs zu einem anderen Volkstum" (MÜHLMANN
1962, S. 313). Über Bilingualismus wird eine Trennung von
privater und öffentlicher Bezugsgruppe eröffnet, ethnische
Entfremdung erleichtert und Übergangsrituale durch Verringerung der inneren Distanz ermöglicht. Die Phase der Distanzverringerung manifestiert sich in der Übernahme von
Sitten, Gebräuchen, Riten aber auch Kleidung (z.B. bei Juden aus Osteuropa in den USA), ein Initiationsritus (rite
de passage) für eine gleitende Assimilation ist gefunden.
Der Mechanismus des Aufbrechens von "geschlossenen sozialen
Beziehungen" (M. WEBER) gründet in dem Stellenwert von Exogamie bei der ethnischen Gruppe/Minorität, ihr kann eine
machtpolitische Steuerungsfunktion zukommen, wenn Splittergruppen fremder Herrschaft so absorbiert werden und
gleichzeitig das Gentilsystem intakt funktioniert (in Nord
Amerika: Bund der Irokesen). Die pseudoadaptiven Prozesse
sind das Grundmuster für Inkorporation fremder Gruppen. Andererseits zeigt die Zuordnung der Kasten im indischen
Census-Verfahren, daß viele Gruppen diese Exogamieregeln im
Sinne von Absorbtionsprozessen gezielt nutzen, um sich in
die jeweils nächst höhere Kaste einzuordnen. Das von W. E.
MÜHLMANN (1962) entwickelte Theorem der gestaffelten
Assimilation verweist auf Homogenisierungsabläufe, die sich
als Ergebnis von assimilativen Schüben einstellen und einen
mehrfachen Identitätswechsel zum Inhalt haben, etwa in der
Weitergabe der Assimilation durch die Assimilierten selbst,

wobei die "frisch" Assimilierten die Distanz zu ihrer Herkunftsgruppe bewußt noch vergrößern (z.B. Hinduisierung der Bhil und Gond). Der Idealtypus der Assimilation wäre das völlige Aufgehen von einem Ethnos in einem anderen oder gar eine Ethnogenese als Endpunkt der Entwicklung von pluralen Gesellschaften. Faktisch verläuft dieser Prozeß nicht ohne soziale Verwerfungsprozesse ab, das polnische Element in der Bevölkerung des Ruhrreviers ist nicht nur an den Familiennamen sondern auch am "Speisezettel" ablesbar, Traditionsbestände sind im Vereinsleben aber auch in der Umgangssprache identifizierbar. Assimilative Prozesse sind Grenzsituationen, der Verlust der Ethnizität steht für kulturelle und soziale Dynamik in einer pluralen Gesellschaft, sie nötigt uns, "den Begriff der 'Kultur' ein für alle mal im Plural zu denken: als Oberbegriff für die nahezu unbegrenzten Möglichkeiten der Selbstauslegung des Menschen in seiner Welt" (MÜHLMANN 1981, S. 10). Plurale Gesellschaften erhöhen die Fähigkeit des Menschen zur exzentrischen Positionalität (PLESSNER), um die Erfahrung seiner Kulturabhängigkeit und das Eingebundensein in die Sinnstrukturen seiner Lebenswelt als Verweisungshorizont kommt er nicht herum.

1) Die Milgram-Studie verdeutlichte den Verlust von Urteils-
   vermögen, wenn eine Autorität Gehorsam forderte. Insofern
   trug sie auch indirekt zur Korrektur der F-scale bei,
   denn das Beziehungsverhältnis von Autorität, Gehorsam und
   Autonomie erwies sich als differenzierter Prozeß, der
   sich nicht eindeutig auf Persönlichkeitsmerkmale reduzieren läßt. Autonomie kann durchaus in Gehorsam einbe-
   zogen werden, ohne daß es zur Ausbildung autoritärer Verhaltensmuster kommen muß.

2) Studien zum Abweichenden Verhalten verdeutlichen das Ausmaß der Attribuierung von Mustern sozialen Verhaltens,
   denen sich das Individuum situativ nicht entziehen kann
   oder zum sozial akzeptablen Stigmamanagement gezwungen
   wird.

3) Die mit der Diskriminierung verbundenen Legitimationsmuster für die Verteilung sozialer Ungleichheit treten in
   den Bildungseinrichtungen verschärft zutage, aus den
   ideologisch besetzten Argumenten (mangelnde Intelligenz
   usw.) wurden durch die eugenische Bewegung nach 1920 in
   den USA Rechtfertigungsstrategien für Sterilisationen abgeleitet.

4) Soziale Distanzierung wird nicht mehr machtpolitisch direkt erzwungen, sondern aus dem Herr-Knecht-Verhältnis
   legitimiert, der Versorgungsleistung des Herrn entspricht
   die Unterordnung des Knecht unter die gegebenen sozialen
   Bedingungen.

5) Am sozialen Status des Fremden und seinen Verhaltensmustern verdeutlicht sich zugleich die Begründungsbedürf-
   tigkeit der eigenen sozialen Normen, die eigene Kultur
   ist nicht mehr als das "fraglos Gegebene" (HUSSERL) interpretierbar.

6) Eine Strategie, die in vielen Ländern mit tribalistischer
   Sozialstruktur machtpolitisch umgesetzt und als Selek-
   tionskriterium eingebracht wird. Vgl. dazu den Abschnitt
   über Malaysia und Nigeria in diesem Kapitel.

7) Oder wird mit dem Hinweis der Verunmöglichung von Remigration aufgefangen, was die These stützen soll, die Bun-
   desrepublik sei in ihrem Selbstverständnis kein Einwande-
   rungsland.

8. Religion, Magie und normative Ordnung

Die ethnosoziologische Faszination mit dem Phänomen der Religion und ähnlichen Erscheinungen hat augenblicklich mit der Herausbildung der charakteristischen Fragestellungen eingesetzt. Sie läßt sich dementsprechend bereits im klassischen Evolutionismus des 19. Jhdts. als ein zentrales Thema nachweisen, dem gerade im Zusammenhang mit der Rekonstruktion der evolutionären Karrieren und "Ursprünge" von Institutionen besonderes Gewicht beigemessen wurde. Das kann nun nicht weiter erstaunen angesichts der bereits erwähnten Besonderheit des Evolutionismus', sich von theologischen Erklärungen menschlicher Kultur und -entwicklung lösen zu wollen - da mußte Religion zwangsläufig einen be - sonderen Stellenwert gewinnen. Ein großer Teil des Werkes von E.B. TYLOR (1871) befaßt sich folgerichtig mit der Evolution von Religion und TYLORs Theorie dieser Evolution ist über lange Zeit hinweg ein nicht wegzudenkender Bezugspunkt der späteren Diskussionen gewesen. Unter Zugrundelegung transkultureller Vergleiche bildete TYLOR eine Skala, die am einen Ende mit dem frühesten Stadium der rationalen Folgerung auf die Existenz von Geistern durch den "primitiven Menschen" ("Animismus"), am anderen Ende mit dem entwickelten Stadium des Monotheismus der Hochkulturen bezeichnet ist. Zwischen diesen Endpunkten sind zahlreiche Zwischenstadien angesiedelt: z.B. Vorstellungen der Seelenwanderung und die Grundidee eines Lebens nach dem Tode, der Glaube an die Besetzung von Dingen (Pflanzen, Steinen, Tieren) mit Geistern, die Vorstellung von Wächtergeistern, die den Menschen helfen, die Herausbildung eines Glaubens an ein Götterpantheon mit funktional spezialisierten Einzelgottheiten (Polytheismus, usw.).

Ein größeres Verdienst von TYLORs evolutionistischer Theorie der Religion war die - im Zusammenhang mit dem von ihm als "Animismus" bezeichneten Stadium - Korrektur des Fehlurteiles, in der Verehrung von Dingen drücke sich eine direkte Verehrung des materiellen Gegenstandes aus. TYLOR betonte die Trennung zwischen den materiellen Symbolen und den göttlichen Wesen, bzw. Geistern, die von ihnen symbolisiert werden, und wies damit auf die besondere Rolle der Symbolik hin, die später für die Ethnosoziologie einen besonderen Stellenwert gewann. Bedeutsam ist auch TYLORs Versuch, sich dem religiösen Phänomen inhaltlich zu nähern, was sich vor allem ausdrückt in seinem wichtigen Vorschlag, Religion zu definieren als "the belief in spiritual beings". Diese inhaltliche - allgemein gedachte - Festlegung wird entwickelt aus TYLORs "Animismus"-Konzept und ist als ein durchlaufendes Kennzeichen aller religiösen Phänomene bis hin zur Religion in hochkomplexen Gesellschaften vorgestellt. Damit wird nicht nur eine selbständige Kontinuität religiöser Inhalte behauptet, sondern auch eine deutliche Differenz zu den späteren funktionalistischen Überlegungen sichtbar, in denen Religion weitgehend über ihre sozialen Wirkungen bestimmt wird. [1]

Freilich beging TYLOR den Fehler, einfachen und "frühen" Formen der Religiosität den gleichen Grad an Rationalität und Planung zu unterstellen, den er in seiner eigenen Gesellschaft wirken sah - ein charakteristischer Ethnozentrismus des klassischen Evolutionismus. Diese Annahme blieb nicht beschränkt auf den bloßen Verweis auf die rationalen Elemente dieser Religionen, sondern war ausdrücklich gemeint als Angabe des Grundes von religiösen Haltungen [2] und damit eine Fehlannahme, die in der Sicht seiner Kritiker nicht einmal für hochentwickelte, monotheistische Systeme gilt: danach begründen Rationalität und kausale Argumentation keinen Glauben. Diese Intellektualitätsunterstellung TYLORs wurde allerdings weniger zum Grund für die Abwendung von seiner Religionstheorie, als vielmehr die - z.B. vom Funktionalisten A.R. RADCLIFFE-BROWN geübte - hef-

tige Kritik an der versuchten Rekonstruktion von Stadien
der religiösen Evolution. RADCLIFFE-BROWN (1977, S. 120)
hielt vor allem die "distinction he (d.h. TYLOR) makes between the religions of savages and those of civilised peoples" für fragwürdig und die vorwiegende Abstellung auf
die Glaubensinhalte der Religionen für falsch: "..there is
a tendency to treat belief as primary: rites are considered
as the results of beliefs" (S. 105).

Seinerseits plädiert RADCLIFFE-BROWN für eine Analyse von
Riten eben unter funktionalistischer Perspektive und legte
damit für längere Zeit den Schwerpunkt der ethnosoziologischen Religionsanalyse fest, wie auch die charakteristische
Verfahrensweise, nur noch als relevant betrachtete Aus-
schnitte zu untersuchen: "We may entertain ... the theory
that any religion is an important or even essential part
of the social machinery, as are morality and law, part of
the complex systems by which human beings are enabled to
live together in an orderly arrangement of social relations". Und: "My suggestion is that in attempting to under-
stand a religion it is on the rites rather than on the beliefs that we should first concentrate our attention" (RAD-
CLIFFE-BROWN, 1977, S. 104 f.).

Damit wird eine entscheidende Wendung in der ethnosoziologischen Perspektive gegenüber dem religiösen Problembereich
angesprochen: der Aspekt der sozialen Wirkungen formaler
Regelungen von Handlungsweisen, die einen religiösen Bezug
haben. RADCLIFFE-BROWN, von den frühen englischen Funktionalisten der am stärksten soziologisch denkende, kann sich
dabei auf die Positionen E. DURKHEIMs beziehen, der für
diese Betrachtungsweise bahnbrechend gewesen ist. Das wichtigste Kennzeichen von DURKHEIMs Auffassung ist die Analyse
religiöser Phänomene unter dem Blickwinkel ihrer Beiträge
zum Erhalt bzw. zur Herstellung der sozialen Ordnung von
Gesellschaften und deren moralischer Sanktionierung - kurz-

um: Religiöse Praktiken als Funktionen einer angenommenen normativen Ordnung von Gesellschaften. Dieser Schritt hat zweierlei zur Folge gehabt: zum einen die endgültige Abwendung von der früheren Annahme, es gälte die religiösen Glaubensformen und -inhalte von "primitiven" Gesellschaften stets vergleichend in Bezug zu setzen zu den religiösen Äußerungen der "hochkulturellen" monotheistischen Religionen und sie als mangelhafte Realisierungen der letzteren, bzw. als Vorformen davon zu betrachten. Diese Anwendung basierte auf der Annahme der Gleichwertigkeit der Inhalte lediglich im Hinblick auf ihre gesellschaftlichen Funktionen, bzw. wissenschaftlich auf der Legitimität der Frage nach dieser Gleichwertigkeit. Zum anderen wurde, indem die Inhalte selbst nicht mehr im Vordergrund standen, der Weg freigemacht für die Tendenz, mit Hilfe externer, wissenschaftlich-rationaler Kriterien den gesellschaftlichen Stellenwert religiöser Phänomene zu untersuchen.

Im weiteren Fortgang sollen nun einige ausgewählte Bereiche als Veranschaulichung dieser Tendenz herangezogen werden. Die Trennung von Form und Inhalt, bzw. Funktion und Inhalt konnte aber andererseits nicht verhindern, daß die jeweiligen besonderen Inhalte als Erklärungsproblem eigener Art erhalten blieben, weshalb eine später wiedereröffnete Debatte sich eben mit den adäquaten Einschätzungskriterien dieser Inhalte befaßt. Zum Abschluß dieses Kapitels soll daher auf diese Frage ebenfalls noch kurz eingegangen werden.

E. DURKHEIM ist schon genannt worden als Bahnbrecher der Auffassung von religiösen Praktiken als Funktionen einer angenommenen normativen Ordnung von Gesellschaften. Sein Interesse, das durchaus noch auf Entwicklungslinien religiöser Sachverhalte gerichtet war, betrachtete diese allerdings unter der Annahme, daß auch in den einfachsten Formen der Religion die fundamentalen Strukturen jeglicher Reli-

gion besonders leicht erkennbar und analysierbar sein müßten. Diese fundamentalen Strukturen sind aber nach seiner
Auffassung genau das - Ordnungen, die etwas anderes
darstellen sollen, als die inhaltlichen Äußerungen der Anhänger dieser Religion vorgeblich nahelegen. Von daher erklärt sich die Untersuchung in seinem religionssoziologi-
schen Hauptwerk (1981) gerade der religiösen Formen der
Australier, vor allem des Totemismus. Hier sieht DURKHEIM
alle Elemente als vorhanden an, die überhaupt Religion
ausmachen können: vor allem die Scheidung von "Heiligem"
und "Profanem", aber auch Begriffe von Geistern, Seelen
und Göttern, Riten der Askese, des Opfers, mimetische Dar-
stellungsriten und Sühneriten. Vor allem aber stuft DURK-
HEIM Religion als einen kollektiven, gesellschaftlichen
Sachverhalt ein, dessen Stellenwert in der umfassenden
symbolischen Darstellung des gesellschaftlichen Zusammen-
hanges besteht, und der dadurch, daß er die Einstellungen,
Gefühle und Werte der Gruppe ausdrückt und aufrechterhält,
gesellschaftliche Existenz überhaupt erst möglich macht.[3)]
Damit sind die moralischen Imperative der normativen Ordnung der Gesellschaft selbst zum Inhalt und Gegenstand der
Religion erklärt, Religion ist soziologisch identisch mit
ihrer sozialen Funktion. Der symbolische Bezug, den DURK-
HEIM hergestellt sieht, ist demnach nichts anderes, als
eben diese Repräsentation von Gesellschaft,die es erlaubt,
die Inhalte einer Religion als Symbole von etwas außerhalb
der Religion selbst Liegendem zu interpretieren. Im Fall
der Australier sieht DURKHEIM die entscheidende symbolische Kategorie im Totem, der den Gesamtzusammenhang des
"Klan" (den DURKHEIM fälschlicherweise als soziale Grund-
einheit der Australier einstufte) symbolisiert - meist
eine Pflanzen- oder Tiergattung. Der Totem gilt den Gruppenmitgliedern als "heilig" und ist daher mit einem Tabu
(z.B. Speiseverbot) belegt. Dementsprechend wird nach
DURKHEIM der "Klan" - die Verkörperung der normativen So-
zialordnung - vermittels des Totem selbst zum Gegenstand

der Verehrung. 4)

DURKHEIMs Totemismus-Theorie war höchst mangelhaft,[5] aber
die Grundvorstellung, die Religion mit der normativen Ordnung der Gesellschaft verknüpfte, wirkte vor allem über
RADCLIFFE-BROWN fort, der freilich die ideal-moralische
Komponente in den Hintergrund verweist zugunsten einer empirisch begriffenen sozialen Ordnung, der Sozialstruktur.
Aus der Kritik an DURKHEIMs Totemismus-Interpretation heraus untersucht RADCLIFFE-BROWN sowohl Totemismus, als
auch Ahnenkult und stellt fest, daß "in both it is possible to demonstrate the close correspondence of the form
of   religion and form of the social structure"
(RADCLIFFE-BROWN, 1977, S. 119) - freilich nur über die
Untersuchung der "aktiven" (manifesten) Seite der Religion, also über ihre rituelle Umsetzung in den Handlungen
von Individuen und Gruppen und der Rückwirkung auf diese.
Damit stellt RADCLIFFE-BROWN definitiv die sozialstrukturelle Dimension von Religion in den Mittelpunkt, auf
Kosten von DURKHEIMs idealtypisch-moralischen Kategorien
und unter deutlich geringerer Bewertung der symbolischen
Dimension. Statt dessen wird Religion thematisiert als
Mechanismus der sozialen Kontrolle mit dem Ziel der strukturellen Aufrechterhaltung von sozialer Ordnung und anderen Mechanismen mit analogen Funktionen gleichgestellt:
"... law, morality and religion are three ways of control-
ling human conduct which in different types of society
supplement one another, and are combined in different
ways. For the law there are legal sanctions, for morality
there are the sanctions of public opinion and of
conscience, for religion there are religious sanctions."
(RADCLIFFE-BROWN, 1977, S. 122). Die Stiftung der Gesellschaftlichkeit bleibt also eine der wichtigen Funktionen
von Religion, aber sie erfolgt nicht über ideale, sondern
über soziale Mechanismen - über Strukturzwänge, die eindeutig benennbar sind und über die Erfahrung der Verläß-

lichkeit und der gesellschaftlichen Interdependenz, die RADCLIFFE-BROWN als eine zentrale Erfahrung des Sozialisationsprozesses hervorhebt.

Allerdings hat sich in der Ethnosoziologie der Religion die von RADCLIFFE-BROWN angestrebte reine Soziologisierung ebensowenig durchgesetzt, wie DURKHEIMs moralisches Ideal der Gesellschaftlichkeit. Kennzeichnend ist vielmehr eine Diskussion um die beiden Aspekte der Frage nach der sozial-strukturellen Relevanz von religiösen Phänomenen und nach ihrem Stellenwert als symbolische Repräsentationen. Am Falle der Auseinandersetzung um den Sachverhalt der Magie, bzw. Zauberei, läßt sich ein Teil dieser theoretisch gespeisten Diskussion aufzeigen. Magie und Zauberei eignen sich besonders gut dafür, weil gerade an diesem Bereich der Beleg dafür gesucht worden ist, wie sich die Gesellschaften, mit denen sich die Ethnosoziologie beschäftigt, in mental-normativer Hinsicht von den abendländischen, "rationalen" (aber eben auch: vorstaatlichen und vorkapitalistischen) Gesellschaften unterscheiden. Die Differenz bemißt sich in dieser Diskussion allerdings stets an den Kriterien, die z.B. für Rationalität/Irrationalität in der Gesellschaft des externen Beobachters selbst gelten und versucht vorwiegend Antworten auf die Frage zu geben, wie diese Differenz zu beurteilen, zu "erklären" sei - nicht aber die Kriterien der Differenz selbst zum Thema zu machen.

Dementsprechend ist den Ethnosoziologen an den magischen Praktiken und ihren Prämissen vor allem und zuerst aufgefallen, daß sie nicht den gleichen praktischen, mentalen und symbolischen Kriterien folgten, die eben in europäischen Gesellschaften an solche Handlungen angelegt werden würden. Sofern nicht einfach ein wertendes Urteil gefällt wurde ("Aberglaube", "irrational"), bewegten sich die Interpretationen zunehmend in zwei Richtungen: in die der Aufdeckung der sozialen Folgen dieser Praktiken (Funktionsanalyse, wie bei der Religion allgemein) oder in die der Versuche, diese Handlungsweisen als symbolische Bezüge in kulturspezifischen Sinngebungen zu begreifen. Vor diesem Hintergrund wird vor allem darauf verwiesen, daß die interpretativen Kategorien, die in europäischen Gesellschaften Anwendung finden, vor allem in der Hinsicht keine Geltung haben können, als die Unterscheidung von "natürlichen" und "übernatürlichen" Phänomenen, die im abendländischen Denken den Anwendungsbereich von naturwissenschaftlichem Kausalitätsdenken limitiert, im Fall der magischen Handlungen zu Fehlinterpretationen führen muß. [6] Statt dessen wird vor allem auf den symbolischen Stellenwert, den expressiven Charakter von magischen Handlungen hingewiesen, die über bestimmte Repräsentationen, Analogiehandlungen u. dgl. Situationen und Ziele in einer symbolischen Weise ausdrücken wollen. [7] Diese Betonung des expressiven Charakters magisch gebundener Handlungen soll die Aufmerksamkeit von der instrumentellen Seite dieser Handlungen abziehen, denn gerade die Instrumentalität teilen sie nach dieser symbolischen Auffassung mit nicht-magischen, ausschließlich empirischen Handlungen.

Die Instrumentalität steht im Vordergrund bei der (funktionalistischen) Analyse magischen Denkens und Handelns durch B. MALINOWSKI, der diese Sachverhalte vor allem im Zusammenhang mit seinen Forschungen auf den Trobriand-Inseln untersucht hat. Von vorneherein wird dabei in dieser instrumentalistischen Weise zwischen Religion und Magie unterschieden: "Wir haben innerhalb des sakralen Bereichs Magie als eine praktische Kunst definiert, die aus Handlungen besteht, welche nur Mittel für ein bestimmtes Ziel sind; Religion dagegen als eine Gesamtheit in sich abgeschlossener Handlungen, die selbst die Erfüllung ihres Zweckes sind (...). Der Glaube an die Magie ist auch entsprechend ihrer rein praktischen Natur äußerst einfach. Er ist immer die Bestätigung der Macht des Menschen, wenn er bestimmte Wirkungen durch eine bestimmte Beschwörung und einen bestimmten Ritus erzielt. In der Religion dagegen haben wir eine vollkommen übernatürliche Welt des Glaubens.." (MALINOWSKI, 1973, S. 71 f.). Bezüglich der Magieanwendung im Zusammenhang mit dem Gartenbau auf Trobriand und dessen Ernteerfolg, bzw. -mißerfolg stellt er fest: "Die Magie, unter zeremoniellen Vorkehrungen, mittels Riten und Zaubersprüchen und unter Einhaltung von Tabus vom Gartenmagier offiziell veranstaltet, ist eine Sache für sich; und die landwirtschaftliche Praxis, der jeder mit Hilfe seiner Hände und seines gesunden Menschenverstandes nachgeht und die auf die Erkenntnis der Kausalzusammenhänge von Anstrengung und Erfolg gegründet ist, ist eine andere. Die Magie gründet im Mythos, die praktische Arbeit in empirischer Theorie. Erstere zielt darauf ab, unerklärlichen Übeln vorzubeugen und unverdientes Glück zu erlangen, letztere liefert, was gemeinhin menschliche Anstrengung auf natürliche Weise hervorzubringen vermag". (MALINOWSKI, 1981, S. 97). Hier werden "magische" und "empirische" Bereiche offenkundig dahingehend unterschieden, inwieweit sie unmittelbar durch Einwirkung menschlicher Arbeit und kontrollierbaren menschlichen Einsatz beeinflußbar sind, bzw. diesem entzogen und anderen, nicht kontrollierbaren Faktoren unterliegen - instrumentell gedacht sind aber die Handlungen in beiden Bereichen, insofern sie stets Erfolg sichern, bzw. Mißerfolg abwenden sollen in den Versuchen um rationale Beherrschung der Natur und der Umwelt.

Entsprechend schließt MALINOWSKI im Fall der magisch gedachten Praktiken im Zusammenhang mit der Fischerei von der relativen gefährlichkeit und Ungewißheit, bzw. Ungefährlichkeit und hohen Erfolgsquote von Fischfang auf dem offenen Meer, bzw. in der Lagune bei den Trobriandern auf die Ursache des Auftretens magischer Handlungen: "Während in den Dörfern der inneren Lagune die Fische einfach und absolut zuverlässig durch Vergiften getötet werden und auf diese

Weise ohne Gefahr und Unsicherheit reichlicher Ertrag erzielt wird, gibt es an den Küsten des offenen Meeres gefähr-
liche Methoden des Fischens, auch solche, bei denen der Ertrag sehr variiert, je nachdem ob Fischschwärme auftauchen
oder nicht. Es ist sehr bezeichnend, daß es beim Fischen in
den Lagunen, wo sich der Mensch völlig auf seine Kenntnisse
und Geschicklichkeit verlassen kann, keine Magie gibt, hingegen beim Fischen im Meer, das voller Gefahr und Unsicherheit ist, ein umfangreiches magisches Ritual besteht, das
Schutz und gute Erträge gewähren soll" (MALINOWSKI, 1973, S.
16). Die Instrumentalität setzt also bezüglich magischer
Handlungen dort ein, wo auf Alltagstechnologie und -wissen
nicht mehr zurückgegriffen werden kann. Demzufolge findet
sich in der Theorieorientierung des Funktionalismus auch
eine fortwirkende Ursachenbestimmung in der begrenzten Um-
weltkontrolle: "It is understandable that expressive, ritual, patterns of behaviour should be much more prevalent in
simpler, technologically primitive cultures. Of course there
is always a body of empirical knowledge in such societies,
but inevitably there is a much wider field of daily
experience in which scientific knowledge which might provide
a recipe for effective action is lacking" (BEATTIE, 1966, S.
205). [8]

Auf dem Weg zur Hervorhebung der expressiven, symbolischen
Qualität von Magie hat die funktionalistische Theorieorientierung vor allem die individuellen und sozialstrukturellen
Funktionen von Magie in den Vordergrund gerückt. Die individuellen Folgen sind vor allem psychischer Natur, insofern
sich die Magie vor allem in entsprechende Handlungen
umsetzt, die dem Einzelnen über diese Handlungen ein Gefühl
der Sicherheit und vor allem der Reduktion von Angstzuständen erlauben sollen. Bei bedrohlichen Situationen - z.B.
Krankheit oder ökologischen Katastrophen, wie etwa langan-
haltende Trockenheit - kann die als korrekt durchgeführt an-
gesehene magische Handlung den Beteiligten den Eindruck ver-

mitteln, alles Menschenmögliche getan zu haben, um die be-
drohliche Situation abzuwenden - Angst und Unsicherheit werden durch den Glauben an die Wirksamkeit der richtigen magischen Handlung abgebaut. Auch dort, wo eine - ungewollte -
Nebenwirkung von magischen Handlungen und zugrundeliegenden
Annahmen die weitere Verbreitung von magischen Anlässen zur
Folge hat und dementsprechend auch die Verbreitung von
Angstzuständen nach sich zieht, setzt sich letztlich die
psychisch stabilisierende Funktion von Magie durch: "But
even if ritual beliefs and practices sometimes create anxiety, more basically they are designed to relieve it" (BEATTIE
1966 , S. 20). Letztlich wirken sie als "a factor of
social stability and cohesion" [9].

Allerdings wird hier schon auf der Ebene der psychischen
Wirkungen die Notwendigkeit deutlich, zwischen den Meinungen
und Glaubenshaltungen einerseits und den Praktiken andererseits zu unterscheiden, zumindest dann, wenn präzisere Aus-
agen gemacht werden sollen. Das gilt besonders für den Bereich der sozialen Funktionen von Magie und läßt sich veranschaulichen an der Auseinandersetzung um die Interpretation
eines Teilbereiches der Magie: der "Zauberei" und ihrer Unterscheidung gegenüber der "Hexerei". Eine weitverbreitete
ethnosoziologische Sichtweise differenziert hier in Anlehnung an die von EVANS-PRITCHARD untersuchte Auffassung der
Azande in Ostafrika. [10] Ausgangspunkt ist die "Neutralität"
von Magie (also die gleiche Einschätzung wie bei MALINOW-
SKI), d.h. daß sie grundsätzlich nicht von sich aus einer
Bewertung in moralischer Hinsicht zugänglich ist, sondern
lediglich einen bestimmten rituellen (regelhaften) Handlungsablauf kennzeichnet, der auf der Basis entsprechender
Auffassungen, Einwirkung auf sonst nicht kontrollierbare
("übernatürliche") Kräfte zur Folge haben soll. Davon ausgehend verknüpft sich in der Vorstellung der Azande "Zauberei" mit der Verfolgung von moralisch verwerflichen ("bösen") Zwecken durch magische Mittel. Der "Zauberer" ist ein

gewöhnlicher Mensch, der aus Rachedurst, Neid, etc. handelt
- dessen Motive also nachvollziehbar sind - und dazu Magie
verwendet. "Hexerei" hingegen bezeichnet bei den Azande eine mystische Qualität, die in der Person der "Hexe" (oder
des "Hexers") liegt und die ihre Wirkung ohne Magie erzielt, so daß im Verhältnis zur "Zauberei" hier eine Umkehrung vorliegt: da eine Vererbung dieser Qualität (einhei-
misch: "mangu") in der unilinearen Deszendenzlinie im gleichen Geschlecht erfolgt, haftet ihr etwas Schicksalhaftes
an, dem die "Hexe" auch ohne den eigenen Willen ausgeliefert ist.

In diesem Sinn findet in diesem Kontext Magie Ausdruck auf
drei Schienen: als magisches Handlungsmittel des Zauberers,
als magisches Handlungsmittel zur (magischen) Entdeckung
und Bekämpfung dieses Zauberers und als magisches Handlungsmittel zur Entdeckung und Abwehr von Hexerei. Das
wichtigste magisch besetzte Mittel zur Entdeckung sind die
Orakel (vor allem Hühnerorakel), die entsprechend ihrer
Verknüpfung mit bestimmten sozialen Positionen hierarchisch
gegliedert sind, wobei die mächtigsten Orakel vom König und
den Häuptlingen, die einfacheren vom gemeinen Volk betrieben werden. Die Funktionsanalyse dieser Gesamtheit des Zu-
sammenwirkens von magischen Vorstellungen und darauf bezogenen Handlungen hebt ethnosoziologisch konsequenterweise
deren normative Ordnungswirkungen hervor. Magische Vorstellungen geben eine (magische) Erklärung für Krankheit und
andere Unbilden ab, für die sie auch die adäquaten Handlungsweisen bereitstellen. Feindseligkeiten und konflikt-
trächtiges, "anti-soziales" Verhalten innerhalb der Gruppe
werden entsprechend etikettiert und unterdrückt (durch prä-
emptive Kontrolle und Abschreckung), bzw. in sozial anerkannter Weise negativ sanktioniert. Wer sich nicht in gesellschaftlich positiv besetzter Art verhält, läuft Gefahr,
entweder von anderen mit einem "Zauber" belegt zu werden,
oder selbst als "Hexe" angeklagt zu werden. Durch die Ein-

bettung der politischen Ordnung der Azande in diese magische
Interpretation von Handlungen und Handlungsursachen ist wiederum gerade diese politische Ordnung einer entsprechenden
Legitimation unterzogen worden, die ihre fortlaufende Bestätigung durch ihre Bewährung im alltäglichen Lebenskontext
erfährt.

Aus dieser äußerst knappen Skizze einer zu Recht als klassisch angesehenen Studie ist deutlich geworden, wie bedeutsam die jeweils einheimischen Interpretationsweisen ansonsten generell als "magisch" klassifizierter Denkformen und
Handlungsweisen sind. Für EVANS-PRITCHARD sind diese einheimischen Interpretationen darüberhinaus besonders wichtig für
die Überprüfung auf ihre Konsistenz, also ihre formal-lo-
gisch korrekte "Ableitung" hin, die möglich wird, wenn der
kulturelle, spezifische Hintergrund bekannt ist. Die Feststellung der formalen "Korrektheit" bedeutet aber für den
Ethnosoziologen keine Übernahme der Inhalte, diese können
immer noch abgelehnt werden, weil sie nach den (okzidentalen) empirischen Kriterien "falsch" sind. In der späteren
Literatur ist dieser Maxime nicht immer gefolgt worden, und
so sind gerade Äußerungen über die sozialen Funktionen von
"Magie", "Zauberei" und "Hexerei" oft in einer sehr unklaren
Weise miteinander vermischt. Die empirische Sachlage selbst
fördert die Klärung auch nicht gerade.

Die höchst anschauliche Studie von L. BOHANNAN (1966) über
einen Zauberer bei den Tiv in Nordnigeria z.B. schildert einen Komplex, den die Tiv selbst als "tsav" bezeichnen, und
der als mystische personale Qualität jedem Mann innewohnt,
der in besonderer Weise auffällig ist, sei es durch besonderen Erfolg oder auch Mißerfolg. [11] Dieses "tsav" ist damit
tendenziell eine Eigenschaft, die der schicksalhaften Qualität als "Hexe" in der Sicht EVANS-PRITCHARDs nahekommt,
andererseits aber ist das "tsav" dem Willen des Trägers unterworfen und er kann es zu guten und zu bösen Zwecken ver-

wenden - eine Tatsache, die es wiederum in die Nähe der "Zauberei" rückt: "'tsav' ist wirksamer Wille. Wenn ein Mann mit 'tsav' den Tod will, dann ist die Todesursache, (..) nur ein Agentium. Im Tivland stirbt niemand eines natürlichen Todes; 'natürlich' ist es für einen Menschen, daß er immer weiterlebt. Der Tod wird daher stets auf Zauberkraft zurückgeführt (...). Ein Mann mit 'tsav' kann auch Gesundheit und Wohlstand seines Landes und seines Stammes wollen und bewirken" (BOHANNAN, 1966, S. 294).

Auch im Fall der Lovedu im Transvaal wird von KRIGE (1947) Hexerei infolge der Verbindung mit dem "Übernatürlichen" in ein Kontinuum gebracht mit der "Zauberei" durch die böswillige magische Manipulation. Demzufolge ordnet KRIGE Magie und magische Handlungen selbst in eine Skala ein, an deren einem Ende "gute" Magie zum öffentlichen Wohl (z.B. zum Regenmachen) verwendet wird, "böse" Magie hingegen schlecht ist und übel angesehen ist. Magie als solche ist also wiederum neutralen Charakters, nur die Zwecke variieren und machen Zauberei zur illegitimen Verwendung legitimer Mittel. Hexerei ist hingegen strikt davon abgesetzt, weil sie auf angeborene Fähigkeiten zurückzuführen ist, freilich mit magischen Mitteln bekämpft werden kann. Darüber und über die Annahme, daß "witchcraft and sorcery do not operate automatically (...); they must always be set into motion by a specific individual", stehen Magie und Hexerei in enger Verbindung miteinander, trotz der konzeptuellen Unterscheidung (KRIGE, 1947, S. 251). Sie sind beide Wirkungen von Menschen mit bösartigen Impulsen, Sündenböcken im näheren Kreis von Verwandten in einer Gesellschaft, die auf enge und intensive Solidaritäts- und Kooperationsbeziehungen angewiesen ist.

Insgesamt überwiegt gerade im Kontext der funktionalistischen Interpretation der Phänomene Magie und Zauberei, wie auch des nicht immer klar abgrenzbaren Bereichs der Hexerei, die Beurteilung hinsichtlich ihrer Funktionalität für die

Erhaltung der normativen Ordnung der betroffenen Gesellschaften. [12] Andererseits ist auch deutlich erkennbar, daß
ein erheblicher Teil der konzeptuellen Schwierigkeiten, die
in der Debatte um die Bewertung und Erklärung von Magie und
verwandter Erscheinungen aufgetreten sind, nicht nur in der
verengten funktionalistischen Perspektive zu suchen ist,
sondern auch in den problematischen Versuchen liegt, ausgehend von jeweils einheimischen Begriffen und Interpretationen, diese in europäische, wissenschaftlich bestimmte Begriffe zu "übersetzen" und damit auch fremdes Denken nach
den Kriterien, die von außen herangetragen worden sind, zu
beurteilen. Auf diese Problematik wird zum Abschluß des
Kapitels nochmals kurz eingegangen. Die Grenzen der funktionalistischen Theorietradition, die zwangsläufig so verfahren muß, sind an diesem Punkt schnell erreicht. Nicht
zuletzt dieser Sachverhalt ist dafür verantwortlich, daß in
dieser Theorieorientierung zunehmend die bereits erwähnte
symbolische und expressive Qualität von Magie und magischen
Ritualen in den Vordergrund gerückt worden sind.

Diese Betonung erfolgte vorzugsweise über die allmähliche
Erkenntnis, daß erfahrungswissenschaftliche Kriterien aus
dem okzidentalen Sinnkontext kein adäquates Erklärungs-
muster abgeben für solche Handlungen und Denkmuster - somit
Magie z.B. auch nicht (wie frühe Religionsethnologen mein-
ten) einfach falsche Verursachungstheorien enthält. [13]
Stellt man hingegen die expressive und symbolische Dimension in den Vordergrund, dann wird es zunehmend auch problematisch, Magie und Religion konsistent auseinanderzuhalten.
Eine häufig vorgeschlagene Unterscheidungsweise besteht darin, die expressiven und symbolischen Handlungen, bzw. Riten als Magie zu bezeichnen, in denen Kräfte und Mächte eine Rolle spielen, die als unpersönlich gedacht werden und
zu denen daher auch keine mehr oder weniger persönliche Beziehung aufgenommen werden kann. Demgegenüber soll sich Religion in diesem Punkt durch die Möglichkeit der Aufnahme

von Beziehungen zu personalisierten Göttern, Geistern und dgl., denen ein persönlicher Charakter zukommt, unterscheiden. [14] Diese Unterscheidung ist freilich nicht mehr als eine grobe Richtschnur, denn oft genug sind Fälle nachzuweisen, wo durchaus eine persönliche Beziehung zu einem unpersönlichen Gegenstand mit magischen Qualitäten eingegangen werden kann (z.B. zu "Medizinen" bei manchen nordamerikanischen Indianergruppen).

Vor diesem Hintergrund erscheint es berechtigt, wenn R. RAPPAPORT (1973) in seiner Behandlung der religiösen Phänomene und ihrer rituellen Dimension vor allem den Aspekt ihrer "Unerklärbarkeit" ("ineffability") in den Vordergrund rückt. Diese "Unerklärbarkeit" liegt darin begründet, daß religiöse Sachverhalte in spezifischer Weise "are not amenable to verification, but neither are they vulnerable to falsification. (...). Yet, they are taken to be unquestionably true" (RAPPAPORT, 1973, S. 409). Diese von seiten der Gläubigen angenommene fraglose Wahrhaftigkeit macht ihre besondere "Heiligkeit" aus, und zwar in einer symbolischen Weise.

Das ist die Wiederaufnahme einer Gedankenführung, die bereits im Zusammenhang mit der Vorstellung von Religion, die E. DURKHEIM entwickelt hatte, erwähnt worden ist, und die bereits einen Ansatzpunkt zur Analyse des symbolischen Stellenwerts von Religion enthalten hatte. Dieser Ansatzpunkt bleibt auch in den eher funktionalistischen späteren Untersuchungen, wenn auch latent, erhalten und tritt in neueren Arbeiten zu einer symbolisch gerichteten Ethnosoziologie der Religion ganz deutlich in den Vordergrund. Es ist charakteristisch, daß auch dann die gesellschaftliche Funktionsfrage der religiösen, symbolischen Rituale im Sinne der Erhaltung der normativen Ordnung beantwortet wird: "human organization could not have come into existence, or persisted, in the absence of ultimate sacred propositions and the sanctification of discourse" (RAPPAPORT, 1973, S. 409 f.). RAPPAPORTs evolutionär gemeinte Antwort geht aber noch weiter, denn das "als-Heilig-Ansehen" von symbolisch vermittelten Inhalten setzt Ordnung: "The acceptance of messages as true (...) contributes to orderliness and may, in fact, make it possible. (...) We suggest that the creation of such orderliness may in fact create truth, for the validity of many of the sentences upon which orderliness depends is a function of belief in them" (RAPPAPORT, 1973, S. 410). So mündet schließlich eine solche Betrachtung von ritueller, religiöser Symbolik unweigerlich in eine Analyse, die diese Symbolik vorwiegend als Informationsvermittlungsmedium bewertet, deren wichtigste Funktion es ist, regulierend zu wirken (im Hinblick auf erwünschte Zustände sozialer Systeme, also i.S. von Anpassungsleistungen) und damit faktisch als soziales Kontrollsystem tätig zu werden.

Eine solche Wirkungsanalyse liegt auch dann vor, wenn religiöse Momente im Hinblick auf ihre Leistungen, für die Legitimation politischer Zusammenhänge untersucht werden. Eine solche Legitimationsanalyse wird sich in der Regel auf die von WEBER formulierten Idealtypen der legitimen politischen Herrschaft berufen können und dort religiösen Momenten vorwiegend einen Stellenwert beim traditionalen und beim charismatischen Idealtyp der Herrschaft zuweisen. Auf Einzelheiten dieser Fragen ist oben bereits im Kapitel zur Ethnosoziologie der Politik eingegangen worden, so daß hier nur noch illustrierende Aspekte vonnöten sind. WEBERs eigenen Überlegungen folgend, wird man dann feststellen, daß reale Verhältnisse zumeist Mischformen solcher Typen aufweisen, die sowohl in einfacheren, wie auch in komplexeren Herrschaftsverbänden auftreten können.

In einfacheren Organisationsweisen von Politik treten religiöse Elemente als legitimierende Faktoren z.B. auf als die entsprechend sanktionierten Möglichkeiten von Häuptlingen oder ähnlich bestimmten lokalen Führern, durch die zeitweise

Tabuisierung von Gärten oder ausgewählten Produkten die Abläufe und zeitliche Ordnung von Konsumtion und Distribution zu steuern, wie es häufiger im ozeanischen Raum feststellbar ist. [15] In komplexeren politischen Organisationen ist diese Legitimationsfunktion von Religion noch deutlicher nachweisbar, wobei es an auffälligen Kombinationen nicht mangelt. Ein besonders eindrucksvolles Beispiel ist die Organisation des Bantu-Staates Ankole im Süden Ugandas gewesen. Hier hat ein ausgefeilter und weitgehend akzeptierter Kult um eine Trommel ("bagyendanwa") stattgefunden, als Symbol des Staates, der Macht des Königs und der Fruchtbarkeit des Landes und des Volkes, der ein Verhältnis extremer Ungleichheit legitimierte. Ankole war ein Staat, in dem die Viehzucht betreibenden Hima die Bodenbau treibenden Iru als herrschende Schicht dominierten und in dem sich - vor allem zu Zeiten der Königsnachfolge - diese Momente der ritualisierten Fruchtbarkeitswahrung mit Aspekten eines ausgearbeiteten Ahnenkultes zu einem umfassenden religiösen Komplex mit eindeutig herrschaftslegitimierender Wirkung verbanden. [16]

Eine solche Kombination steht für zahlreiche Fälle, in denen ähnliche Verbindungen gegeben sind oder waren, die z.T. noch bis in die Gegenwart hineinreichen, etwa in Form von regionalen oder lokalen Kulten, oder auch in Form von bereits stark säkularisierten Restelementen religiöser Glaubenskomplexe, die punktuell in die Legitimationsinstrumentarien nationaler Staatsapparate hineinwirken. [17] Als solche Bezugspunkte politischer Regelungen tragen religiöse Elemente dazu bei, soziale Ordnung herzustellen und zu legitimieren, wie häufig genug in vor allem funktionalistischen Analysen politischer Herrschaftsarrangements herausgearbeitet worden ist.

Allerdings ist mit dieser funktionalen Sicht im Hinblick auf die Ordnungsbehauptung nur ein formaler Sachverhalt angesprochen, der auf eine vorab gewählte Theorieentscheidung zurückzuführen ist. Er entbindet nicht von der Aufgabe, solche rituelle Symbolik auch hinsichtlich ihrer Inhalte zu untersuchen und ihre eigene, spezifische Logik aufzudecken. Ein Aspekt, dem dabei besondere Bedeutung zukommt, ist die Möglichkeit, über rituelle Symbole den Sinn, der jeweils kulturspezifisch bestimmten Zusammenhängen beigelegt wird, auf einer höheren synthetischen Ebene der logischen Konstruktion zusammenzufassen. Das von V. TURNER [18] beschriebene Jagdritual der Ndembu in Zambia z.B. ist verbunden mit der Verwendung von Astgabeln mit bestimmten Merkmalen, die als Ahnenschreine eingesetzt werden. Diese Schreine sind Ahnen, die berühmte Jäger waren, von Männern gewidmet, die ihren eigenen Jagderfolg sichern wollen. Die Astgabeln sind aus weißem Holz, ein Grasschurz ist an ihnen angebracht, und an ihrem unteren Ende befindet sich ein Stück eines Termitenbaues. Alle diese Merkmale [19] werden vermittels der Astgabel zusammengefaßt zu einer thematischen Aussage, die als Kombination der verschiedenen symbolischen Inhalte vor allem zentrale Positionen des allgemeinen Wertekontextes der Ndembu zum Ausdruck bringen - insbesondere Sichtbarkeit und männliche Fruchtbarkeit. Die Kombination und Rekombination von symbolischen Einzelausdrücken ist verschiedentlich von M. DOUGLAS (1975) untersucht worden, die auch schon in einem früheren Werk (1966) als zentrales Thema in funktionalistischer Weise die Konstruktion von sozialer Moralität herausgearbeitet hat. Sie stellt dar, wie jede ethnische Gruppe ihr besonderes Universum aktiv gestaltet im Zuge eines inneren Dialogs über Recht und über normative Ordnung, indem die bekannte physische Welt ausgestattet wird mit intensiven Rückbezügen auf die (potentielle) moralische Unordnung. Ihre Untersuchungen über den religiösen und sozialen Symbolismus der Lele (in Kasai, Zaire) [20] analysiert, wie über den Alltag ein semantischer Grundbestand hergestellt wird, auf den die religiöse Symbolik zurückgreift: "... ordinary life is experienced through categories which are essentially religious. Everyday experience provides a welter of words, religion selects from these to produce a number of themes which are regulative in everyday life just because they express religious values. The secular and the religious are two aspects of the same collective representations which give the society its distinctive structure" (DOUGLAS, 1975, S. 20). Die von DOUGLAS hervorgehobene Grunddichotomie wird geprägt durch die Gegenbegriffe "hama" (Scham, Anstand) und "buhonyi" (Schmutz, Ungehörigkeit), die jeweils Menschen und Tiere kennzeichnen. Darauf basieren weitere dichotomische Symbolvorstellungen, die ebenfalls (positiv bzw. negativ begriffene) Überordnungen ausdrücken: menschliche - tierische Nahrung, rechts - links, männlich - weiblich, fruchtbarer Wald - unfruchtbares Grasland, usw.). Diese dichotomischen Assoziationen bilden das Grundgerüst für alle religiösen Rituale und Zeremonien, die nicht nachvollzogen werden können ohne Kenntnis der nicht-religiösen Alltagskontraste, die mit ihnen verbunden sind. Auf ihrer Basis werden die Rituale als dramatische Analogien vollzogen (z.B. Verhältnis von Mensch und Tier oder Wald und Grasland oder Mensch und Gott, bzw. Geister), die - freilich nur in der bestimmten rituellen Situation - dieses symbolische Verhältnis als ein Verhältnis von Dingen festzumachen erlauben. Der Wald ist z.B. nicht grundsätzlich männlich oder rein, sondern nur in bestimmten, rituellen Situationen, im Verhältnis z.B. zum unreinen Grasland.

Weitere Folgen dieser symbolischen Ritualdichotomien zeigen sich im sozialen Bereich dort, wo konkrete Personen angesehen werden als solche, die eben das Menschliche, die Scham und den Anstand, in typischer Weise verlassen haben. Die zwei sozialen Typen, die dadurch symbolisch hervorgehoben werden, sind der Zauberer und der Häuptling.Der Zauberer ist das unmittelbare Gegenbild des guten Menschen, die Verkörperung des Bösen. Er kennt keine Scham und so sind schamlose Dinge sein Werkzeug: er bedient sich der Exkremente (Gegensymbol zur lebensspendenden menschlichen Nahrung), um auf magische Weise den Tod und die Unfruchtbarkeit zu bringen.

Er ist die personifizierte Asozialität, denn er verbindet sich mit den Tieren, um seinen Mitmenschen zu schaden - er ist ein dekulturierter, "schamloser" Mensch. Dem Häuptling mangelt es an Scham, weil er Herrschaft ausüben will, die mit den menschlichen Gefühlen unvereinbar ist. Häuptlinge sind damit außerhalb der menschlichen Norm angesiedelt, sie brechen systematisch die normative Ordnung (ritueller Inzest, Geschwistermord) und das stellt für sie eine Quelle magischer Macht dar, da der normale Mensch sich dadurch die göttliche Rache zuziehen würde. Im Zusammenhang mit Herrschaft findet somit eine Umkehrung dieser normativen Ordnung statt - Solidaritätsgebote des Klan gelten für den Häuptling nicht, denn er hat keinen Klan. Es kann nicht verwundern, daß - in der Darstellung durch DOUGLAS - sich die Symbolik in der sozialen Wirklichkeit widerspiegelt. Herrschaft ist bei den Lele real hochgradig diffus, kaum jemand in der Lage, auf Dauer Einfluß auszuüben und die Norm ist "Menschlichkeit", in diesem Fall also das Fehlen von "unmenschlicher", dauernder Herrschaft.

Sofern hier in der sozialen Sinngebung religiöser Ritualsymbolik auch die Instrumentalität der Symbole auftaucht, spricht sie eine Dimension an, die bereits in der Magiediskussion thematisiert worden ist. Damit ist also der expressive und symbolische Charakter der Religiosität nicht - oder nur analytisch - trennbar von seiner Instrumentalität. Freilich ist die aktuelle Interpretation der symbolischen Instrumentalität etwas anders gelagert als die eher bedürfnisorientierte Zweck-Mittel-Perspektive z.B. MALINOWSKIs. Während die älteren Ansätze [21], die beim instrumentalen Gebrauch von Symbolen auf Handlungen Bezug nehmen, die anscheinend eine Veränderung der physischen Umwelt zustandebringen sollten, reflektieren die neueren Ansätze [22] stärker auf Wahrnehmungen der Handelnden in rituell-symbolischen Situationen. Das bedeutet keine Negation der Instrumentalität von Symbolen, da ja auch symbolisches Handeln als instrumental auf das Erreichen bestimmter Zwecke gerichtet gesehen wird. Symbolische Handlungen werden wirksam durch die Möglichkeit, die Orientierungen der Handelnden mit veränderten Wahrnehmungen der verschiedenen Chancen, die in einer Situation enthalten sind, zu versehen. Die Problemsituation und die erwünschten Zwecke finden sich wieder in der nun durch rituelle Handlungen beeinflußten Wahrnehmung der relevanten Aspekte der Situation, die mit symbolischen Mitteln dem Handelnden dargestellt wird. Eine besondere Art der Beziehung zwischen dem Symbol und dem damit verknüpften Sinn ist nicht erforderlich, vielmehr haften dem Symbol - wie MUNN hervorhebt - zwei Eigenschaften an, die seine Wirksamkeit ausmachen: seine Bildhaftigkeit (die es erlaubt, Vorstellungen und Entwürfe für erwünschte Zwecke in eine unmittelbar den Sinnen zugänglichen Form darzustellen, statt abstrakte Behauptungen über sie zu machen) und die Vergegenwärtigung eines kulturellen Horizonts gemeinsamer Sinngebungen, die außerhalb der subjektiven Individualerfahrung liegen und somit auf der Handlungsebene als Teil von objektiven Ereignissen wahrgenommen werden. [23].

Ein Fall offenkundiger instrumenteller Symbolik sind Heilungsriten, wobei auch hier wieder als definitiver Bezugspunkt die normative Ordnung erscheint. So analysiert C. LÉVI-STRAUSS in seinem Aufsatz über "Die Wirksamkeit der Symbole" [24] die Aufzeichnung eines Beschwörungsgesangs der Cuna in Panama, in dem es um die Hilfe bei einer schweren Geburt geht und der damit betraute Schamane "Muu" (die "für die Bildung des Fötus verantwortliche Macht") bekämpft, weil diese sich der Seele der werdenden Mutter bemächtigt hat. LEVI-STRAUSS stellt die Einwirkung des Schamanen als ein psychologisches Verfahren dar, in dem die Heilung von der "psychologischen Manipulation der kranken Organe" erwartet wird. Dabei wird sowohl auf der individuellen Ebene der psycho-physischen Befindlichkeit, als auch auf der Ebene des psycho-sozialen kollektiven Engagements der Dorfbewohner vorgegangen: "Das Heilverfahren bestünde also darin, eine Situation, die zunächst affektiver Natur ist, gedanklich faßbar und Schmerzen, die auszuhalten der Körper sich weigert, für den Geist annehmbar zu machen. Daß die Mythologie des Schamanen keiner objektiven Wirklichkeit entspricht, ist ohne Bedeutung: die Kranke glaubt daran, und sie ist Mitglied einer Gesellschaft, die auch daran glaubt" (LÉVI-STRAUSS, 1969, S. 216 f.). Die normative Ordnung ist Bedingung und Ziel des definitiven Erfolgs: der Erfolg der Behandlung wäre "in Frage gestellt, wenn sie nicht - noch ehe man ihre Ergebnisse sehen kann - der Kranken eine Lösung bieten würde, das heißt eine Situation, in der alle Hauptdarsteller an ihren Platz zurückgekehrt und wieder Teil einer Ordnung sind, über der keine Drohung mehr schwebt" (ders., ebda). Ein wesentlicher Aspekt dieser symbolischen Instrumentalität besteht somit in der Herstellung besonderer, expressiver Vermittlungsschienen, die als semantische Vehikel und besondere Codes die Verbindung zwischen subjektiver Erfahrung, objektiven Sachverhalten und der kollektiven Existenz herstellen. In eben dieser Weise ist auch kollektive Konfliktlösung ein implizites Ziel solcher magischer Heilverfahren, wie TURNER (1967) dargestellt hat. Nach seiner Auffassung werden die strukturellen Konflikte in einer Gemeinschaft (der Ndembu) in die Krankheit eines Mitgliedes hineingeholt und diese individuelle Krankheit umgekehrt als Projektion in die besonderen Schwierigkeiten auf der Gemeinschaftsebene verlegt. Soziale Katharsis ist dann ein wesentlicher Zweck solcher magischer Heilverfahren: "It seems that the Ndembu 'doctor' sees his task less as curing an individual patient than as remedying the ills of a corporate group. The sickness of a patient is mainly a sign that 'something is rotten' in the corporate body. The patient will not get better until all the tensions and aggressions in the group's interrelations have been brought to light and exposed to ritual treatment (...). The doctor's task is to grasp the various streams of affect associated with these conflicts and with the social and interpersonal disputes in which they are manifested, and to channel them in a socially positive direction. The raw energies of conflict are thus domesticated in the service of the traditional social order (...). Emotion is roused and then stripped of its illicit and antisocial quality (...). Ndembu social norms and values, expressed in symbolic objects and actions, are saturated with this generalized emotion, which itself becomes ennobled through contact with these norms and values. The sick individual, exposed to this process, is reintegrated into his group as, step by step, its members are reconciled with one another in emotionally charged circumstrances " TURNER, 1967, S. 392).

Über diesen eindeutigen Verweisen auf die soziopolitische, kollektive Dimension und Zielsetzung solcher magischer Riten des Heilens darf allerdings nicht der Eindruck entstehen, als sei diese Projektion auf eine soziale und letztlich normative Ordnung der einzige zentrale und implilzite Zweck dieser Verfahren. Das würde letztlich eine erneut einseitige Betrachtung hinsichtlich ihrer sozialen Funktionen bedeuten, die ja gerade durch die genauere Analyse der symbolischen Qualität dieser Handlungen korrigiert werden sollte. Der Patient wird durch die Diagnose und die Heilungsmagie ausgestattet mit sozialen Bezugspunkten für seine persönlichen, psychischen Probleme, indem ihm ein bestimmter Ahne als Ursache seiner Verfassung bezeichnet wird. Die Untersuchung von TURNER verweist darüber hinaus auch auf die diagnostischen Projektionen in die psychischen Probleme des Patienten, und die dadurch hergestellte Verknüpfung von kultureller Symbolik und somatischer, sowie mentaler Störungen beim Patienten. Schließlich taucht auch der individuelle Vermittler dieser Symbolik auf: der "doctor", oder - wie LÉVI-STRAUSS ihn nicht ohne Bedenken nennt - der "Schamane", der Träger und Hersteller dieser   verschiedenen Bezüge ist.

Diese Figur des Schamanen soll im weiteren etwas näher betrachtet werden, nicht nur, weil seine Person in besonderer
Weise mit solchen expressiven symbolischen Prozessen verknüpft ist, sondern auch, weil über seine Handlungen und
seine Vorstellungen auch eine Erweiterung der Perspektive
hinsichtlich der Beurteilung von fremdkulturellen Denkweisen möglich ist. BEATTIE, der der symbolistisch-funktio-
nalistischen Interpretation von Religion und Magie nahe-
steht, behandelt den Schamanismus im Zusammenhang mit dem
Glauben an nicht-menschliche Geister und unterscheidet, je
nach dem Verhältnis der Menschen, bzw. besonderer Menschen,
zu diesen Geistern zwischen Besessenheit, Mediumfunktion
und eben Schamanismus. Das entscheidende Kennzeichen des
Schamanismus ist dabei die Meisterung und Kontrolle der
Geister durch den Schamanen (BEATTIE, 1966, S. 229). Insofern ist der Schamanismus ein Sonderfall magischer Qualität, die sich dadurch bewährt, daß der Träger zu einem Her-
ren eines oder mehrerer Geister wird. ELIADE benutzt dieses
Kriterium, um Schamanen von "Besessenen" zu unterscheiden:
"er meistert seine 'Geister'" [25]. Der Name selbst stammt
aus der Sprache der nordasiatischen Tungusen und überhaupt
ist der nordeurasiatische Raum der eigentliche Erschei-
nungsraum des Schamanentums, wenn auch ähnlich gelagerte
Phänomene in anderen Zonen auftreten, vor allem Nord- und
Südamerika, wie auch Ost- und Südasien. Die Formbestim-
mungen der Elemente des Schamanismus sind im wesentlichen
über die Kontrolle der Geister, bzw. Hilfsgeister des Schamanen geführt worden, also über die Bedingungen, unter denen diese Kontrolle erworben wird, sowie der Formen ihrer
Ausübung. Dementsprechend werden in der Literatur [26] behandelt: die schamanische Berufung, die Initiation des
Schamanen, Schamanentracht und -symbole (Trommel, Masken,
Spiegel, etc.), besondere Glaubensvorstellungen und Funktionen der schamanischen Ekstase (Himmels- und Unterwelt-

reisen, schamanische Heilung, Seelengeleit durch den Schamanen) und der schamanischen Kosmologie. Freilich reicht
eine bloße Darstellung der äußeren und inneren Merkmale des
Schamanismus nicht hin, sondern sollte - um ein adäquates
Verständnis seiner expressiven Qualitäten zu ermöglichen -
auch die weitere Einordnung und den Stellenwert der schamanischen Symbolik berücksichtigen. In diesem Sinne hat MÜHL-
MANN (1981) die "technische" Kennzeichnung des Schamanismus
als "Technik der Ekstase" (ELIADE, o.J., S. 14) kritisiert,
weil sie eine Konventionalisierung (= Reduktion auf das
Technische) nahelegt, die den Trancezustand des Schamanen
als "gemacht" und nicht als "echt" zu interpretieren erlaubt. [27]

Einer nachvollziehenden und die symbolisch-expressiven Sinn-
gehalte des Schamanismus berücksichtigenden Interpretation
kommt MÜHLMANN (1981) mit seinem phänomenologisch gerichteten Versuch zweifelsohne näher. [28] Hier wird von einer
"schamanischen Existenz" ausgegangen, deren Kennzeichen die
für die Gemeinschaft lebenswichtige Expertise im Umgang mit
den guten und bösen Geistern ist, "die ja nichts anderes
sind als Chiffren für die Mächte, denen man unterworfen
ist. Die Beziehungen zu diesen Mächten sind also eine reale
Tatsache, die alles andere überschattet" (MÜHLMANN, 1981,
S. 23). Dementsprechend handelt es sich dabei für den Schamanen um eine persönliche, intime Beziehung, die seinen
ganzen Einsatz, auch sein Leben fordert und ihm dafür die
Möglichkeit bietet, die Begrenzungen des natürlichen Lebens
zu überwinden, als seine besondere Berufung: "Die schamanische Existenz ist also (...) ein Sein zum Tode, aber auch
zum Leben. Nicht einfach zum naturalen Leben, (...) sondern
im Sinne des Lebens als Transzendenz, d.h. des Überstei-
gens." (MÜHLMANN, 1981, S. 24).

Vor diesem interpretatorischen Hintergrund ist es dann keine Frage mehr, welche Qualität z.B. die "Seelenreise" des Schamanen hat. Sie ist eine Entrückung, unentbehrlicher Teil der Initiationsleistung des Schamanen, der zum Himmel auffährt und auf dieser Reise verschiedene Kämpfe mit Monstern und andere Prüfungen bestehen muß, die "Proben an entscheidenden Schwellen der Existenz" (MÜHLMANN, 1981, S. 112) sind. Vor allem aber ist in der Akzeptanz der Interpretation der "Seelenreise" durch den Schamanen selbst auch die Annahme enthalten, daß diese "Reise" wörtlich genommen werden soll, d.h. nicht von vorneherein die Deutung als Trennung von Leib und Seele und deren mühseliger Rückkehr in den Körper vorgenommen werden soll. Vielmehr besteht diese mystische Erfahrung eben in der Überzeugung von der leiblichen, "realen" Entwicklung im Raum, die für die schamanische Selbstdeutung auf eine Identifikation von "Welt und Selbst" hinausläuft (MÜHLMANN, 1981, S. 108, 113). Eine solche Interpretation ist weit entfernt von der "technischen" Zerlegung des Schamanismus in verschiedene Elemente, die gewonnen und unterschieden werden auf der Basis eines von außen herangetragenen Kriteriums der "objektiven" Überprüfbarkeit, das vermittels einer Entfernung vom Subjekt "Schamane" und dessen Erfahrungen meint, eine erklärende Wiederannäherung leisten zu können. Es handelt sich letztlich auch um die Frage, welche Realität "gilt": die des Schamanen oder die des europäischen Sozialwissenschaftlers, der seine wissenschaftlichen, analytischen Kriterien eines empirischen Realitätsverständnisses anzuwenden sucht.

Damit kann abschließend noch ein Thema angedeutet werden, dessen Fragestellung sich aus diesen Überlegungen ergeben muß: die Interpretation von fremden, nichtokzidentalen Denkweisen durch den Ethnosoziologen, bzw. den Sozialwissenschaftler allgemein. Der Bereich der Magie und das mystische Denken überhaupt ist hierfür ein zentraler Anwen-

dungsfall. Im bisherigen Text ist weitgehend einer Sichtweise gefolgt worden, die die i.e.S. soziologischen Dimensionen in den Vordergrund gerückt hat, und die demzufolge
auch die normativen Ordnungsleistungen von magischen Vorstellungen und Handlungen betont hat - Leistungen also, die
einer vorab gefaßten Schematik legitimer Kategorien folgten
und die keineswegs notwendigerweise auch die Kriterien auf-
nahmen, die die handelnden Personen selbst entwickelt haben. Im Falle des Schamanismus ist dieser Aspekt erstmals
deutlich angeklungen, er soll zu Abschluß dieses Kapitels
noch in aller Kürze aufgenommen werden, weil sonst ein fal-
scher Eindruck entstehen könnte - als hätte die Ethnosoziologie nicht auch ihre eigenen Interpretationskriterien in
Frage gestellt.

Gerade im Bereich des Verständnisses von magischem oder
"wildem" Denken hat sich demgegenüber eine Entwicklung
vollzogen, die komplementär zur oben skizzierten Sicht verläuft, und die schließlich in eine Kritik des eigenen "Ethnozentrismus" einmündet. Die in dieser Richtung unternomme-
nen Versuche, das magische, "wilde" Denken nicht nur mit
Hilfe fremdwissenschaftlicher Kriterien einzuordnen und
seine Mechanismen zu erklären, sondern seine Logik tatsächlich zu verstehen, sind gebunden an die Kritik der älteren
funktionalistischen Vorgehensweise, die in die von
EVANS-PRITCHARD vorgenommene Trennung von logischer, formaler Konsistenz auf einem gegebenen kulturellen Hintergrund
und inhaltlichen Voraussetzungen einmündet. [29] Damit ist
eine Grenze erreicht, denn der nächste Schritt erfolgt in
Form einer kritischen Analyse der eigenen analytischen Voraussetzungen, die sich zunehmend als nicht anwendbar erweisen, wenn tatsächlich diese fremden Denkweisen in ihrem
eigenen Recht "verstanden" werden sollen [30]. Konsequenterweise wird dadurch - in Umkehrung der ursprünglichen Bedingungen - das eigene Wissenschaftsverständnis, die eigenen
Vorgehensweisen in Frage gestellt und der Universalitäts-

anspruch der angewandten Kategorien bestritten, die verbindliche Urteile über "Wissenschaftlichkeit", "Empirie" und "Rationalität" erlauben sollten. [31)] Hier liegt einer der wichtigsten Aspekte beschlossen, der die Ethnosoziologie auch für die übrigen Sozialwissenschaften relevant machen kann und der zwar aus dem Ernstnehmen fremder mentaler Prozesse erwachsen ist, der aber ebensogut auch für andere ethnosoziologische Bereiche - Politik, Ökonomie, Verwandtschaft, etc. - wichtige Konsequenzen haben kann.

Ein gutes Beispiel für divergierende Auffassungen zu dieser Problematik ist die Diskussion um den Stellenwert und die adäquate Interpretation von sogenannten nativistischen und chiliastischen Bewegungen. Als soziale Bewegungen mit häufig weitreichenden politischen Konsequenzen - z.B. wenn sie sich in eine unmittelbare Konfrontation mit kolonialen oder postkolonialen Herrschaftsinstanzen begeben - sind nativistische Bewegungen schon relativ früh aufgefallen, ihre ethnosoziologische Erfassung aber gerade wegen der prominenten Rolle religiöser oder quasi-religiöser Elemente in Ideologie, Symbolik oder Habitus der Anhänger nicht gerade einfach. In einer nahezu klassischen Formulierung hatte R. LINTON (1943) solche Bewegungen bestimmt als "any conscious, organized attempt on the part of society's members to revive or perpetuate selected aspects of its culture" (LINTON, 1943, S. 230). Eine solche Definition weist alle Merkmale einer weitgehenden Vernachlässigung "innerer" Interpretationsmomente auf, insofern sie nicht nur "äußere" Erkennungsmerkmale (Bewußtheit, Organisiertheit), sondern auch ein weitgehend undifferenziertes und ganzheitlich begriffenes analytisches Abstraktum (Kultur einer Gesellschaft) zum Gegenstand des Nativismus erklärt.

In seiner Kritik an der Definition LINTONs hat MÜHLMANN (1964) versucht, die Notwendigkeit einer erklärungsrelevanten Einbeziehung des Standpunktes der Anhänger und Mitglie-

der einer nativistischen Bewegung selbst einzubeziehen, sie
zum eigentlich bestimmenden Moment zu machen. Schon die rein
"äußeren" (Form-) Kriterien erweisen sich danach als fehler-
haft: die Bewußtheit und die Organisation schließen zentrale
Merkmale einer solchen sozialen Bewegung von vorneherein aus
- die Un-Bewußtheit und die Spontaneität, die in dem Maße
wichtig werden, als eine nativistische Bewegung tatsächlich
den Charakter einer nicht-institutionalisierten Variante
kollektiven Handelns trägt. Auch für die Zielsetzungen nati-
vistischer Bewegungen ist - nach MÜHLMANN - die Bestimmung
LINTONs nicht zutreffend, nämlich gerade die Selbstinterpretation der angesprochenen kulturellen Elemente durch die
Mitglieder der Bewegung, "so wie die betreffenden Menschen
diese verstehen". [32] Hier ist der eigentliche Ansatzpunkt
einer adäquaten ethnosoziologischen Sicht, denn vor diesem
Hintergrund sind auch nativistische Bewegungen keineswegs
einfach Unternehmen der "Revitalisierung" - es geht vielmehr
um tatsächliche mentale Leistungen, um Interpretationsarbeit
der Betroffenen, um "einen kollektiven Aktionsablauf, der
von dem Drang getragen ist, ein durch überlegene Fremdkultur
erschüttertes Gruppen-Selbstgefühl wiederherzustellen durch
massives Demonstrieren eines eigenen Beitrages" (MÜHLMANN,
1964, S. 11 f.). Dieser Aspekt macht auch die besondere Rolle religiöser Momente in diesem Kontext verständlich: sie
wirken als bedingungen und Material der Interpretation durch
die Betroffenen selbst, sollen ihnen die Mittel zur Verfügung stellen, ein vorwiegend politisches Anliegen durch diese religiösen Momente zu verdeutlichen: das Ziel der "peren-
nierenden Revolution" (MÜHLMANN), einer Auflehnung gegen
vielfältige Unterwerfung und Überlagerung durch exogene
herrschaftliche Kräfte und deren Begründungen. [33] Gerade
diese Bedingungen haben gelegentlich dazu geführt, daß die
i.e.S. politischen (z.B. organisatorischen) Komponenten solcher Bewegungen scheitern, während die definitiv religiösen
Komponenten bestimmter Handlungs- und Glaubensmuster sich
durchsetzen können. [34]

Solche Analysen, die wesentlich auf den Selbstinterpreta-
tionen und den eigenen logischen Argumenten dieser Bewegungen aufbauen, die sie entsprechend nachzuvollziehen und zu
"verstehen" suchen, werden allerdings in einer Ethnosoziologie der Religion wohl stets in Ergänzung gesehen werden müssen zu Arbeiten, die sich abstrakter analytischer Raster be-
dienen und diese in einem systematisch transkulturellen Ver-
gleichsmodell zu interpretieren versuchen. [35]

1) Vgl. dazu vor allem TYLOR 1871, insbes. das 11. Kapitel,
   in dem TYLORs Animismus-Theorie entwickelt wird.

2) "Tylor's error was not that he imputed the possibility of
   logical inference to primitive peoples, but that he assumed that they arrived at their religious beliefs by means
   of it" (LIENHARDT, 1971, S. 387).

3) "Eine Gesellschaft kann nicht entstehen, noch sich erneu-
   ern, ohne gleichzeitig Ideales zu erzeugen. (...) Die
   ideale Gesellschaft steht nicht außerhalb der wirklichen
   Gesellschaft; sie ist ein Teil von ihr; (...). Denn eine
   Gesellschaft besteht nicht einfach aus der Masse von Individuen, aus denen sie sich zusammensetzt, (...) sondern
   vor allem aus der Idee, die sie sich von sich selbst
   macht. (...). Es ist keinesfalls zutreffend, daß das kollektive Ideal, das die Religion ausdrückt, durch irgend-
   eine innewohnende Kraft des Individuums entsteht, vielmehr lernt das Individuum eher in der Schule des kollektiven Lebens zu idealisieren. Indem der Mensch die Ideale
   aufnimmt, die durch die Gesellschaft erarbeitet worden
   sind, wird er fähig, das Ideale zu erfassen". (DURKHEIM,
   1981, S. 566 f.).

4) M. SPIRO hat diese Abstraktionen DURKHEIMs prägnant kritisiert: "Most functional definitions of religion are essentially a subclass of real definitions in which functional variables (the promotion of solidarity, and the
   like) are stipulated as the essential nature of religion.
   But whether the essential nature consists of a quantitive
   variable (such as 'the sacred') or a functional variable
   (such as social solidarity), it is virtually impossible
   to set any substantive boundary to religion and, thus, to
   distinguish it from other sociocultural phenomena" (SPI-
   RO, 1966, S. 89 f.). Dementsprechend kehrt SPIRO selbst
   zu einer an TYLOR angelehnten substantiellen Definition
   zurück ("... an institution of culturally patterned interaction with culturally postulated superhuman beings"
   (SPIRO, 1966, S. 96).

5) Siehe dazu die Kritiken von RADCLIFFE-BROWN in seinen Arbeiten über: "Taboo", "Religion and Society" und "The sociological Theory of Totemism" (RADCLIFFE-BROWN, 1952, S.
   117 - 177) und von LÉVI-STRAUSS, 1965, Vgl. auch die
   Stellungnahme von A. GOLDENWEISER, 1965.

6) BEATTIE (1966, S. 203) zieht damit die Konsequenz aus der
   Kritik an DURKHEIMs universalen Kriterien im Rahmen einer
   Entwicklung der Diskussion, die hier nur angedeutet werden kann, und die sich großenteils in der britischen "social anthropology" vollzieht.

7) Freilich handelt es sich dabei eben um Ziele und Situationen außerhalb der Magie selbst (also: psychische, soziale oder strukturelle Ziele), wodurch deutlich wird,
daß auch bei dieser Interpretationsweise den magischen
Handlungen quasi "von außen" zu einer nachvollziehbaren
Rationalität verholfen werden soll.

8) Vgl. zur Kritik an MALINOWSKIs Magie-Konzept auch ROSEN-
GREN 1976 und NADEL 1957.

9) Dieser Folgerung liegen Differenzen zugrunde zwischen den
Auffassungen von MALINOWSKI und RADCLIFFE-BROWN. Vgl. dazu: HOMANS 1965.

10) Vgl. dazu: EVANS-PRITCHARD 1929, 1931 und 1937.

11) "In der konkretesten Bedeutung bezeichnet 'tsav' die Zau-
bersubstanz des Herzens ... (..). Zu Lebzeiten kann diese
Substanz, und daher die Gabe der Zauberkraft, nur vermutet werden. Sie wird einem Mann zugesprochen, wenn
Schicksal und Auftreten dieses Mannes jene Fähigkeit,
Macht, Talent und Ausstrahlungskraft beweisen, die sowohl
'tsav' als solches als auch dessen Manifestationen sind.
(...). Wo Glück und Unglück, wo die Erlangung politischen
und sozialen Einflusses oder auch die unmittelbare Gefahr
der Verbannung wegen Abnormität des persönlichen Verhal-
tens oder der Lebensweise, wo sowohl ungewöhnlicher
Reichtum als auch ungewöhnliche Armut Manifestationen des
Wirkens von 'tsav' sind, besteht die einzige entscheidende Frage darin, wessen 'tsav' in welchem Maß zu welchem
Zweck wirksam ist" (BOHANNAN, 1966, S. 293 f.).

12) Vgl. auch NADEL 1952 und MARWICK 1964.

13) Hier wäre z.B. die Magie-Auffassung von J. Frazer (The
Golden Bough, 12 Bde., 3. Aufl. London 1911 - 15) zu nennen, auf die nicht näher eingegangen zu werden braucht.

14) So vor allem: BEATTIE, 1975, S. 224. Hier schließt BEATTIE
an   die inhaltliche Definition von Religion durch TYLOR
an.

15) Siehe z.B. die Situation in Tikopia, die Firth gründlich
analysiert hat (FIRTH 1957 und 1959).

16) Siehe dazu OBERG, 1940; STENNING, 1960; STEINHART, 1978;
SERVICE, 1977, S. 162 - 172.

17) Vgl. zur Schilderung eines entsprechenden Falles in Indonesien: GOETZE, 1976, S. 215 ff.

18) Vgl. zum folgenden TURNER, 1967, S. 280 ff.

19) Die scharfen Spitzen der Astgabeln und das weiße Holz

symbolisieren die Sichtbarkeit, der Grasschurz das Gras, in dem sich die Tiere verstecken, der Termitenbau und das Grab des Jägers die männliche Sexualität und Fruchtbarkeit. Diese symbolischen Einzelausdrücke stehen zueinander in einem Verhältnis der wechselseitigen Überlappung und Verstärkung. Z.B. ist Weiß nicht nur als Reinheit und klare Sichtbarkeit, sondern auch als Bezug auf Stärke und Männlichkeit gemeint, die Einzelausdrücke erzielen also eine Komplementarität, die in verallgemeinerte symbolische Themen als abstrakte Sinngebungen einmündet.

20) In: DOUGLAS, 1975, S. 9 - 26.

21) Zu solchen älteren Ansätzen gehören nicht nur die Arbeiten MALINOWSKIs, die freilich ein relativ abstraktes Argumentationsniveau erreicht haben, sondern vor allem solche, die sich ausdrücklich auf die instrumentalistische Magie-Theorie FRAZERs berufen.

22) Vor allem die bereits erwähnten Arbeiten von TURNER und DOUGLAS, aber auch TAMBIAH, 1968, und MUNN, 1973.

23) Vgl. MUNN, 1973, S. 593.

24) In: LÉVI-STRAUSS, 1969, S. 204 - 225.

25) "Er meistert seine 'Geister', in dem Sinn, daß er als menschliches Wesen eine Verbindung mit den Toten, den 'Dämonen' und den 'Naturgeistern' zustandebringt, ohne sich dazu in ihr Instrument verwandeln zu müssen" (ELIADE, o.J., S. 15).

26) Siehe dazu: ELIADE, o.J., FINDEISEN, 1957 und 1958, JOHANSEN, 1967, MÜHLMANN, 1981, NIORADZE, 1925 und OHLMARKS, 1939.

27) "Nun gehört die Untersuchung von echten und vorgetäuschten psychischen Ausnahmezuständen zu den schwierigsten Aufgaben der Psychologen, die Grenze zwischen beiden ist oft kaum zu bestimmen. Wir können aber sagen, daß eine allmähliche Entartung zu bloßer "Technik" geradezu eine nicht-umkehrbare Entropie aller ritualisierten Handlungen ist; weshalb MIRCEA ELIADEs Definition des Schamanismus als "Ekstasetechnik" besonders verfänglich ist; denn "Technik" schließt genau diesen entropischen Prozeß mit ein. Nur in idealtypischer Reinheit ist die Trance ein völlig spontaner Vorgang." (MÜHLMANN, 1981, S. 25).

28) MÜHLMANN bedient sich der "phänomenologischen Reduktion", was zunächst einmal die Ausklammerung der Frage bedeutet, ob z.B. die Geister, die in schamanischer Trance beschworen werden, existieren oder nicht: "Von der gewöhnlichen Beobachtungsmethode unterscheidet sich dieses Verständnis dadurch, daß ich die in den Elementargedanken steckenden

Wirklichkeitserlebnisse von Millionen Menschen ernst -
nehme, auch wenn mein 'aufgeklärtes' Wissen sich dagegen sträubt. (...) mein Verstehen soll kein äußer-
liches Auffassen sein, sondern ein 'Dafür stehen', ein
Ergreifen von innen her .." (MÜHLMANN, 1981, S. 17).

29) Vgl. zu dieser Thematik v.a. KIPPENBERG und LUCHESI
1978.

30) Diesem Urteil verfällt notwendigerweise auch einer der
bekanntesten solchen Interpretationsversuche, nämlich:
LÉVI-STRAUSS, 1966.

31) Die ganze Diskussion müßte allerdings auch Rücksicht
nehmen auf die neueren Ergebnisse und Auseinandersetzungen um die Frage der Einflüsse von physiolo-
gisch-organischen Bedingungen (z.B. das sog.
"split-brain research") auf mentale Prozesse und damit
kulturelle Interpretationsspezifika (vgl. dazu: PARE-
DES und HEPBURN 1976, MORRISON und DURRENBERGER 1976,
HARNAD und STEKLIS 1976, KLEIN 1983, HO 1983).

32) MÜHLMANN, 1964, S. 10. Die Kritik MÜHLMANNs an der
Charakterisierung dieser Bewegungen durch LINTON als
"Versuche" ist freilich nicht uneingeschränkt zuzu-
stimmen, denn es handelt sich tatsächlich um "Versuche" in einem abstrakten Sinn: ob er gelungen ist oder
nicht, entscheiden nicht die betroffenen Menschen,
sondern in strenger Auslegung von LINTONs Überlegungen
ausschließlich die beobachtenden Sozialwissenschaftler.

33) In diesem Sinne kann die offene religiöse Intention zahl-
reicher Bewegungen unter dem von MÜHLMANN präsentier-
ten Material (z.B. nordamerikanischer Prophetismus,
religiöse Bewegungen in Südafrika, u.a.) ebensowenig
überraschen, wie die religiöse Sprache und Symbolik,
die in anderen nativistischen Bewegungen deutlich wird
(z.B. auch bei den Cargo-Kulten in Melanesien).

34) So z.B. anscheinend bei der Mau Mau Bewegung im kolo-
nialzeitlichen Kenya (vgl. MÜHLMANN 1961 und die Interpretation durch WILSON, 1973, S. 267).

35) So ist etwa das konsequent religionssoziologische Pen-
dant zum Werk MÜHLMANNs (1964) die umfangreiche Arbeit
von WILSON (1973).

Literaturverzeichnis

ABERLE, D. F.: The influence of linguistics on early culture and personality theory. in: G. E. DOLE/R. L. CARNEIRO (Hg.), Essays in the science of culture. New York 1960, S. 1 - 29.

ADORNO, T. et al.: Studies in Prejudice. Bd. I - III, V, New York 1950. Dt.: Der autoritäre Charakter. 2 Bde. Frankfurt 1969.

ALLAND, A.; B. MC CAY: The concept of adaptation in biological and cultural evolution. in: J. J. HONIGMAN (Hg.), Handbook of social and cultural anthropology. Chicago 1973, S. 143 - 178.

ALLPORT, G. W.: The Nature of Prejudice. New York 1954. Dt.: Die Natur des Vorurteils. Köln 1971.

ANDERSON, J. N.: Ecological anthropology and anthropological ecology. in: J. J. HONIGMANN (Hg.), Handbook of social and cultural anthropology. Chicago 1973, S. 179 - 240.

ARBEITSGRUPPE BIELEFELDER SOZIOLOGEN (Hg.): Alltagswissen, Interaktion und gesellschaftliche Wirklichkeit. 2 Bde. Hamburg 1973.

AZZI, C.: More on India's sacred cattle. in: Current Anthropology. Bd. 15 1974, S. 317 - 321.

BARASH, D. P.: Soziobiologie und Verhalten. Berlin/Hamburg 1980.

BEATTIE, J.: Other cultures. Aims, methods and achievements in social anthropology. London 1966.

BECKER, H.; L. v. WIESE: Systematic Sociology. New York 1932.

BENNETT, J. W.: On the cultural ecology of Indian cattle. in: Current Anthropology. Bd. 3, 1967, S. 251 - 252.

BENNETT, J. W.: The ecological transition: Cultural anthropology and human adaptation. Oxford 1976.

BENEDICT, R.: Continuities and Discontinuities in Cultural Conditioning. in: Psychiatry 1938, S. 161 - 168.

BENEDICT, R.: Urformen der Kultur. Reinbek 1955.

BERGER, P.; H. KELLNER: Die Ehe und die Konstruktion der Wirklichkeit. in: Soziale Welt 1965, S. 220 - 238.

BERGHE van den, P.: Distance Mechanisms of Stratification. in: A. RICHMOND (ed.), Readings in Race and Ethnic Relations. Oxford/New York 1972, S. 210/219.

BERGHE van den, P.: Race and Racism. New York 1967.

BERLIN, B.: A universalistic - evolutionary approach to ethnographic semantics. in: A. FISHER (Hg.), Current directions in anthropology, Bulletin of the American Anthropological Association 1970, Bd. 3, No. 3, Pt. 2. S. 3 - 18.

BERNSTEIN, B.: Studien zur sprachlichen Sozialisation. Düsseldorf 1972.

BERREMAN, G.: Behind many Marks: Ethnograph and Impression Management in a Himalayan Village. Ithaca 1962.

BERREMAN, G.: Ethnography: Method and Product. in: J. CLIFTON (ed.), Introduction to Cultural Anthropology. Boston 1968, S. 338 - 372.

BISCHOF, N.: Die biologischen Grundlagen des Inzesttabus. in: W. WICKLER/U. SEIBT (Hg.), Vergleichende Verhaltensforschung. Hamburg 1973, S. 433 - 484.

BLALOCK, H. M.: Race and ethnic Relations. Englewood Cliffs 1982.

BLAU, P.: Eine Theorie der sozialen Integration. in: H. HARTMANN (Hg.), Moderne amerikanische Soziologie. Stuttgart 1967, S. 203 - 218.

BLAU, P. M.; O. D. DUNCAN: The American Occupational Structure. New York 1967.

BOAS, F.: Introduction. in: F. BOAS (ed.), Handbook of American Indian Languages. Bureau of American Ethnology. Bull. 40, 1911, S. 1 - 83.

BOAS, F.: Race, Language and Culture. New York 1940.

BOAS, F.: Race, Language and Culture. New York 1966.

BOAS, F.: The limitations of the comparative method of anthropology. in: P. J. BOHANNAN/M. GLAZER (Hg.), High points in anthropology. New York 1973, S. 84 - 92. (urspr. 1896, in: Science Bd. 4, Nr. 103).

BOAS, F.: The Mind of primitive Man. New York 1938.

BOAS, F.: The mind of primitive man. in: Journal of American Folklore 1901. Bd. 14, S. 1 - 11.

BOHANNAN, L.: Der angsterfüllte Zauberer. in: W. E. MÜHL-
MANN/E. W. MÜLLER (Hg.), Kulturanthropologie. Köln - Berlin
1966, S. 286 - 303.

BOHANNAN, L.: Politische Aspekte der sozialen Organisation
der Tiv. in: F. KRAMER/C. SIGRIST (Hg.), Gesellschaften ohne
Staat. Bd. 1: Gleichheit und Gegenseitigkeit. Frankfurt
1978, S. 201 - 236.

BOHNEN, A.: Zur Kritik des modernen Empirismus. Beobachtungssprache, Beobachtungstatsachen und Theorien. in: H.
ALBERT (Hg.), Theorie und Realität. Tübingen 2/1972, S. 171
- 190.

BOUDON, R.: Widersprüche sozialen Handelns. Neuwied/Darm-
stadt 1979.

BRANDSFORD, J. D. et al.: Sentence memory: A Constructive
versus interpretative approach. in: Psychology 1972. S. 193
- 209.

BULMER, R.: Political aspects of the   Moka ceremonial exchange systems among the Kyaka people of the Western High-
lands of New Guinea. in: Oceania 1960. Bd. 31, S. 1 - 13.

BURLING, R.: Cognition and componential analysis: God's
truth of Hocus-Pocus. in: R. A. MANNERS/D. KAPLAN (Hg.),
Theory in Anthropology. London 1968, S. 514 - 522.

BURLING, R.: Maximization theories and the study of economic
anthropology. in: American Anthropologist 1962, Bd. 64, S.
802 - 821.

CAHNMAN, W. J.: Intermarriage and Jewish life. The Herzl
Press 1963.

CARNEIRO, R. L.: Eine Theorie zur Entstehung des Staates.
in: K. EDER (Hg.), Seminar: Die Entstehung von Klassenge-
sellschaften. Frankfurt/M. 1973 a, S. 114 - 152.

CARNEIRO, R. L.: The four faces of evolution. in: J. J.
HONIGMAN (Hg.), Handbook of social and cultural anthropology. Chicago 1973 b, S. 89 - 110.

CARPENTER, P. A.; A. M. JUST: Sentence Comprehensions: Psy-
cholinguistic Precessing Model of Verification. in: Psychological Review 1975. S. 45 - 73.

CICOUREL, A. V.: Sprache in der sozialen Interaktion. München 1975.

CLAESSEN, H. J. M.: The balance of power in primitive states. in: S. L. SEATON/H. J. M. CLAESSEN (Hg.), Political anthropology: the state of the art. Den Haag 1979, S. 183-196.

CLAESSENS, D.: Das Konkrete und das Abstrakte. Soziologische Skizzen zur Anthropologie. Frankfurt 1980.

CLAESSENS, D.: Gruppe und Gruppenverbände. Systematische Einführung in die Folgen der Vergesellschaftung. Darmstadt 1977.

CODERE, H.: Fighting with property. Seattle 1950.

COHEN, R.: Political anthropology. in: J. J. HONIGMAN (Hg.), Handbook of social and cultural anthropology. Chicago 1973, S. 861 - 883.

COMTE, A.: Cours de philosophie positive. 6 Bde. Paris 1869.

CONKLIN, H. C.: Hanunóo color categories. in: Southwestern Journal of Anthropology 1955. Bd. 11, S. 339 - 344.

CONZE, W. (Hg.): Sozialgeschichte der Familie in der Neuzeit Europas. Stuttgart 1976.

COOK, S.: The obsolete 'anti-market' mentality: A critique of the substantive approach to economic anthropology. in: American Anthropologist 1966. Bd. 86, S. 1 - 25.

COOK, S.: Production, ecology and economic anthropology: Notes toward an integrated frame of reference. in: Social Science Information 1973. Bd. 12/1, S. 25 - 52.

CURRIE, J. D.: The Sapir-Whorf-Hypothesis: A problem in the sociology of knowledge. in: Berkeley Journal of Sociology 1966, Bd. 2, S. 14 - 31.

DALTON, G.: A note on clarification on economic surplus. in: American Anthropologist 1960. Bd. 62, S. 489 - 490.

DALTON, G.: Economic surplus once again. in: American Anthropologist 1963. Bd. 65, S. 389 - 394.

DALTON, G.: Theoretical issues in economic anthropology. in: Current Anthropology 1969. Bd. 10, S. 63 - 102.

DASHEFSKY, A.: And the Search goes on: The Meaning of Religio-ethnic Identity and Identification. in: Sociological Analysis 1972. S. 239 ff.

DASHEFSKY, A.; H. SHAPIRO: Ethnicity and Identity. in: A. DASHEFSKY (ed.), Ethnic Identity in Society. Chicago 1976, S. 5 - 11.

DAVENPORT, W.: The Family System in Jamaica. in: P. BOHANNAN/J. MIDDLENTON (eds.), Marriage, Family and Residence. New York 1968, S. 254 - 278.

DEESE, J.: Psycholinguistics. Boston 1970.

DEVEREUX, G.: Angst und Methode in den Verhaltenswissen-
schaften. München 1967.

DIRKS, R.: Social responses during severe food shortages and
famine. in: Current Anthropology 1980. Bd. 21, S. 21 - 44.

DIVALE, W. T.; M. HARRIS: Population, Warfare and the male
supremecist complex. in: American Anthropologist 1976. Bd.
78, S. 521 - 538.

DOUGLAS, M.: Purity and danger. London 1966.

DOUGLAS, M.: Implicit meanings. London 1975.

DRIVER, H. E.: Cultural diffusion. in: R. NAROLL/F. NAROLL
(Hg.), Main currents in cultural anthropology. New York
1973, S. 157 - 184.

DRIVER, H. E.; R. P. CHANEY: Cross - cultural sampling and
Galton's problem. in: R. NAROLL/R. COHEN (Hg.), A Handbook
of Method in Cultural Anthropology. New York 1970, S. 990 -
1003.

DRUCKER; P.: The potlatch. in: G. DALTON (Hg.), Tribal and
peasant economies. Garden City 1967, S. 481 - 493.

DURKHEIM, E.: Der Selbstmord. Neuwied/Berlin 1973.

DURKHEIM, E.: Die elementaren Formen des religiösen Lebens.
Frankfurt/M. 1981.

DURKHEIM, E.: La prohibition l'inceste. in: Anneé sociologi-
que 1898, S. 1 - 70.

DURKHEIM, E.: Über die Teilung der sozialen Arbeit. Frankfurt 1977.

ECCLES, J.: Facing Reality. Berlin/Heidelberg/New York 1970.

EIBL-EIBESFELDT, I.: Grundriß der vergleichenden Verhaltensforschung. München [6]1980.

EISENSTADT, S. V.: From Generation to Generation: Age Groups
and Social Structure. Glencoe 1956. Dt.: Von Generation zu
Generation, München 1966.

ELIADE, M.: Schamanismus und archaische Ekstasetechnik. Zü-
rich o.J.

ELIAS, N.: Über den Prozeß der Zivilisation. 2 Bde. Frankfurt 1976.

ELLEN, R. F.: Problems and progress in the ethnographic analysis of small-scale human ecosystems. in: Man 1978. Bd. 13,
S. 290 - 303.

ESSER, H.: Zum Problem der Entstehung und Stabilisierung
ethnischer Schichtungen. in: 21. Deutscher Soziologentag
1982. Beiträge der Sektions - und ad hoc-Gruppen. Opladen
1983, S. 714 - 718.

EVANS-PRITCHARD, E. E.: Die Nuer im südlichen Sudan. in: F.
KRAMER/C. SIGRIST (Hg.), Gesellschaften ohne Staat. Bd. 1:
Gleichheit und Gegenseitigkeit. Frankfurt/M. 1978, S. 175 -
200.

EVANS-PRITCHARD, E. E.: Exogamus Rules among the Nuer. in:
Man 1935. S. 11 ff.

EVANS-PRITCHARD, E. E.: Social anthropology and other essays. New York 1962.

EVANS-PRITCHARD, E. E.: Sorcery and native opinion. in: Africa 1931. Bd. 4, S. 23 - 28.

EVANS-PRITCHARD; E. E.: The Nuer. Oxford 1940.

EVANS-PRITCHARD, E. E.: Witchcraft amongst the Azande. in:
Sudan Notes and Records 1929. Bd. 12, S. 163 - 249.
(auszugsweise in: M. MARWICK (Hg.), Witchcraft and sorcery.
Harmondsworth 1975, S. 27 - 37).

EVANS-PRITCHARD, E. E.: Witchcraft, oracles and magic among
the Azande. London 1937.

FINDEISEN, H.: Schamanentum. Stuttgart 1957.

FINDEISEN, H.: Sibirisches Schamanentum und Magie. Augsburg
1958 (2. Aufl.).

FIRTH, R. W.: Economics of the New Zealand Maori. Wellington
1959 b.

FIRTH, R. W.: Primitive economics of New Zealand Maori. New
York 1929.

FIRTH, R. W.: Primitive Polynesian economics. London 1939.
FIRTH, R. W.: Social Change in Tikopia. Restudy of a Polynesian Community after a Generation. London 1959 a.

FIRTH, R. W.: We, The Tikopia. London 1936.

FISHER, E.: Minorities and Minority Problems. New York 1980.

FISHMAN, J. A.: A systematization of the Whorfian hypothe-
sis. in: E. E. SAMPSON (Hg.), Approaches, contexts and prob-

lems of social psychology. Englewood Cliffs 1964, S. 27 - 43.

FLANDRIN, J.: Familien. Soziologie, Ökonomie, Sexualität. Frankfurt 1978.

FORDE; C. D.: Habitat, economy and society. London 1971 (14. Aufl.).

FORTES, M.: The dynamics of clanship among the Tallensi. London 1945.

FORTES, M.; E. E. EVANS-PRITCHARD (Hg.): African Political Systems. London 1940.

FRAKE, C. O.: The diagnosis of discase among the Subanun of Mindanao. in: American Anthropologist 1961. Bd. 63, S. 113 - 132.

FRAKE; C. O.: The ethnographic study of cognitive systems. in: R. A. MANNERS/D. KAPLAN (Hg.), Theory in Anthropology. London 1968, S. 507 - 513.

FRASER, J. G.: The golden bough. A study in magic and religion. 12 Bde. London 1911 - 1915 (3. Aufl., 1. Aufl. 1890).

FREEMAN, D.: Liebe ohne Aggression. Margret Meads Legende von der Friedfertigkeit der Naturvölker. München 1983.

FREILICH, M.: Marginal Natives: Anthropologists at Work. New York 1970.

FREUD, S.: Sexualleben. Bd. V der Studienausgabe. Frankfurt/M. 1972.

FRIEDL, E.: Women and men. An anthropologist's view. New York 1975.

FRIED; M. H.: The evolution of political society. An essay in political anthropology. New York 1967.

FRIED, M. H.; M. HARRIS; R. MURPHEY (Hg.): Der Krieg. Zur Anthropologie der Aggression und des bewaffneten Konflikts. Frankfurt/M. 1971.

FRIEDMAN, J.: Marxism, structuralism and vulgar materialism. in: Man 1974. Bd. 9, S. 444 - 469.

FRIEDMAN, J.: Hegelian ecology: Between Rousseau and the World Spirit. in: P. BURNHAM; R. F. ELLEN (Hg.), Social and ecological systems. London 1979, S. 253 - 270.

FUCHS, W.: Art. Legitimität. in: W. FUCHS u.a. (Hg.), Lexikon zur Soziologie. Opladen 1973, S. 396.

GANNEP, van, A.: Les rites de passage. Paris 1904.

GIPPER, H.: Gibt es ein sprachliches Relativitätsprinzip? Untersuchungen zur Sapir-Whorf-Hypothese. Frankfurt/M. 1972.

GLUCKMAN, M.: Introduction. in: A. L. EPSTEIN (Hg.), The craft of anthropology. London 1967.

GLUCKMAN, M.: Les rites de passaqe. in: D. FORDE et al. Essays on the Ritual of Social Relations. Manchester 1962.

GLUCKMAN, M.: Politics, law and ritual in tribal society. Chicago 1965.

GOETZE, D.: Castro, Nkrumah,Sukarno. Berlin 1976.

GOETZE, D.: Die Staatstheorie von Ludwig Gumplowicz. Heidelberg 1969 (Phil. Diss.).

GOETZE, D.: Soziokulturelle Implikationen technologischer Wandlungsprozesse: Bilanz und theoretische Ausblicke einer Sektionsdiskussion. in: 21. Deutscher Soziologentag 1982. Beiträge der Sektions- und ad hoc-Gruppen. Opladen 1983, S. 26 - 31.

GOLDENWEISER, A.: Religion and society: A critique of Emile Durkheim's theory of the origin and nature of religion. in: W. A. LESSA/E. Z. VOGT (Hg.), Reader in comparative religion. New York 1965 (2. Aufl.), S. 65 - 72.

GOLDSTEIN, S.; C. GOLDSCHNEIDER: Jewish Americans. New York 1968.

GOODE, V. J.: Illegitimacy in the Caribean Social Structure. in: American Sociological Review 1959, S. 21 - 30.

GOODE, W. J.: Soziologie der Familie. München 1967.

GOODENOUGH, W.: Description and Compension in Cultural Anthropology. Chicago 1970.

GOUGH, K. E.: Is the Family universal? The Nayar Case. in: N. BELL/E. F. VOGEL (eds.), A Modern Introduction to the Family. New York/London 1968, S. 80 - 96.

GREUEL, P. J.: The leopard-skin chief: An examination of political power among the Nuer. in: American Anthropologist 1971. Bd. 73, S. 1115 - 1120.

GRIERSON, P. J. H.: The silent trade. in: G. DALTON (Hg.), Research in Economic Anthropology 1980. Bd. 3, S. 1 - 74.

HABERLAND, E. (Hg.): Leo Frobenius. Wiesbaden 1973.

HAIGHT, B.: A note on the leopard-skin chief. in: American Anthropologist 1972. Bd. 74, S. 1313 - 1318.

HAJNAL, J.: European Marriage Patterns in Historical Perspective. in: D. GLASS/D. EVERSLEY (eds.), Population in History. London 1965, S. 101 - 143.

HARNAD, S. R.; H. D. STEKLIS: Commentary. in: Current Anthropology 1976. Bd. 17, S. 320 - 322.

HARRIS, M.: The economy has no surplus? in: American Anthropologist 1959. Bd. 61, S. 185 - 199.

HARRIS, M.: The nature of cultural things. New York 1964.

HARRIS, M.: The rise of anthropological theory. New York 1968.

HARRIS, M.: The cultural ecology of India's sacred cattle. in: Current Anthropology 1971. Bd. 12, S. 191 - 210.

HARRIS, M.: Cows, pigs, wars and witches. New York 1974 a.

HARRIS, M.: Reply to C. AZZI. in: Current Anthropology 1974b. Bd. 15, S. 323.

HARRIS, M.: Cannibals and Kings. New York 1977.

HARRIS, M.: Cultural materialism: The struggle for a science of culture. New York 1979.

HARRIS, M.: Culture, people, nature. New York 1980 (3. Aufl.).

HARRIS, R. L.: The influence of ecological factors and external relations on the Mbembe tribes of Southeast Nigeria.in: Africa 1962. Bd. 32, S. 38 - 52.

HARRIS, R. L.: The political organization of the Mbembe, Nigeria. London 1965.

HART, C. W. M.; A. R. PILLING: The Tiwi of North Australia. New York 1960.

HERSKOVITS, M. J.: Man and his work. New York 1948.

HO, D. Y. F.: Commentary. in: Current Anthropology 1983. Bd. 24, S. 171.

HOBHOUSE, L. T.; G. C. WHEELER; M. GINSBERG: The material culture and social institutions of the simpler peoples. London 1930.

HOFMEYER - ZLOTNIK, J.: "Gastarbeiter" - Zwischen Ghetto und Integration. in: 21. Deutscher Soziologentag 1982. Beiträge der Sektions- und ad hoc-Gruppen. Opladen 1983. S. 710-714.

HOLLINGSHEAD, A. B.: Cultural Factors in the Selection of Marriage Rates. in: American Sociological Review 1950, S. 627 ff.

HOLY, L.: Segmentary lineage systems reconsidered. The Queen's University Papers in Social Anthropology. Bd. 4, Belfast 1979.

HOMANS, G. C.: Anxiety and ritual: The theories of Malinowski und Radcliffe-Brown. in: W. A. LESSA/E. Z. VOGT (Hg.), Reader in comparative religion. New York 1965 (2. Aufl.) S. 123 - 128.

HONIGMAN , J. J.: The development of anthropological ideas. Homewood 1976.

HÖRMANN, H.:Meinen und Verstehen. Grundzüge einer psychologischen Semantik. Frankfurt 1976.

HORST van der, S.: The effects of Industrialization on Race Relations in South Africa. in: G. HUNTER (ed.) Industrialization and Race Relations. New York/London 1965. S. 126 - 148.

HOSTETLER, J. A.: Amish Society. Baltimore 1963.

HUNTER, G.: South-East Asia. Race, Culture and Nation. Oxford 1966.

HYMES, D. H.: Die Ethnographie des Sprechens. in: Arbeitsgruppe Bielefelder Soziologen o.a. S. 338 - 432.

INGOLD, T.: The social and ecological relations of culture - bearing organisms: An essay in evolutionary dynamics. in: P. BURNHAM/R. F. ELLEN (Hg.), Social and ecological systems. London 1979, S. 271 - 292.

JÄCKEL, U.: Partnerwahl und Eheerfolg. Stuttgart 1980.

JOHANSEN, U.: Zur Methodik der Erforschung des Schamanismus. in: Ural-Altaische Jahrbücher 1967. Bd. 39, S. 207 - 229.

KAPLAN, D.: The law of cultural dominance. in: M. D. SAHLINS/E. R. SERVICE (Hg.), Evolution and culture. Ann Arbor 1960, S. 69 - 92.

KAPLAN, D.: The formal - substantive controversy in economic anthropology: Reflections on its wider implications. in: Southwestern Journal of Anthropology 1968a. Bd. 24, S. 228 - 251.

KAPLAN, D.: The superorganic: Science or metaphysis. in: R. A. MANNERS/D. KAPLAN (Hg.), Theory in Anthropology. London 1968b, S. 21 - 30.

KAPLAN, D.; R. A. MANNERS: Culture theory. Englewood Cliffs 1972.

KARDINER, A.: The Psychological Frontier of Society. New York 1945/[4]1959

KARDINER, A.; R. LINTON: The Individual and his Society. New York 1939.

Kay, P.; W. KEMPTON: What is the Sapir-Whorf-Hypothesis? in: AA, 1984, S. 65 - 79.

KIPPENBERG, H. G.; B. LUCHESI (Hg.): Magie. Die sozialwissenschaftliche Kontroverse über das Verstehen fremden Denkens.Frankfurt/M. 1978.

KIRCHHOFF, P.: The principles of clanship in human society. in: M. FRIED (Hg.), Readings in anthropology. Bd. 2. New York 1959, S. 259 - 270.

KLEIN, S.: Analogy and mysticism and the structure of culture. in: Current Anthropology 1983. Bd. 24, S. 151 - 180.

KLUCKHOHN, C.; C. H. MOWRER: Kultur und Persönlichkeit: ein Begriffsschema. in: C. A. SCHMITZ (Hg.), Kultur. Frankfurt 1963, S. 287 - 320.

KOHLI, M. (Hg.): Soziologie des Lebenslaufs. Neuwied/Darmstadt 1978.

KÖNIG, R.: Navajo - Report 1970 - 1980. Von der Kolonie zur Nation. Neustadt 1980.

KÖNIG, R.: Die Familie der Gegenwart. München 1974.

KRAMER, F.: Die 'social anthropology' und das Problem der Darstellung anderer Gesellschaften. in: F. KRAMER/C. SIGRIST (Hg.), Gesellschaften ohne Staat. Bd. 1: Gleichheit und Gegenseitigkeit. Frankfurt/M. 1978, S. 9 - 27.

KRIGE, J. D.: The social function of witchcraft. in: Theoria 1947. Bd. 1. S. 8 - 21. (abgedr. in: M. MARWICK, Witchcraft and sorcery. Harmondsworth 1975, S. 237 - 251).

KROEBER, A.: The Nature of Culture. Chicago 1952.

KROEBER, A. L.: Cultural and natural areas of native North America. University of California publications in American archaeology and ethnology. Bd. 38. Berkeley 1939.

KROEBER, A. L.: The culture - area and age - area concepts of Clark Wissler. in: S. RICE (Hg.), Methods in social science. Chicago 1931, S. 248 - 265.

KROEBER, A. L.: The nature of culture. Chicago 1952.

KROEBER, A. L.: The superorganic. in: American Anthropologist 1917. Bd. 19, S. 163 - 213.

KROEBER, A. L.; C. KLUCKHOHN: Culture: A critical review of concepts and definitions. Harvard University. Papers of the Peabody Museum of American archaeology and ethnology. New York 1952. Bd. 47, (2. Aufl., New York 1963).

KURTZ, D. V.: Political anthropology: Issues and trends on the frontier. in: S. L. SEATON/H. J. M. CLAESSEN (Hg.), Political anthropology: The state of the art. Den Haag 1979, S. 31 - 62.

LAMBERT, B.: The economic activities of a Gilbertese Chief. in: M. J. SWARTZ/ V. W. TURNER/A. TUDEN (Hg.), Political anthropology. Chicago 1966, S. 155 - 172.

LARSSON, C. : Marriage across the Color line. New York 1963.

LASLET, P.: The Family as a public and primitive institution: An historical perspective in: Journal of Marriage and the Family 1973. S. 104 - 126.

LAYARD, J.: Familie und Sippe. in: Institutionen in primitiven Gesellschaften. Frankfurt/M. 1967, S. 59 - 75.

LEACH, E.: Rethinking Anthropology. London 1961.

LEACH, E. R.: Political systems of Highland Burma. London 1964 (2. Aufl.).

LEACOCK, E.: Women's status in egalitarian society. Implications for social evolution. in: Current Anthropology 1978. Bd. 19, S. 247 - 275.

LE CLAIR, E.; H. SCHNEIDER (Hg.): Economic anthropology: Readings in theory and analysis. New York 1968.

LENSKI, G.: The Religious Factor. New York 1961.

LÉVI-STRAUSS, C.: Das Ende des Totemismus. Frankfurt/M. 1965.

LÉVI-STRAUSS, C.: Das wilde Denken. Frankfurt/M. 1966.

LÉVI-STRAUSS, C.: Les structures élémentaires de la parenté. Paris 1949. dt.: Die elementaren Strukturen der Verwandtschaft. Frankfurt 1981.

LÉVY-STRAUSS, C.: The social and psychological aspects of chieftainship in a primitive tribe: The Nambikwara of Northwestern Mato Grosso. in: R. COHEN/J. MIDDLETON (Hg.), Comparative political systems. Garden City 1967, S. 45 - 62.

LÉVY, R.: Der Lebenslauf als Statusbiographie. Stuttgart 1977.

LÉVY-BRUHL, L.: Le surnaturel et la nature dans le mentalite´primitive. Paris 1931.

LIEBERSOHN, J.: Stratification and Ethnic Groups. in: A. RICHMOND (ed.), Readings in Race and Ethnic Relations. Oxford/New York 1972, S. 199 - 209.

LIENHARDT, G.: Religion. in: H. L. SHAPIRO (Hg.), Man, culture and society. Oxford 1971 (3. Aufl.), S. 382 - 401.

LINDESMITH, A. R.; A. STRAUSS: Zur Kritik der "Kultur- und Persönlichkeitsstruktur"-Forschung. in: E. TOPITSCH (Hg.), Logik der Sozialwissenschaften. Köln/Berlin 1976, S. 435 - 453.

LINTON, R.: Age and Sex Categories. in: American Sociological Review 1942. S. 589 - 603.

LINTON, R.: Nativistic movements, in: American Anthropologist 1943, Bd. 45, S. 230 - 240.

LINTON, R.: The Cultural Background of Personality. New York 1945. Auszugsweise Übersetzung in: H. HARTMANN (Hg.), Amerikanische Soziologie, Stuttgart 1967, S. 250 - 254.

LINTON, R.:The Study of Man. New York 1936.

LLOYD, P. C.: The political structure of African Kingdoms. in: M. BANTON (Hg.), Political Systems and the distribution of power. London 1965, S. 63 - 109.

LLOYD, P. C.: Conflict theory and Yoruba Kingdoms. in: I. M. LEWIS (Hg.), History and social anthropology. London 1968, S. 25 - 62.

LOWIE, R. H.: Primitive Society. New York 1924.

LOWIE, R. H.: The Crow Indians. New York 1935.

LOWIE, R. H.: The History of ethnological Theory. New York 1937.

LOWIE, R. H.: The origin of the state. New York 1927.

LUSTIG- ARECCO, V.: Technology. Strategies for survival. New York 1975.

MAGET, M.: Problèmes d'Ethnographie Européenne. in: J. Poirier (ed.), Ethnologie générale. Paris 1968, S. 1247 - 1336.

MAINE; H. G.: Ancient law. London 1861.

MAIR, L. P.: Primitive government. A study of traditional political systems in Eastern Africa. London 1977 (4. Aufl.).

MALINOWSKI, B.: Argonauten des westlichen Pazifik. Frankfurt/M. 1979. (engl. orig.: Argonauts of the Western Pacific, London 1922).

MALINOWSKI, B.: Der Ringtausch von Wertgegenständen auf den Inselgruppen Ost-Neuguineas. in: F. KRAMER/C. SIGRIST (Hg.), Gesellschaften ohne Staat. Bd. 1: Gleichheit und Gegenseitigkeit. Frankfurt/M. 1978a, S. 57 - 69.

MALINOWSKI, B.: Eine wissenschaftliche Theorie der Kultur. Frankfurt/M. 1975.

MALINOWSKI, B.: Gegenseitigkeit und Recht. in: F. KRAMER/C. SIGRIST (Hg.), Gesellschaften ohne Staat. Bd. 1: Gleichheit und Gegenseitigkeit. Frankfurt/M. 1978b, S. 135 - 149.

MALINOWSKI, B.: Korallengärten und ihre Magie. Bodenbestellung und bäuerliche Riten auf den Trobriand-Inseln. Herausgegeben von F. KRAMER, Frankfurt/M. 1981.

MALINOWSKI, B.: Magie, Wissenschaft und Religion und andere Schriften. Frankfurt/M. 1973.

MALINOWSKI, B.: Parenthood, the Basis of Social Structure. in: V. F. CALVERTON/S. D. SCHMALHAUSEN (eds.), The New Generation. New York 1930, S. 137 - 138.

MANDEL, E.: Marxistische Wirtschaftstheorie. Bd. 1 und 2, Frankfurt/M. 1972.

MANNERS, R. A.; D. KAPLAN (Hg.), Theory in anthropology. London 1968.

MARWICK, M.: Witchcraft as a social-strain gauge. in: Australian Journal of Science 1964. Bd. 26, S. 263 - 268 (auszugsweise auch in: M. MARWICK (Hg.), Witchcraft and sorcery. Harmondsworth 1975, S. 280 - 295.

MARWICK; M. (Hg.): Witchcraft and sorcery. Harmondsworth 1975.

MAUSS, M.: Die Gabe. Form und Funktion des Austausches in archaischen Gesellschaften. Frankfurt/M. 1968.

MAUSS, M.: Soziologie und Anthropologie. 2 Bde. Frankfurt/M. 1978.

MEAD, M.: On the Concept of Plot in Culture. in: Transactions of the New York Adademy of Sciences 1939 II, S. 24 - 28.

MEAD, M.: Sex and Temperament. New York 1935 - 39. dt.: Jugend und Sexualität in primitiven Gesellschaften. München 1970 - 79.

MEGGITT, M. J.: 'Pigs are our hearts'. in: Oceania 1974. Bd. 44, S. 165 - 203.

MERTON, R. K.: Social theory and social structure. New York 1968 (2. Aufl.).

MEYER, P.: Evolution und Gewalt. Berlin 1981.

MIDDLETON, J.; D. TAIT (Hg.): Tribes without rulers. Studies in African segmentary systems. London 1958.

MILKE, W.: Der Funktionalismus in der Völkerkunde. in: Schmollers Jahrbuch 1937. S. 513 - 533.

MILKE, W.: Über einige Kategorien der funktionellen Ethnologie. in: Zeitschrift für Ethnologie 1938. S. 481 - 498.

MILLER, F. C.: Problems of succession in a Chippewa council. in: M. J. SWARTZ/V. W. TURNER (Hg.), Political anthropology. Chicago 1966, S. 173 - 186.

MITTERAUER, M.; R. SIEDER (Hg.): Historische Familienforschung. Frankfurt/M. 1982.

MITTERAUER, M.; R. SIEDER: Vom Patriarchat zur Partnerschaft. München 1977.

MORGAN, L. H.: Die Urgesellschaft. 'Ancient Society'. Untersuchungen über den Fortschritt der Menschheit aus der Wildheit durch die Barbarei zur Zivilisation. Lollar 1976 (engl. orig. 1871).

MORRISON, J. W.; E. P. DURRENBERGER: Commentary. in: Current Anthropology 1976. Bd. 17. S. 506 - 508.

MÜHLFELD, C. et al.: Auswertungsprobleme offener Interviews. in: Soziale Welt 1981. S. 325 - 352.

MÜHLFELD, C.: Ehe und Familie. Opladen 1982.

MÜHLFELD, C.: Familiensoziologie. Eine systematische Einführung. Hamburg 1976.

MÜHLFELD, C.: Inzesttabu, familiale Sozialisation und Sozialstruktur. in: Soziale Welt 1977, S. 221 - 238.

MÜHLFELD, C.: Sprache und Sozialisation. Hamburg 1975.

MÜHLFELD, C.; R. RICHTER; H. UNBEHAUN: Türkische Arbeitneh-
mergesellschaften. DFG-Forschungsprojekt (Schlußbericht),
Bamberg 1982.

MÜHLMANN, W. E.: Die Metamorphose der Frau. Weiblicher Schamanismus und Dichtung. Berlin 1981.

MÜHLMANN, W. E.: Geschichte der Anthropologie. Frankfurt/M.
1968.

MÜHLMANN, W. E.: Homo Creator . Abhandlungen zur Soziologie,
Anthropologie und Ethnologie. Wiesbaden 1962.

MÜHLMANN, W. E.: Rassen, Ethnien und Kulturen. Neuwied -
Berlin 1964.

MÜHLMANN, W. E.; E. W. MÜLLER (Hg.): Kulturanthropologie.
Köln/Berlin 1966.

MÜHLMANN, W. E.: Chiliasmus und Nativismus. Berlin 1964.

MÜHLMANN, W. E.: Die Mau Mau Bewegung in Kenia. in: Politische Vierteljahresschrift 1961, Bd. 1, S. 56 - 87.

MÜLLER, E. W.: Der Begriff 'Verwandtschaft' in der modernen
Ethnosoziologie. Berlin 1981.

MÜLLER, E. W.: Versuch einer Typologie der Verwandtschaft.
in: Kölner Zeitschrift für Soziologie und Sozialpsychologie
1959. S. 666 - 676.

MUNN, N. D.: Symbolism in a ritual context: Aspects of symbolic action. in: J. J. HONIGMANN (Hg.), Handbook of social
and cultural anthropology. Chicago 1973, S. 579 - 612.

MURDOCK, G. P.: Social Structure. New York 1949.

NACHTIGALL, H.: Das zentrale Königtum bei Naturvölkern und
die Entstehung früher Hochkulturen. in: Zeitschrift für Ethnologie 1958. Bd. 83, S. 34 - 44.

NADEL, S. F.: Institutionen. in: C. A. SCHMITZ (Hg.), Frank-
furt/M. 1968, S. 178 - 218.

NADEL, S. F.: Malinowskian magic and religion. in: R. FIRTH
(Hg.), Man and culture. An evaluation of the work of Bronislaw Malinowski. London 1957, S. 189 - 208.

NADEL, S. F.: The Foundations of Social Anthropology. London
1951.

NADEL, S. F.: Witchcraft in four African societies. in: American Anthropologist 1952. Bd. 54, S. 18 - 29.

NAROLL, R.: A fifth solution to Galton's problem. in: American Anthropologist 1964, Bd. 66, S. 863 - 867.

NAROLL, R.: Galton's problem. in: R. NAROLL/R. COHEN (Hg.), A Handbook of method in cultural anthropology. New York 1970, S. 974 - 989.

NAROLL, R.: Two solutions to Galton's problem. in: Philosophy of science 1961. Bd. 18, S. 15 - 39.

NAROLL, R.; R. G. D'ANDRADE: Two further solutions to Galton's problem. in: American Anthropologist 1963. Bd. 65, S. 1053 - 1067.

NEIDHARDT, F.: Das innere System sozialer Gruppen. in: Kölner Zeitschrift für Soziologie und Sozialpsychologie 1979. S. 639 - 660.

NETTLESHIP, M. A.; R. DALEGIVERS; A. NETTLESHIP (Hg.): War. Its causes and correlates. Den Haag 1975.

NIORADZE, G.: Der Schamanismus bei den sibirischen Völkern. Stuttgart 1925.

OBERG, K.: The kingdom of Ankole in Uganda. in: M. FORTES und E. E. EVANS-PRITCHARD (Hg.), African political systems. London 1940, S. 121 - 164.

OEVERMANN, U.: Sprache und soziale Herkunft. Frankfurt/M. 1972.

OGBURN, W. F.: Kultur und sozialer Wandel. Neuwied/Berlin 1969.

OHLMARKS, A.: Studien zum Problem des Schamanismus. Lund-Kopenhagen 1939.

OLSON, D. R.: Language and Thought: Aspects of a Cognitive Theory of Semantics. in: Psychological Review 1970. S. 257 - 273.

ORANS, M.: Surplus. in: Human Organisation 1966. Bd. 25, S. 24 - 32.

PAREDES, J. A.; M. J. HEPBURN: The split-brain and the culture-cognition paradox. in: Current Anthropology 1976. Bd. 17, S. 121 - 127.

PARK, R. E.: Race and Culture. Glencoe 1950.

PARSONS, T.: Die Entstehung der Theorie des sozialen Systems: Ein Bericht zur Person. in: H. HARTMANN (Hg.), Soziologie: autobiographisch. Stuttgart 1975 a.

PARSONS, T.: Gesellschaften. Frankfurt/M. 1975 b.

PARSONS, T.: The position of Identity in a general Theory of Action. in: C. GORDON/K. GERGEN (eds.), The Self in Social Interaction. New York 1968, S. 16 - 84.

PARSONS, T.: Zur Theorie sozialer Systeme. Herausgegeben von S. JENSEN, Opladen 1976.

PAUL, K.: Some theoretical implications of ethnographic semantics. in: A. FISHER (Hg.), Current directions in anthropology. Bulletin of the American Anthropological Association 1970. Bd. 3, No. 3, Pt. 2, S. 19 - 31.

PEARSON, H.: The economy has no surplus. Critique of a theory of development. in: H. PEARSON/ K. POLANYI/C. ARENSBERG (Hg.), Trade and market in the early empires. Glencoe 1957, S. 320 - 341.

PELTO, P. J.; G. H. PELTO: Ethnography: The Fieldwork Enterprise. in: J. J. HONIGMAN (ed.), Handbook of Social and Cultural Anthropology. Chicago 1973, S. 241 - 288.

PELTO, P. J.; G. H. PELTO (eds.): The Human Adventure. An Introduction to Anthropology. New York/London 1976.

PIDDINGTON, R.: Die Prinzipien der Kulturanalyse. in: C. A. SCHMITZ (Hg.), Kultur. Frankfurt/M. 1963, S. 138 - 177.

PIDDOCKE, S.: The potlatch system of the southern Kwakiutl. A new perspective. in: A. P. VAYDA (Hg.), Environment and cultural behavior. Garden City 1969, S. 130 - 157.

POPITZ, H.: Die normative Konstruktion von Gesellschaft. Tübingen 1980.

POSPISIL, L.: Kapauku Papuans and their Law. New Haven 1964.

PRATTIS; J. I.: Synthesis, or a new problematic in economic anthropology. in: Theory and society 1982. Bd. 2, S. 205 - 228.

PRICE, J. A.: Sharing: The integration of intimate economies. in: Anthropologica 1975. Bd. 17, S. 3 - 27.

PRICE, J. A.: On silent trade. in: G. DALTON (Hg.), Research in economic anthropology 1980. Bd. 3, S. 75 - 96.

RADCLIFFE-BROWN, A. R.: Age Organisation Technology. in: Man 1929, S. 116 - 128.

RADCLIFFE-BROWN, A. R.; D. FORDE (eds.): African System of Kinship and Marriage. London 1950.

RADCLIFFE-BROWN, A. R.: Structure and Functioin in Primitive Society. Glencoe 1952.

RADCLIFFE-BROWN, A. R.: Religion and society. in: A. KUPER (Hg.), The social anthropology of Radcliffe-Brown. London 1977, S. 103 - 128.

RADCLIFFE-BROWN, A. R.: The Andaman Islanders. Glencoe 1948.

RAPPAPORT, R. A.: Pigs for the ancestors: Ritual in the ecology of a New Guinea people. New Haven 1968.

RAPPAPORT, R. A.: Nature, culture and ecological anthropology. in: H. L. SHAPIRO (Hg.), Man, culture and society. New York 1971, S. 237 - 267.

RAPPAPORT, R. A.: The sacred in human evolution. in: M. H. FRIED (Hg.), Explorations in anthropology. New York 1973, S. 403 - 420.

REEDE, E.: Women's Evolution. From matriarchal clan to patriarchal family. New York - Toronto 1975.

REIF, H. (Hg.): Die Familie in der Geschichte. Göttingen 1982.

REIF; H.: Westfälischer Adel 1770 - 1860. Vom Herrschaftsverband zur regionalen Elite. Göttingen 1979.

RIVERS, W. H.: The Generalogical Method of Anthropological Inquiry. in: Sociological Review 1910. S. 1 - 12.

ROSE, A. M.: Art. Minderheiten. in: Wörterbuch der Soziologie. Herausgegeben von U. BERNSDORF, Stuttgart 1969, S. 701 - 705.

ROSE, A.; B. ROSE: Minority Problems. New York 1965.

ROSENBAUM, H.: Formen der Familie. Frankfurt 1982.

ROSENGREN, K. E.: Malinowski's Magic: The riddles of the empty shell. in: Current Anthropology 1976. Bd. 17, S. 667 - 685.

ROSMAN, A.; P. RUBEL: Feasting with mine enemy. Rank and exchange among the Northwest Coast societies. New York 1971.

ROSMAN, A.; P. RUBEL: Exchange as structure, or Why doesn't everyone eat his own pigs. in: G. DALTON (Hg.), Research in economic anthropology. Bd. 1, S. 105 - 129.

RUDOLPH, W.: Der kulturelle Relativismus: Kritische Analyse einer Grundsatzfragen-Diskussion in der amerikanischen Ethnologie. Berlin 1968.

SAHLINS, M. D.: Political power and the economy in primitive society. in: G. E. DOLE/R. L. CARNEIRO (Hg.), Essays in the science of culture. New York 1960a, S. 390 - 415.

SAHLINS, M. D.: Evolution: specific and general. in: M. D. SAHLINS/E. R. SERVICE (Hg.), Evolution and culture. Ann Arbor 1960b, S. 12 - 44.

SAHLINS, M. D.: Tribesmen. Englewood Cliffs 1968a.

SAHLINS, M. D.: Culture and environment: The study of cultural ecology. in: R. A. MANNERS/D. KAPLAN (Hg.), Theory in anthropology. London 1968b, S. 367 - 373.

SAHLINS, M. D.: Economic anthropology and anthropological economics. in: Social Science Information 1969. Bd. 8, S. 13 - 33.

SAHLINS, M. D.: Stone Age Economics. London 1972.

SAHLINS, M. D.: Die segmentäre Lineage: Zur Organisation räuberischer Expansion. in: K. EDER (Hg.), Seminar: Die Entstehung von Klassengesell schaften.. Frankfurt/M. 1973, S. 114 - 152.

SAHLINS, M. D.: Culture and practical reason. Chicago 1976.

SAHLINS, M. D.: Culture as protein and profit. in: New York Review of Books 1978. Bd. 25, No. 18, S. 45 - 53.

SAHLINS, M. D.; E. R. SERVICE (Hg.): Evolution and culture. Ann Arbor 1960.

SAMARIN, W. J.: Field Linguistics: A Guide to Linguistic Field Work. New York 1967.

SAUL, K. et al.: Arbeiterfamilien im Kaiserreich. Königstein/Düsseldorf 1982.

SIBILLA, P.: Die ethnische Minorität der Walser in den nordwestlichen italienischen Alpen. in: Kölner Zeitschrift für Soziologie und Sozialpsychologie 1983. S. 505 - 524.

SIDLER, N.: Zur Universalität des Inzesttabus. Stuttgart 1971.

SUMNER, W. G.: Folkways. New York 1906.

SCHÄFFLE, A.: Bau und Leben des sozialen Körpers. Encyclopä-
discher Entwurf einer realen Anatomie, Physiologie und Psychologie der menschlichen Gesellschaft. 4 Bde. Tübingen 1875
- 1878.

SCHERMERHORN, R. A.: Comparative Ethnic Relations. Chica-
go/London 1978.

SCHMIDT, P. F.: Some criticisms of cultural relativism. in:
R. A. MANNERS/D. KAPLAN (Hg.), Theory in Anthropology. London 1968, S. 169 - 174.

SCHMIDT, P. W.: Handbuch der Methode der Kulturhistorischen
Ethnologie. Aschendorff 1937.

SCHMIDT, P. W.; P. W. KOPPERS: Völker und Kulturen. Regensburg 1924.

SCHMITZ, C. A. (Hg.): Religionsethnologie. Frankfurt/M.
1964.

SCHRÖDER, D.: Zur Struktur des Schamanismus. in: C. A.
SCHMITZ (Hg.), Religionsethnologie. Frankfurt/M. 1964, S.
296 - 334.

Schütz, A.: Das Problem der sozialen Wirklichkeit. Gesammelte Aufsätze. Bd. 1. Den Haag 1971.

SCHÜTZ, A.: Der sinnhafte Aufbau der sozialen Welt. Frank-
furt/M. 1974.

SCHÜTZ, A.; T. LUCKMANN: Strukturen der Lebenswelt. Neu-
wied/Darmstadt 1975.

SCHÜTZE, F. et al.: Grundlagentheoretische Voraussetzungen
methodisch kontrollierten Fremdverstehens. in: Arbeitsgruppe
Bielefelder Soziologen o.a., S. 433 - 495.

SEATON, S. L.; H. J. M. CLAESSENS (Hg.): Political Anthropology: The states of the art. Den Haag 1979.

SERVICE, E. R.: Primitive social organization. New York
1962.

SERVICE, E. R.: The hunters. Englewood Cliffs 1966.

SIGRIST, C.: Regulierte Anarchie. Freiburg 1967.

SIMMEL, G.: Soziologie. Untersuchungen über die Formen der
Vergesellschaftung. Berlin 1908, ⁵1968.

SIMPSON, G. E.; J. M. Yinger: Racial and Cultural Minorities. New York/London 1972.

SMELSER, N. J.: Soziologie der Wirtschaft. München 1972.

SMITH, M. G.: On segmentary lineage systems. in: Journal of the Royal Anthropological Institute 1956. Bd. 86, S. 39 - 80.

SOLENBERGER, C. F.: Citizenship and sources of political authority in the Marianas. in: S. L. SEATON/H.J.M. CLAESSENS (Hg.), Political anthropology: The state of the art. Den Haag 1979. S. 215 - 224.

SPENCER, H.: Principles of Sociology. Bd. 1 - 3, London 1899 - 1900 (3. Aufl.), 1. Aufl. London 1877 - 1896.

SPIER, R. F. G.: Technology and material culture. in: J. A. CLIFTON (Hg.), Introduction to cultural anthropology. Boston 1968, S. 131 - 159.

SPIRO, M. E.: Religion: Problems of definition and explanation. in: M. BANTON (Hg.), Anthropological approaches to the study of religion. London 1966, S. 85 - 126.

STEINHART, E. I.: Ankole: Pastoral Hegemony. in: H. CLAESSEN und P. SKALNIK (Hg.), The Early State, The Hague. 1978, S. 131 - 150.

STENNING, D. J.: The Nyankole, in: A. RICHARDS (Hg.), East African Chiefs, London 1960, S. 146 - 173.

STEWARD, J. H.: Theory of culture change. Urbana 1955.

STOCKING, G. W. Jr.: Race, culture and evolution. New York 1968.

STRATHERN, A.: The rope of moka. Cambridge 1971.

STRATHERN, A.: Transactional continuity in Mount Hagen. in: B. KAPFERER (Hg.), Transaction and meaning. Philadelphia 1976, S. 277 - 287.

STURTEVANT, W. C.: Studies in ethnoscience. in: R. A. MANNERS/ D. KAPLAN (Hg.), Theory in Anthropology. London 1968, S. 475 - 499.

SUTTLES, W.: Affinal ties, subsistence and prestige among the Coast Salish. in: American Anthropologist 1960. Bd. 62, S. 296 - 305.

SWARTZ, M. J.: Bases for political compliance in Bena villages. in: M. J. SWARTZ/ V. W. TURNER (Hg.), Political anthropology. Chicago 1966, S. 89 - 108.

SWARTZ, M. J.(Hg.): Local-level politics. Chicago 1968.

SWARTZ, M. J.; V. W. TURNER; A. TUDEN (Hg.): Political anthropology. Chicago 1966.

SZEMAN, Z.: Die Herausbildung und Auflösung der Großfamilie in Ungarn. in: Zeitschrift für Soziologie 1981. S. 98 - 108.

TAMBIAH, S.: The magical power of words. in: Man 1968. Bd. 3, S. 175 - 206.

TESTART, A.: The signifiance of food storage among hunter-gatherers: Residence patterns, population densities and social inequalities. in: Current Anthropology 1982. Bd. 23, S. 523 - 538.

THIEL, J. F.: Grundbegriffe der Ethnologie. St. Augustin 1980.

THURNWALD, R.: Beiträge zur Analyse des Kulturmechanismus. in: MÜHLMANN/MÜLLER 1966, S. 356 - 391.

THURNWALD, R.: Die menschliche Gesellschaft in ihren ethno-soziologischen Grundlagen. Bd. 3: Werden, Wandel und Gestaltung der Wirtschaft. Berlin-Leipzig 1932.

THURNWALD, R.: Die menschliche Gesellschaft in ihren ethno-soziologischen Grundlagen. Bd. IV. Berlin 1935.

TUDEN, A.: Leadership and the decision-making process among the Ila and the Swat Pathans. in: M. J. SWARTZ/V. W. TURNER/A. TUDEN (Hg.), Political anthropology. Chicago 1966, S. 275 - 284.

TURNER, V. W.: Ritual aspects of conflict control in African micropolitics. in: M. J. SWARTZ/V. W. TURNER/A. TUDEN (Hg.), Political anthropology. Chicago 1966, S. 239 - 246.

TURNER, V. W.: A forest of symbols. Ithaca 1967.

TYLOR, E. B.: On American lot games as evidence of Asiatic intercourse before the time of Columbus. in: Internationales Archiv für Ethnographie 1896. Bd. 9, S. 55 - 67.

TYLOR, E. B.: On a method of investigating the development of institutions. Applied to laws of marriage and descent. in: Journal of the Royal Anthropological Institute 1889. Bd. 18, S. 245 - 269. (auch abgedruckt in: N. GRABURN (Hg.), Readings in kinship and social structure. New York 1971, S. 19 - 29).

TYLOR, E. B.: Primitive culture. Boston 1874 (1. Aufl. 1871).

UBEROI, J. P. S.: Politics of the Kula ring. An analysis of the findings of Bronislaw Malinowski. Manchester 1962.

VAYDA, A. P. (Hg.): Environment and cultural behaviour: Ecological studies in cultural anthropology. New York 1969.

VAYDA, A.P.; A. LEEDS; D. B. SMITH: The place of pigs in Melanesian subsistence. in: V. E. GARFIELD (Hg.), Proceedings of the 1961 Annual Meetings of the American Ethnological Society. Seattle 1961. S. 69 - 77.

VAYDA, L.: Zur phaseologischen Stellung des Schamanismus. in: C.A. SCHMITZ (Hg.), Religionsethnologie. Frankfurt/M. 1964, S. 265 - 295.

VAN BAAL, J.: Reciprocity and the position of women. Assen 1975.

VERDON, M.: Where have all their lineages gone? Cattle and descent among the Nuer. in: American Anthropologist 1982. Bd. 84, S. 566 - 579.

WEBER, M.: Gesammelte Aufsätze zur Wissenschaftslehre. Tübingen 1968.

WEBER, M.: Wirtschaft und Gesellschaft. 2 Bde. Köln 1964.

WEDGWOOD, C. H.: Some Aspects of warfare in Melanesia. in: Oceania 1930/31. S. 5 ff.

WEDGWOOD, C. H.: The Nature and Functions of Secret Society. in: Oceania 1930/31. S. 129 ff.

WEINER, A. B.: Women of value, men of renown. Austin 1976.

WESTERMARCK, E.: Recent Theories of Exogamy. in: Sociological Review 1934. S. 22 ff.

WHITE, L. A.: Diffusion vs. evolution: an anti-evolutionist fallacy. in: American Anthropologist 1945. Bd. 47, S. 339 - 356.

WHITE, L. A.: The Definition and Prohibition of Incest. in: American Anthropologist 1948. S. 416.

WHITE, L. A.: The evolution of culture. New York 1959.

WHITE, L. A.: The science of culture. New York 1949.

WHORF, B. L.: Sprache, Denken, Wirklichkeit. Hamburg 1965.

WILEY, N. F.: The Ethnic Mobility Trap and Stratification Theory. in: Social Problems 1967, S. 147 - 159.

WILSON, B. R.: Magic and the Millennium. London 1973.

YENGOYAN, A.: Open Networks and Native Formalism: The Manda-
ya and Pitjandjara Cases. in: M. FREILICH (ed.), Marginal
Natives. New York 1970, S. 424 - 447.

Sachregister

A

Ackerbau 123 f.
Alltagswelt 31 f.
Altersklasse 171 f.
Akkulturation 239
Amish 250 ff.
Annexion 238 f.
Anomie 225
Anpassung 259
anthropologie marxiste 12
Apartheid 245 f.
Arbeitsteilung 30 ff., 116,
    120, 123 ff., 170
Assimilation 240, 260 f.
Assoziationen 165 f., 177,
    188
Austausch 124 ff., 131,
    135-143, 159, 162 ff.

B

basic personality 30, 33 ff.
Bedürfnisse 42 ff.
Behaviorismus 45
Beobachtung, teilnehmende
    92 ff., 98
Beruf 256
big man 151 ff., 163 ff.,
    170-173, 189 f., 198
Boas-Schule 22 ff.

C

Charisma 180, 184 f., 255
Chiliasmus 291 ff.
color line 239 f., 249
critical anthropology 12
cultural anthropology 22 ff.
culture area 27 f.

D

Datenerhebung 93-110
Demographie 191, 197, 201,
    220 ff.
Deszendenz 126, 139, 142,
    166, 171-181, 185, 201,
    205-212, 221 ff.

Differenzierung

Differenzierung 123, 139 f.,
    175, 235 f., 257
Diffusionismus 20 f., 29
Diskriminierung 262 f.
Distanzierung 252 f., 260 ff.
Distribution 122, 152, 280

E

Effizienz, thermodynamische
    67 f.
Einzelfallstudie 103 ff.
emisch 31, 98, 104, 148, 219f.,
    234
Energie 128 f.
Ethnizität 235, 253, 261
Ethnolinguistik 102 ff.
Ethologie 8 f.
Ethnozentrismus 257 f., 290
etisch 31, 104, 148, 219 f.,
    234
Evolutionismus 15-23, 63, 74,
    158, 263

F

Familie 202-233
Fischfang 121 f.
Formalismus 131 f., 136 f.
Frau 116, 120, 124, 152,
    155 ff.
Fremdverstehen, kontrollier-
    tes 109 f.
Führung 122, 139, 163, 169ff.,
    176, 197
Funktionalismus 29 f., 38-60,
    63, 139, 147, 159, 166,
    192, 197, 232, 265, 270,
    272, 276 f., 280, 290

G

Gartenbau 118-121, 156
Gemengelage, interethnische
    236 f.
Gesellschaft, segmentäre
    39, 172, 194, 196
Gleichgewicht 55, 61 ff.

Studienskripten zur Soziologie

36   D. Urban, Regressionstheorie und Regressionstechnik
     245 Seiten. DM 16,80

37   E. Zimmermann, Das Experiment in den Sozialwissenschaften
     308 Seiten. DM 17,80

38   F. Böltken, Auswahlverfahren
     Eine Einführung für Sozialwissenschaftler
     407 Seiten. DM 18,80

39   H. J. Hummell, Probleme der Mehrebenenanalyse
     160 Seiten. DM 12,80

40   F. Golzewski/W. Reschka, Gegenwartsgesellschaften: Polen
     383 Seiten. DM 18,80

41   Th. Harder, Dynamische Modelle
     in der empirischen Sozialforschung
     120 Seiten. DM 11,80

42   W. Sodeur, Empirische Verfahren zur Klassifikation
     183 Seiten. DM 12,80

43   H. M. Kepplinger, Massenkommunikation
     207 Seiten. DM 15,80

44   H.-D. Schneider, Kleingruppenforschung
     351 Seiten. DM 17,80

45   H. J. Helle, Verstehende Soziologie und
     Theorien der Symbolischen Interaktion
     207 Seiten. DM 15,80

46   T. A. Herz, Klassen, Schichten, Mobilitäten
     316 Seiten. DM 18,80

48   S. Jensen, Talcott Parsons Eine Einführung
     204 Seiten. DM 15,80

49   J. Kriz, Methodenkritik empirischer Sozialforschung
     292 Seiten. DM 17,80

20   G. Büschges, Einführung in die Organisationssoziologie
     214 Seiten. DM 16,80

21   W. Teckenberg, Gegenwartsgesellschaften: UdSSR
     478 Seiten. DM 24,80

22   A. Diekmann/P. Mitter,
     Methoden zur Analyse von Zeitabläufen
     208 Seiten. DM 15,80

Preisänderungen vorbehalten